卓越工程师培养计划

· PLC ·

http://www.phei.com.cn

初 航 战 强 编著

三菱FX系列

PLC编程及应用

（第3版）

电子工业出版社

Publishing House of Electronics Industry

北京 · BEIJING

内 容 摘 要

本书以三菱公司主流的 FX2N 系列 PLC 为例，按照实际 PLC 控制系统设计的需要，在广泛吸收先进设计思想的基础上，由浅入深、通俗易懂地介绍了 FX2N 系列产品的工作原理、硬件结构、指令系统、特殊模块、通信知识，以及手持式编程器和 GX Developer 编程软件的使用方法；同时，本书结合丰富的工程实例介绍了 PLC 编程的方法与技巧。

本书适合从事 PLC 控制系统设计、开发的工程技术人员阅读使用，也可作为高等院校自动化、电气工程、测控技术及仪器、电子科学与技术、机电一体化技术等专业的教学用书。

图书在版编目（CIP）数据

三菱 FX 系列 PLC 编程及应用/初航，战强编著 . —3 版 . —北京：电子工业出版社，2024. 1
（卓越工程师培养计划）

ISBN 978-7-121-46657-1

Ⅰ. ①三… Ⅱ. ①初… ②战… Ⅲ. ①PLC 技术-程序设计 Ⅳ. ①TM571. 61

中国国家版本馆 CIP 数据核字（2023）第 217212 号

责任编辑：张　剑（zhang@ phei. com. cn）　　　特约编辑：杨雨佳
印　　刷：固安县铭成印刷有限公司
装　　订：固安县铭成印刷有限公司
出版发行：电子工业出版社
　　　　　北京市海淀区万寿路 173 信箱　邮编 100036
开　　本：787×1 092　1/16　印张：20.5　字数：525 千字
版　　次：2011 年 1 月第 1 版
　　　　　2024 年 1 月第 3 版
印　　次：2024 年 12 月第 2 次印刷
定　　价：79.00 元

凡所购买电子工业出版社图书有缺损问题，请向购买书店调换。若书店售缺，请与本社发行部联系，联系及邮购电话：(010) 88254888，88258888。

质量投诉请发邮件至 zlts@ phei. com. cn，盗版侵权举报请发邮件至 dbqq@ phei. com. cn。

本书咨询联系方式：zhang@ phei. com. cn。

前　言

可编程控制器（PLC）是专门应用于工业环境的以计算机技术为核心的自动控制装置。经过多年的发展，PLC已集数据处理、程序控制、参数调节和数据通信等功能于一体，可以满足工业控制中绝大多数应用场合的需要。

本书所介绍的三菱FX2N系列PLC是日本三菱公司小型PLC的代表产品之一。本书按照实际PLC控制系统设计的需要，在广泛吸收先进设计思想的基础上，系统地介绍PLC基础知识、指令系统、通信应用及扩展技术，便于读者全面、深入地掌握PLC的应用技术。在编写过程中，遵循由浅入深、循序渐进的认识规律，便于读者学习和掌握。

本书分为13章。各章的主要内容如下。

第1章：重点介绍PLC的特点、基本组成、编程语言等知识。通过讲解，使读者了解PLC的产生、演化过程，掌握常见PLC的型号及基本组成部分，了解PLC常见的编程语言及编程方式等知识。

第2章：详细介绍三菱FX2N系列PLC的结构特点、型号分类，以及PLC的内部软元件的编号、作用及使用注意事项，使读者可以系统地了解FX2N系列PLC的软、硬件组成，为后续学习打好基础。

第3章：以三菱FX2N系列PLC为例，详细介绍PLC的基本指令系统、梯形图编程规则、基本指令应用等。

第4章：讲解PLC步进指令的基本格式、应用方法，并结合实例介绍状态转换图常见流程状态及应用方法等知识。

第5章：讲述FX2N应用指令的类别、功能定义和书写方式，使读者掌握应用指令的使用条件、表示方法及编程规则，能针对一般的工程控制要求，应用功能指令编写工程控制程序。

第6章：介绍三菱公司FX系列PLC某些特殊功能模块的主要性能、电路连接及编程应用方法。

第7章：介绍有关PLC通信的基本知识和基本实现方法。重点让读者了解FX系列PLC的1:N链接通信与双机并行链接通信协议、计算机链接通信协议、无协议通信方式及其应用。

第8章：介绍PLC控制系统设计必须遵循的基本原则，以及PLC控制系统的硬件和软件设计方面的基本知识。

第9章：介绍PLC系统抗干扰设计，以及PLC常见故障处理方法。

第10章：介绍三菱PLC的编程工具，主要包括手持式编程器的操作方法、编程软件简介，以及 GX Developer 基本应用。

第 11 章：介绍基本控制工程实例，主要包括工业机械手控制系统、饮料灌装机控制系统、码垛设备设计实例、抬车机控制系统等。

第 12 章：介绍运动控制工程实例，主要包括民用电梯控制系统、电镀流水线控制系统、搅拌冷却设备控制系统等。

第 13 章：介绍过程控制工程实例，主要包括输煤系统、滚砂机控制系统等。

本书部分章节的编写参考了三菱公司最新的技术资料和同行的相关文献，在此对书中所参考和引用的相关资料的作者、译者表示感谢！

本书由初航、战强编著。参加本书编写的还有耿兴华、李亮亮、管殿柱、李文秋和管玥。

因编者水平及时间有限，书中难免有疏漏之处，恳请读者批评指正。

编著者

目　　录

第1章 PLC 概述

可编程序控制器（Programmable Logic Controller，PLC）是以微处理器为核心，综合计算机技术、自动控制技术和通信技术发展起来的一种新型工业自动控制装置。随着大规模、超大规模集成电路技术和数字通信技术的进步和发展，PLC 技术不断提高，在工业生产中获得极其广泛的应用。

1.1 PLC 的产生与发展

PLC 是以微处理器为基础，综合了计算机技术、自动控制技术和通信技术，用面向控制过程、面向用户的"自然语言"编程，适应工业环境需求、简单易懂、操作方便、可靠性高的新一代通用工业控制装置。

PLC 是在继电器顺序控制基础上发展起来的以微处理器为核心的通用自动控制装置。

1. PLC 的产生

在 PLC 出现前，继电控制在工业领域中占有主导地位。以继电器、接触器为核心元件的自动控制系统有许多固有的缺陷，例如：

☺ 系统利用布线逻辑来实现各种控制，需要使用大量的机械触点，系统运行的可靠性差；
☺ 当生产的工艺流程改变时，要改变大量的硬件接线，为此要耗费许多人力、物力和时间；
☺ 系统功能局限性大；
☺ 系统体积大、功耗高。

早在 1968 年，美国最大的汽车制造商通用公司（GM）为了适应汽车型号不断更新，以求在竞争日益激烈的汽车市场中占有优势，提出了要用一种新型的控制装置取代继电控制装置，并对未来的新型控制装置做出了具体设想，即要把计算机的完备功能以及灵活性、通用性好等优点，与继电器、接触器的简单易懂、操作方便、价格便宜等优点，融入新的控制装置中，并要求新的控制装置编程简单。为此，通用公司特制定了以下 10 项公开招标的技术要求。

☺ 编程简单方便，可在现场修改程序；
☺ 硬件维护方便，采用插件式结构；
☺ 可靠性高于继电控制装置；
☺ 体积小于继电器、接触器装置；
☺ 可将数据直接送入计算机；
☺ 用户程序数据存储器的容量至少可以扩展到 4KB；
☺ 输入可以使用 115V AC；

☺ 输出可以使用 115V AC，可直接驱动电磁阀、接触器；

☺ 通用性强，扩展方便；

☺ 成本上可与继电控制系统竞争。

1969 年，美国数字设备公司（DEC）首先研制成功第一台可编程序控制器 PDP-14，并且在通用公司汽车自动装配线上试用，获得成功，从而开创了工业控制的新局面。接着，美国 MODICON 公司也开发出可编程序控制器 084。1971 年，日本从美国引进了这项新技术，很快研制成功日本第一台可编程序控制器 DSC-8。1973 年，西欧等国家也研制出他们的第一台可编程序控制器。我国则从 1974 年开始研制可编程序控制器，1977 年开始工业应用。

2. PLC 的定义

在 20 世纪 70 年代初期和中期，可编程序控制器（PLC）虽然引入了计算机的优点，但实际上只能完成顺序控制，仅有逻辑运算、定时、计数等功能。所以人们将可编程序控制器称为 PLC。

随着微处理器技术的发展，20 世纪 70 年代末至 80 年代初，PLC 的处理速度大大提高，增加了许多特殊功能，使 PLC 不仅可以进行逻辑控制，还可以对模拟量进行控制。因此，美国电气制造商协会（NEMA）将可编程序控制器命名为 PC（Programmable Controller），但是人们习惯上还是称之为 PLC，以便区别于个人计算机（Personal Computer，PC）。80 年代以来，随着大规模和超大规模集成电路技术的迅猛发展，以 16 位和 32 位微处理器为核心的 PLC 得到了迅猛发展，这时的 PLC 具有了高速计数、中断、PID 调节和数据通信功能，从而使 PLC 的应用范围和应用领域不断扩大。

为使这一新兴工业控制装置的生产和发展规范化，国际电工委员会（IEC）于 1985 年 1 月制定了 PLC 的标准，并给它做了如下定义：

> 可编程序控制器是一种数字运算操作电子系统，专为在工业环境下应用而设计。它采用了可编程序的存储器，用来在其内部存储执行逻辑运算、顺序控制、定时、计数和算术运算等操作的指令，并通过数字的、模拟的输入/输出（I/O），控制各种类型的机械或生产过程。可编程序控制器及其有关的外围设备，都应按易于与工业控制系统形成一个整体、易于扩充其功能的原则设计。

3. PLC 的发展

为了适应市场的需求，各生产厂家对 PLC 不断进行改进，推出了功能更强、结构更完善的新产品。总体来说，这些新产品朝两个方向发展：一个是向超小型、专用化和低价格的方向发展，以便于进行单机控制；另一个是向大型、高速、多功能和分布式全自动网络化方向发展，以适应现代化的大型工厂、企业自动化的需要。

1.2 PLC 的特点与工作原理

PLC 是综合继电控制的优点及计算机灵活、方便的优点而设计制造和发展起来的，这就使 PLC 具有许多其他控制器无法比拟的特点。

1. PLC 的基本特点

【可靠性高，抗干扰能力强】由 PLC 的定义可以知道，PLC 是专门为工业应用而设计的，因此在设计 PLC 时，从硬件和软件上都采取了抗干扰的措施，提高了其可靠性。可靠性高的 PLC 的平均无故障时间一般在 5×10^4 h 以上，三菱、西门子、ABB、松下等微小型 PLC 可达 10×10^4 h 以上，而且均有完善的自诊断功能，判断故障迅速，便于维护。

☺ 硬件措施：

　　⚐ 屏蔽：对 PLC 的电源变压器、内部 CPU、编程器等主要部件利用导电、导磁良好的材料进行屏蔽，以免受到外界的电磁干扰。

　　⚐ 滤波：对 PLC 的 I/O 线路采用了多种形式的滤波措施，以消除或抑制高频干扰。

　　⚐ 隔离：在 PLC 内部的微处理器和 I/O 电路之间采用光隔离措施，有效地隔离了 I/O 间的电气联系，减少了故障和误动作的发生。

　　⚐ 采用模块式结构：这种结构有助于在故障情况下短时修复。因为一旦查出某一模块出现故障，就能迅速更换该模块，使系统尽快恢复正常工作。

☺ 软件措施：

　　⚐ 故障检测：设计了故障检测软件，定期检测外界环境，如掉电、欠电压、强干扰信号等，以便及时进行处理。

　　⚐ 信息保护和恢复：PLC 出现偶发性故障时，信息保护和恢复软件可以对 PLC 内部信息进行保护，使其不被破坏。一旦故障消失，即可恢复原来的信息，使之正常工作。

　　⚐ 设置警戒时钟 WDT：如果 PLC 程序每次循环执行时间超过了 WDT 规定的时间，预示程序进入死循环，会立即报警。

　　⚐ 对程序进行检查和检验，一旦程序有错，立即报警，并停止执行。

【通用性强，使用方便】PLC 产品已系列化和模块化，PLC 制造商为用户提供了品种齐全的 I/O 模块和配套部件。用户在进行控制系统设计时，无须自己设计和制作硬件装置，只须根据控制要求进行模块的配置，设计满足控制要求的应用程序即可。对于一个控制系统，当控制要求改变时，只须修改程序，就能变更控制功能。

【功能强】PLC 应用微电子技术和微计算机，最简单的 PLC 都具有逻辑、定时、计数等顺序控制功能；基本式的 PLC 还具备模拟 I/O、基本算术运算、通信能力等功能；复杂的 PLC 除了具有上述功能，还具有扩展计算、多级终端机制、智能 I/O、PID 调节、过程监控、网络通信、远程 I/O、多处理器和高速数据处理能力。

【采用模块化结构，使系统组合灵活方便】PLC 的各个部件均采用模块化设计，各模块之间可由机架和电缆连接。系统的功能和规模可根据用户的实际需求自行组合。

【编程语言简单、易学，便于掌握】PLC 是由继电控制系统发展而来的一种新型的工业自动化控制装置，其主要用户是广大的电气技术人员。用户利用梯形图（Ladder Diagram，LD）、功能块图（Function Block Diagram，FBD）、指令表（Instruction List，IL）和顺序功能表图（Sequential Function Chart，SFC）编程，不需要太多的计算机编程知识。新的编程工作站配有综合的软件工具包，可在 PC 上实现编程，采用了与继电控制原理相似的梯形图语言，易学、易懂。

【系统设计周期短】由于系统硬件的设计任务仅是根据对象的控制要求配置适当的模

块，无须设计具体的接口电路，这样可以大大缩短整个设计所花费的时间。

【对生产工艺改变适应性强】 PLC 的核心部件是微处理器，它实质上是一种工业控制计算机，其控制功能是通过软件编程来实现的。当生产工艺发生变化时，不必改变 PLC 硬件设备，只须改变 PLC 中的程序即可。这对现代化的小批量、多品种产品的生产尤其适合。

【安装简单、调试方便、维护工作量小】 与计算机系统相比，PLC 的安装不需要特殊机房和严格的屏蔽。使用时，只要各种部件连接无误，系统便可工作，各个模块上设有运行和故障指示装置，便于查找故障，大多数模块可以带电插拔，模块可更换，使用户可以在最短的时间内查出故障并将其排除，最大限度地压缩故障停机时间，使生产迅速恢复。一些 PLC 外壳由可在不良工作环境下工作的合金制成，结构简单，上面带有散热槽，在高温下这种外壳不像塑料制品那样容易变形，还可抗无线电频率（RF 高频）电磁干扰、防火等。PLC 控制系统的安装接线工作量比继电控制系统的少得多，只须将现场的各种设备与 PLC 相应的 I/O 端相连即可。PLC 软件设计和调试大多可在实验室里进行，用模拟实验开关代替输入信号，其输出状态可以从 PLC 上的相应发光二极管（LED）观察得知，也可以另接输出模拟实验板。模拟调试好后，再将 PLC 控制系统安装到现场，进行联机调试，这样既省时间又很方便，提高了调试、维护的工作效率。

2. PLC 的基本工作原理

PLC 运行程序的方式与微型计算机相比有较大的不同。微型计算机运行程序时，一旦执行到 END 指令，程序运行结束。而 PLC 从 0000 号存储地址所存放的第一条用户程序开始，在无中断或跳转的情况下，按存储地址号递增的方向顺序逐条执行用户程序，直到 END 指令结束，然后再从头开始执行，并周而复始地重复，直到停机或从运行（RUN）状态切换到停止（STOP）状态。通常把 PLC 这种执行程序的方式称为扫描工作方式。每扫描完一次程序就构成一个扫描周期。另外，PLC 对 I/O 信号的处理也与微型计算机的不同。微型计算机对 I/O 信号实时处理，而 PLC 对 I/O 信号是集中批处理。

PLC 扫描工作方式主要分 3 个阶段，即输入采样、程序执行、输出刷新，如图 1-1 所示。

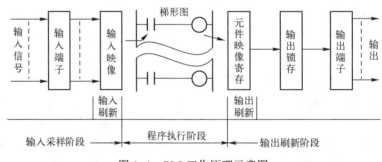

图 1-1　PLC 工作原理示意图

【输入采样阶段】 在输入采样阶段，PLC 以扫描方式依次读入所有输入状态和数据，并将它们存入 I/O 映像区中相应的单元内。输入采样结束后，转入程序执行和输出刷新阶段。在这两个阶段中，即使输入状态和数据发生变化，I/O 映像区中相应单元的状态和数据也不会改变。因此，如果输入的是脉冲信号，则该脉冲信号的宽度必须大于一个扫描周期，这样才能保证在任何情况下该输入均能被读入。

【程序执行阶段】 在程序执行阶段，PLC 总是按由上而下的顺序依次扫描用户程序（梯形图）。在扫描每一条梯形图时，又总是先扫描梯形图左边的由各触点构成的控制线路，并按先左后右、先上后下的顺序对由触点构成的控制线路进行逻辑运算，然后根据逻辑运算的结果，刷新该逻辑线圈在系统 RAM 存储区中对应位的状态；或者刷新该输出线圈在 I/O 映像区中对应位的状态；或者确定是否要执行该梯形图所规定的特殊功能指令。即在用户程序执行过程中，只有输入点在 I/O 映像区内的状态和数据不会发生变化，而其他输出点和软设备在 I/O 映像区或系统 RAM 存储区内的状态和数据都有可能发生变化，而且排在上面的梯形图的程序执行结果，会对排在下面的凡是用到这些线圈或数据的梯形图起作用；相反，排在下面的梯形图的被刷新的逻辑线圈的状态或数据，只能到下一个扫描周期才能对排在其上面的程序起作用。

【输出刷新阶段】 扫描用户程序结束后，PLC 就进入输出刷新阶段。在此期间，CPU 按照 I/O 映像区内对应的状态和数据刷新所有的输出锁存电路，再经输出电路驱动相应的外设。这时才是 PLC 的真正输出。

从微观上来看，由于 PLC 特定的扫描工作方式，程序在执行过程中所用的输入信号是本周期内采样阶段的输入信号。若在程序执行过程中，输入信号发生变化，其输出不能即时响应，只能等到下一个扫描周期开始时才能采样该输入信号。另外，程序执行过程中产生的输出不是立即去驱动负载，而是将处理结果存放在输出映像寄存器中，等到程序全部执行结束时，才能将输出映像寄存器的内容通过锁存器输出到端子上。

因此，PLC 最显著的不足之处是 I/O 有响应滞后现象。但对一般工业设备来说，其输入为一般的开关量，其输入信号的变化周期（秒级以上）大于程序扫描周期（毫秒或微秒级），因此从宏观上来看，输入信号一旦变化，就能立即进入输入映像寄存器。也就是说，PLC 的 I/O 响应滞后现象对一般工业设备来说是完全容许的。但对某些设备，如果需要输出对输入作快速响应，这时可采用快速响应模块、高速计数模块或中断处理等措施来尽量减少滞后时间。

从 PLC 的工作过程可以总结如下 4 个结论。

☺ 以扫描的方式执行程序，其 I/O 信号间的逻辑关系存在原理上的滞后。扫描周期越长，滞后就越严重。

☺ 扫描周期除了包括输入采样、程序执行、输出刷新 3 个主要工作阶段所占用的时间，还包括系统管理操作占用的时间。其中，程序执行的时间与程序的长短及指令操作的复杂程度有关，其他基本不变。扫描周期一般为毫秒或微秒级。

☺ 第 n 次扫描执行程序时，所依据的输入数据是该次扫描周期中采样阶段的扫描值 $X(n)$；所依据的输出数据有上一次扫描的输出值 $Y(n-1)$，也有本次的输出值 $Y(n)$。送往输出端子的信号，是本次执行全部运算后的最终结果 $Y(n)$。

☺ I/O 响应滞后不仅与扫描方式有关，还与程序设计安排有关。

1.3 PLC 的分类

PLC 是以微处理器为核心，综合了计算机技术、自动控制技术和通信技术发展起来的一种通用的工业自动控制装置，它具有可靠性高、体积小、功能强、程序设计简单、灵活通用、维护方便等一系列优点，因而在冶金、能源、化工、交通、电力等领域广泛应用，成为现代工业控制的三大支柱（PLC、机器人和 CAD/CAM）之一。

PLC 产品种类繁多，其规格和性能也各不相同。通常根据 PLC 结构形式的不同、功能的差异和 I/O 点数的多少等对其进行大致分类。

1. 按结构形式分类

根据 PLC 的结构形式，可将 PLC 分为整体式和模块式两类。

【整体式 PLC】 整体式 PLC 是将电源、CPU、I/O 接口等部件都集中装在一个机箱内，如图 1-2 所示。这种 PLC 具有结构紧凑、体积小、价格低的特点。小型 PLC 一般采用这种

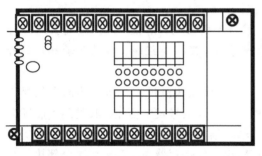

图 1-2   整体式 PLC

整体式结构。整体式 PLC 由不同 I/O 点数的基本单元（又称主机）和扩展单元组成。基本单元内有 CPU、I/O 接口、与 I/O 扩展单元相连的扩展口，以及与编程器或 EPROM 写入器相连的接口等。扩展单元内只有 I/O 和电源等，没有 CPU。基本单元和扩展单元之间一般用扁平电缆连接。整体式 PLC 一般还可配备特殊功能单元，如模拟量单元、位置控制单元等，使其功能得以扩展。

【模块式 PLC】 模块式 PLC 是将 PLC 各组成部分，分别制成若干个单独的模块，如 CPU 模块、I/O 模块、电源模块（有的含在 CPU 模块中）及各种功能模块，如图 1-3 所示。模块式 PLC 由框架或基板和各种模块组成。模块装在框架或基板的插座上。模块式 PLC 的特点是配置灵活，可根据需要选配不同规模的系统，而且装配方便，便于扩展和维修。大、中型 PLC 一般采用模块式结构。

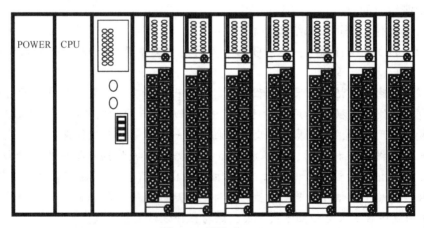

图 1-3   模块式 PLC

还有一些 PLC 将整体式和模块式的特点结合起来，构成所谓叠装式 PLC。叠装式 PLC 的 CPU、电源、I/O 接口等也是各自独立的模块，但它们之间是靠电缆进行连接的，并且各模块可以逐层叠装。这样，不仅系统可以灵活配置，还可做得体积小巧。

2. 按功能分类

根据 PLC 功能的不同，可将 PLC 分为低档、中档、高档三类。

【低档 PLC】 具有逻辑运算、定时、计数、移位、自诊断和监控等基本功能，还可有少量模拟量 I/O、算术运算、数据传送和比较、通信等功能。低档 PLC 主要用于逻辑控制、顺序控制或少量模拟量控制的单机控制系统。

【中档 PLC】 除了具有低档 PLC 的功能，还具有较强的模拟量 I/O、算术运算、数据传送和比较、数制转换、远程 I/O、子程序、通信联网等功能。有些中档 PLC 还可增设中断控制、PID 控制等功能，适用于复杂控制系统。

【高档 PLC】 除了具有中档机的功能，还增加了带符号算术运算、矩阵运算、位逻辑运算、平方根运算及其他特殊功能函数的运算、制表及表格传送等功能。高档 PLC 具有更强的通信联网功能，可用于大规模过程控制或构成分布式网络控制系统，实现工厂自动化控制。

3. 按 I/O 点数分类

根据 PLC 的 I/O 点数的多少，可将 PLC 分为小型、中型和大型三类。

【小型 PLC】 I/O 点数小于 256 点，单 CPU、8 位或 16 位处理器，用户存储器容量为 4KB 以下。

【中型 PLC】 I/O 点数在 256~2048 点之间，双 CPU，用户存储器容量为 2~8KB。

【大型 PLC】 I/O 点数大于 2048 点，多 CPU，16 位或 32 位处理器，用户存储器容量为 8~16KB。

常见 PLC 产品见表 1-1。

表 1-1　常见 PLC 产品

PLC 厂家	典型产品	产品特点
西门子（SIEMENS）公司	S5-100U	小型模块式 PLC，最多可配置到 256 个 I/O 点
	S5-115U	中型 PLC，最多可配置到 1024 个 I/O 点
	S5-115UH	中型机，它是由两台 S5-115U 组成的双机冗余系统
	S5-155U	大型机，最多可配置到 4096 个 I/O 点，模拟量 I/O 可达 300 多路
	S5-155H	大型机，它是由两台 S5-155U 组成的双机冗余系统
	S7-200	属于微型 PLC
	S7-300	属于中小型 PLC
	S7-400	属于中高性能的大型 PLC
	S7-1200	最新小型 PLC，集成 PROFINET 接口，具有卓越的灵活性和可扩展性，同时集成高级功能
A-B 公司	PLC-5/10、PLC-5/12、PLC-5/15、PLC-5/25	中型 PLC，I/O 点配置范围为 256~1024 点
	PLC-5/11、PLC-5/20、PLC-5/30、PLC-5/40、PLC-5/60、PLC-5/40L、PLC-5/60L	大型 PLC。其中，PLC-5/25 功能最强，最多可配置到 4096 个 I/O 点，具有强大的控制和信息管理功能

PLC 厂家	典型产品	产品特点
GE 公司	GE-1、GE-1/J、GE-1/P	除 GE-1/J 外，均采用模块结构。GE-1 用于开关量控制系统，最多可配置到 112 个 I/O 点。GE-1/J 是更小型化的产品，其 I/O 点最多可配置到 96 点。GE-1/P 是 GE-1 的增强型产品，增加了部分功能指令（数据操作指令）、功能模块（A/D、D/A 等）、远程 I/O 功能等，其 I/O 点最多可配置到 168 点
	GE-Ⅲ	比 GE-1/P 增加了中断、故障诊断等功能，最多可配置到 400 个 I/O 点
	GE-Ⅴ	比 GE-Ⅲ 增加了部分数据处理、表格处理、子程序控制等功能，并具有较强的通信功能，最多可配置 2048 个 I/O 点
三菱公司	F1/F2	是 F 系列的升级产品，早期在我国的销量也不小。F1/F2 系列加强了指令系统，增加了特殊功能单元和通信功能，比 F 系列有了更强的控制能力
	FX 系列	在容量、速度、特殊功能、网络功能等方面都有了加强。FX2 系列是在 20 世纪 90 年代开发的整体式高功能小型 PLC，它配有各种通信适配器和特殊功能单元。FX2N 系列是高功能整体式小型 PLC，它是 FX2 的换代产品，各种功能都有了增强。近年来还不断推出满足不同要求的微型 PLC，如 FX0S、FX1S、FX0N、FX1N 及 α 系列等产品
	A 系列、QnA 系列、Q 系列	具有丰富的网络功能，I/O 点数可达 8192 点。其中 Q 系列具有超小的体积、丰富的机型、灵活的安装方式、双 CPU 协同处理、多存储器、远程口令等特点，是三菱公司现有 PLC 中最高性能的 PLC
欧姆龙（OMRON）公司	SP 系列	体积极小，速度极快
	P 型、H 型、CPM1A 系列、CPM2A 系列、CPM2C、CQM1 等	P 型机现已被性价比更高的 CPM1A 系列所取代，CPM2A/2C、CQM1 系列内置 RS-232C 接口和实时时钟，并具有软 PID 功能，CQM1H 是 CQM1 的升级产品
	C200H、C200HS、C200HX、C200HG、C200HE、CS1 系列	C200H 曾经是畅销的高性能中型 PLC，配置齐全的 I/O 模块和高功能模块，具有较强的通信和网络功能。C200HS 是 C200H 的升级产品，指令系统更丰富、网络功能更强。C200HX/HG/HE 是 C200HS 的升级产品，有 1148 个 I/O 点，其容量是 C200HS 的 2 倍，速度是 C200HS 的 3.75 倍，有品种齐全的通信模块，是适应信息化的 PLC 产品。CS1 系列具有中型机的规模、大型机的功能，是一种极具推广价值的新机型
	C1000H、C2000H、CV（CV500、CV1000、CV2000、CVM1）等	C1000H、C2000H 可单机或双机热备运行，安装带电插拔模块，C2000H 可在线更换 I/O 模块；CV 系列中除 CVM1 外，均可采用结构化编程，易读、易调试，并具有更强大的通信功能
松下公司	FP0、FP1、FP3、FP5、FP10、FP10S、FP20	指令系统功能强；有的机型还提供可以用 FP-BASIC 语言编程的 CPU 及多种智能模块，为复杂系统的开发提供了软件手段；FP 系列的各种 PLC 都配置通信机制，由于它们使用的应用层通信协议具有一致性，这给构成多级 PLC 网络和开发 PLC 网络应用程序带来方便

1.4　PLC 的编程语言

与一般计算机语言相比，PLC 的编程语言具有明显的特点，它既不同于高级语言，也不同于一般的汇编语言；它既要满足易于编写，又要满足易于调试的要求。目前，还没有一种对各厂家产品都能兼容的编程语言。但不管什么型号的 PLC，其编程语言都具有以下特点。

【图形式指令结构】 程序以图形方式表达，指令由不同的图形符号组成，易于理解和记忆。系统的软件开发者已把工业控制中所需的独立运算功能编制成象征性图形，用户根据自己的需要对这些图形进行组合，并输入适当的参数。在逻辑运算部分，几乎所有的厂家都采用类似于继电控制电路的梯形图，很容易被用户接受。西门子公司还采用控制系统流程图来表示，它沿用二进制逻辑元件图形符号来表达控制关系，直观易懂。对于较复杂的算术运算、定时、计数等，一般也参照梯形图或逻辑元件图给予表示。

【明确的变量常数】 图形符号相当于操作码，规定了运算功能，操作数由用户输入，如 K400、T120 等。PLC 中的变量和常数，以及其取值范围有明确规定（由产品型号决定，可查阅产品手册）。

【简化的程序结构】 PLC 的程序结构通常很简单，多为模块式结构，不同模块完成不同的功能，这使程序的调试者对整个程序的控制功能和控制顺序有清晰的概念。

【简化应用软件生成过程】 使用汇编语言和高级语言编写程序，要完成编辑、编译和链接 3 个过程；而使用 PLC 编程语言，只需要编辑一个过程，其余由系统软件自动完成，整个编辑过程都在人机对话下进行，不要求用户有高超的软件设计能力。

【强化调试手段】 无论汇编程序，还是高级语言程序，调试都是令编程人员头疼的事，而 PLC 的程序调试使用编程器，利用 PLC 和编程器进行调试，诊断和调试操作都很简单。

总之，PLC 的编程语言是面向用户的，不要求使用者具备高深的知识，也不需要长时间的专门训练。

1. 梯形图

梯形图（LD）是用图形符号来描述程序的一种编程语言。这种编程语言利用因果关系来描述事件发生的条件和结果，每个梯级是一个因果关系。在同一梯级中，描述事件发生的条件在左侧表示，事件发生的结果在右侧表示。梯形图是最常用的一种 PLC 编程语言，它来源于继电控制系统的描述。在工业过程控制领域，电气技术人员对继电控制技术较为熟悉，因此由这种逻辑控制技术发展而来的梯形图受到广泛欢迎。梯形图的特点如下所述。

☺ 与电气操作原理图相对应，具有直观性和对应性。

☺ 与原有继电控制技术一致，易于掌握和学习。

☺ 与指令表编程语言有一一对应关系，便于相互转换和程序检查。

☺ 梯形图中的继电器不是"硬"继电器，而是 PLC 存储器的一个存储单元。当写入该单元的逻辑状态为 1 时，则表示相应继电器的线圈接通，其动合触点闭合，动断触点断开；当写入该单元的逻辑状态为 0 时，则表示相应继电器的线圈断开，其动断触点闭合，动合触点断开。

☺ 梯形图按从左到右、自上而下的顺序排列。每个逻辑行（或称梯级）起始于左母线，然后是触点的串/并联连接，最后是线圈与右母线相连。

☺ 梯形图中每个梯级流过的不是物理电流，而是"概念电流"，从左流向右，其两端没有电源。这个"概念电流"只是用于形象地描述用户程序执行中满足线圈接通的条件。

☺ 输入继电器用于接收外部输入信号，而不能由 PLC 内部其他继电器的触点来驱动。因此，梯形图中只出现输入继电器的触点，而不出现其线圈。输出继电器将程序执行结果输出给外部输出设备。当梯形图中的输出继电器线圈接通时，就有信号输出，但它不是直接驱动输出设备，而要通过输出接口的继电器、晶体管或晶闸管才能实现输出。

梯形图编程示意图如图 1-4 所示。

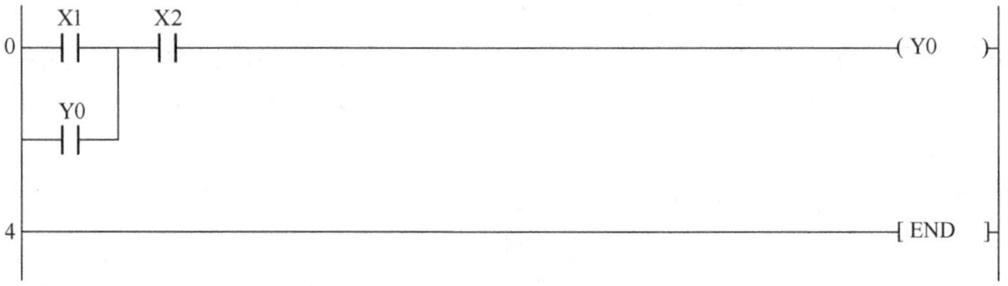

图 1-4　梯形图编程示意图

2. 指令表

指令表（IL）是用布尔助记符（Boolean Mnemonic）来描述程序的一种编程语言。指令表与计算机中的汇编语言非常相似，采用布尔助记符来表示操作功能。指令表具有下述特点。

```
LD    X1
OR    Y0
AND   X2
OUT   Y0
END
```

图 1-5　与图 1-4 所示
梯形图对应的指令表

☺ 采用助记符来表示操作功能，容易记忆，便于掌握。

☺ 在编程器的键盘上采用助记符表示，便于操作，可在无计算机的场合进行编程设计。

☺ 与梯形图有一一对应关系。

图 1-4 所示的梯形图程序可以变换成指令表，如图 1-5 所示。

3. 功能块图

功能块图（FBD）是采用功能块来表示其所具有的功能的，不同的功能块有不同的功能。它有若干个输入端和输出端，通过软连接的方式，分别连接到所需的其他端子，从而完成所需的控制运算或控制功能。功能块可以分为不同的类型，在同一种类型中，也可能因功能参数的不同而使功能或应用范围有所差别。例如，输入端的数量、输入信号类型等的不同，使它的使用范围也不同。由于采用软连接的方式进行功能块之间及功能块与外部端子的连接，因此控制方案的更改、信号连接的替换等操作可以很方便地实现。功能块图的特点如下所述。

☺ 以功能块为单位,从控制功能入手,使控制方案的分析和理解变得容易。

☺ 功能块是用图形化的方法描述功能,它的直观性大大方便了设计人员的编程,有较好的易操作性。

☺ 对控制规模较大、控制关系较复杂的系统,由于控制功能的关系可以较清楚地表达出来,因此编程时间可以缩短,调试时间也能减少。

☺ 由于每种功能块要占用一定的程序内存,对功能块的执行需要一定的执行时间,因此这种编程语言多在大中型 PLC 和集散控制系统的编程中使用。

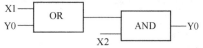

图 1-4 所示的梯形图程序也可以变换成功能块图,如图 1-6 所示。

图 1-6 与图 1-4 所示梯形图对应的功能块图

4. 功能表图

功能表图(Sequential Function Chart,SFC)是近年来发展起来的一种编程语言。采用功能表图编程时,控制系统被分为若干个子系统,从功能入手,使系统的操作具有明确的含义,便于设计人员与操作人员沟通设计思想,便于程序的分工设计、检查和调试。功能表图的特点如下所述。

☺ 以功能为主线,条理清楚,便于对程序操作的理解和沟通。

☺ 对于大型的程序,可分工设计,采用较为灵活的程序结构,节省设计、调试时间。

☺ 常用于系统规模较大、程序关系较复杂的场合。

☺ 只有在活动步的命令和操作被执行后,才对活动步后的转换进行扫描,因此整个程序的扫描时间较其他编程语言的程序扫描时间要短得多。

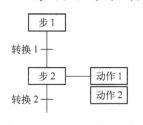

图 1-7 功能表图编程示例

功能表图来源于佩特利(Petri)网,由于它具有图形表达方式,能比较简单、清楚地描述并发系统和复杂系统的所有现象,并能对系统中存在的死锁、不安全等反常现象进行分析和建模,在模型的基础上可以直接编程,因此得到了广泛的应用。近几年推出的 PLC 和小型离散控制系统中也已提供了采用功能表图编程语言进行编程的软件。功能表图体现了一种编程思想,在程序的编制中有很重要的意义。功能表图编程示例如图 1-7 所示。

5. 结构化语句描述

结构化语句(Structured Text,ST)描述是用结构化的描述语句来描述程序的一种编程语言。它是一种类似于高级语言的编程语言。在大中型的 PLC 系统中,常采用结构化语句描述编程语言来描述控制系统中各个变量之间的运算关系。它也被用于集散控制系统的编程。

大多数制造厂商采用的结构化语句描述与 BASIC、Pascal 或 C 等高级语言相似,但为了应用方便,在语句的表达方法及语句的种类等方面都进行了简化。结构化语句描述编程语言具有如下特点。

☺ 采用高级语言进行编程,可以完成较复杂的控制运算。

☺ 需要有一定的计算机高级程序设计语言的知识和编程技巧,对编程人员的技能要求较高,普通电气人员难以完成。

☺直观性和易操作性等较差。

☺常被用于采用功能块等其他编程语言较难实现的一些控制功能的实施。

6. 结构化梯形图

结构化梯形图是可以使用触点、线圈、功能、功能块等回路符号，将程序以图形的形式描述的语言。它是基于继电器回路设计技术创建的图形语言，容易直观理解，因此普遍用于顺序控制程序的编制，其回路总是从左侧的母线开始。

1.5　继电控制与 PLC 控制比较

继电控制为接线程序控制，它是由分立元件（如继电器、接触器等）用导线连接起来加以实现的，它的程序就在接线之中，对控制程序的修改必须通过改变接线来实现。

PLC 控制为存储程序控制，其工作程序放在存储器中，系统要完成的控制任务是通过执行存储器中的程序来实现的，修改控制程序时无须改变 PLC 的接线，只须改变存储器中的某些程序语句即可。对比两个系统框图可以看到，继电控制与 PLC 控制的 I/O 部分基本相同，只是中间的控制部分不同，如图 1-8 和图 1-9 所示。继电控制部分采用的是硬接线的形式，而 PLC 控制采用了程序控制。

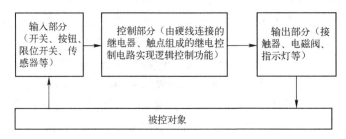

图 1-8　继电控制系统框图

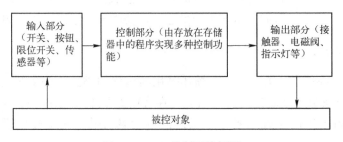

图 1-9　PLC 控制系统框图

由图 1-10 所示的电动机单向旋转控制电路可以看出，PLC 控制方式下接线数量大大减少，改变控制只须调整程序即可，这样既减少了工作量，也提高了系统的可靠性。

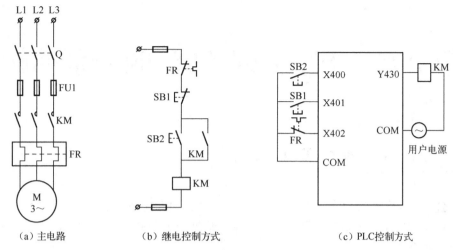

（a）主电路　　　　（b）继电控制方式　　　　（c）PLC控制方式

图 1-10　电动机单向旋转控制电路

思考与练习

（1）PLC 有哪些主要特点？

（2）当前 PLC 的发展趋势如何？

（3）PLC 的基本结构如何？试阐述其基本工作原理。

（4）PLC 有哪些编程语言？常用的是什么编程语言？

第2章 FX 系列 PLC 的体系结构

 ## 2.1 FX 系列 PLC 简介

三菱公司近年来推出的 FX 系列 PLC 有 FX0、FX2、FX0S、FX0N、FX2C、FX1S、FX1N、FX2N、FX2NC 等系列型号。这里选择了常见的 FX0S、FX0N 和 FX2N 三个 FX 系列 PLC 进行简要介绍。

2.1.1 FX 系列 PLC 型号命名方式

FX 系列 PLC 型号命名的基本方式如下：

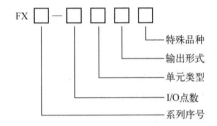

☺ 系列序号：如 0、2、0S、0N、2C、1S、1N、2N、2NC 等；

☺ I/O 点数：10~256 点；

☺ 单元类型：

    ☙ M—基本单元；

    ☙ E—扩展单元（I/O 混合）；

    ☙ EX—扩展输入单元（模块）；

    ☙ EY—扩展输出单元（模块）。

☺ 输出形式：

    ☙ R—继电器输出；

    ☙ T—晶体管输出；

    ☙ S—晶闸管输出。

☺ 特殊品种区别：

    ☙ D—DC 电源，DC 输入；

    ☙ A—AC 电源，AC 输入；

    ☙ H—大电流输出扩展单元；

    ☙ V—立式端子排的扩展单元；

    ☙ C—接插口 I/O 方式；

ꓒ F—输入滤波器（1ms）扩展单元；

ꓒ L—TFL 输入型扩展单元；

ꓒ S—独立端子（无公共端）扩展单元。

2.1.2　FX 系列 PLC 的技术指标

FX 系列 PLC 的输入、输出技术指标见表 2-1 和表 2-2。

表 2-1　FX 系列 PLC 输入技术指标

技 术 指 标		典 型 值
输入信号电压（DC）		24V±2.4V
输入信号电流（DC）		7mA（元件 X0~X7）或 5mA（其他输入点）
输入开关电流	OFF→ON	>4.5mA（元件 X0~X7）或>3.5mA（其他输入点）
	ON→OFF	<1.5mA
输入响应时间		10ms
可调节输入响应时间		0~60ms（FX2N）或 0~15ms（其他 FX 系列）
输入信号形式		无电压触点，或者 NPN 型集电极开路输出晶体管
输入状态显示		输入为 ON 时，LED 亮

表 2-2　FX 系列 PLC 输出技术指标

技 术 指 标		典 型 值		
		继电器输出型	晶闸管输出型	晶体管输出型
外部电源电压		<250 V AC 或<30V DC	85~242V AC	5~30V DC
最大负载	阻性负载	≤2A/点，总和≤8A	≤0.3A/点，总和≤0.8A	≤0.3A/点，总和≤0.8A
	感性负载	80V·A（@120/240V AC）	36V·A（@240V AC）	12V·A（@24V DC）
	灯负载	100W	30W	0.9W（@24V DC）
最小负载		2mA（最大电压为 5V DC 时）或 5mA（最大电压为 24V DC 时）	2.3V·A（@240V AC）	—
响应时间	OFF→ON	10ms	1ms	<0.5μs（Y0 和 Y1）<0.2ms（其他）
	ON→OFF	10ms	10ms	<0.5μs（Y0 和 Y1）<0.2ms（其他）
开路漏电流		—	24mA（@240V AC）	0.1mA（@30V DC）
电路隔离形式		继电器隔离	光电晶闸管隔离	光耦合器隔离
输出动作显示		线圈通电时，LED 亮	晶闸管驱动时，LED 亮	光耦合器驱动时，LED 亮

2.1.3　FX 系列 PLC 的性能比较

三菱公司 FX 系列 PLC 吸收了整体式和模块式 PLC 的优点，它的基本单元、扩展单元和扩展模块的高度和宽度相同。它们之间的相互连接不用基板，仅用扁平电缆连接，紧密拼装后组成一个整齐的长方体。其体积小，适合在机电一体化产品中使用。

FX 系列 PLC 虽然外观相似，但各自的性能和价格还是有差别的。FX1S、FX1N、

FX2N/2NC、FX3U 基本性能比较见表 2-3。

表 2-3　FX1S、FX1N、FX2N/2NC、FX3U 基本性能比较

项　目		FX1S	FX1N	FX2N/2NC	FX3U
运算控制方式		存储程序，反复运算			
I/O 控制方式		批处理方式（在执行 END 指令时），可以使用 I/O 刷新指令			
运算处理速度		（0.55～0.7）μs /指令		0.08μs /指令	0.065μs /指令
编程语言		梯形图和指令表，可以用步进梯形指令来生成顺序控制指令			
程序容量（EEPROM）		内置 2000 步	内置 8000 步	内置 8000 步，用存储盒可达 16000 步	内置 64000 步，用存储盒可达 128000 步
指令数量	基本指令和步进指令	基本指令 27 条，步进指令 2 条			基本指令 29 条步进指令 2 条
	应用指令	85 条	89 条	128 条	209 条
I/O 设置		最多 30 点	最多 128 点	最多 256 点	最多 384 点（含 CC-Link I/O）

2.2　FX2N PLC 的硬件结构

FX 系列 PLC 的系统配置灵活，用户除了可以选用不同型号的 FX 系列 PLC，还可以选用各种扩展单元和扩展模块，组成不同 I/O 点数和不同功能的控制系统。FX2N 系列 PLC 为现在市场上的主流产品，能完成绝大多数工业控制要求，上市多年后，其价格有所下降，性价比较高。

2.2.1　主机面板结构

FX2N 系列 PLC 外形如图 2-1 所示。

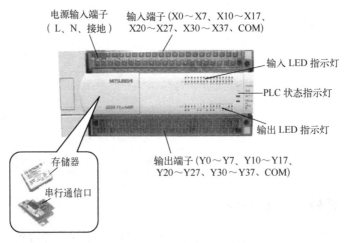

图 2-1　FX2N 系列 PLC 外形

【电源输入端子】AC 电源型主机的电源电压为 100~240V AC；DC 电源型主机的电源电压为 24V DC。

【功能接地端子（仅 AC 电源型）】当有严重噪声干扰时，功能接地端子必须接地。它与保护接地端子可以连接在一起。

【保护接地端子】为了防止触电，保护接地端子必须接地。

【输入端子】用于连接输入设备，输入电压最大值为 24V DC。

【输入 LED】当输入端子触点为 ON 时，LED 亮；当输入端子触点为 OFF 时，LED 灭。

【PLC 状态指示灯】主机面板的中部有 4 个工作状态显示 LED，其作用如下所述。

☺ POWER（绿）：电源的接通或断开指示，电源接通时亮，断开时灭。

☺ RUN（绿）：工作状态指示，PLC 处于运行或监控状态时亮，处于编程状态或运行异常时灭。

☺ BATTV：内部电池电量指示灯。点亮时须更换电池，否则可能会造成程序丢失。

☺ PROG-E/CPU-E（红）：程序错误或 CPU 错误指示，这两种显示共用一个 LED。PLC 出现错误时 LED 常亮，此时 PLC 停止工作且不执行程序，运行正常时 LED 灭。

【输出 LED】当输出端子触点为 ON 时，LED 亮；当输出端子触点为 OFF 时，LED 灭。

【输出端子】用于连接输出电路，最大输出电压可为 24V DC 或 220V AC，视负载而定。PLC 的 I/O 点数不同，I/O 端子数量也不同。

【输出 24V DC 电源端子】24V DC 电源端子（仅 AC 电源型）对外部提供 24V DC 电源（容量 200mA），可作为输入设备或现场传感器的电源。

【外设端口】用于连接编程工具或 RS-232、RS-422 通信适配器，根据需要而定。

2.2.2　FX2N 系列 PLC 的特点和技术指标

FX2N 系列 PLC 具有以下特点。

☺ 采用一体化箱体结构，其基本单元将 CPU、存储器、I/O 接口及电源等都集成在一个模块内，结构紧凑，体积小巧，成本低，安装方便。

☺ 是 FX 系列中功能最强、运行速度最快的 PLC。FX2N 基本指令执行时间最短可达 0.08μs，超过了许多大、中型 PLC。

☺ 用户存储器容量可扩展到 16KB，其 I/O 点数最大可扩展到 256 点。

☺ 有多种特殊功能模块，如模拟量 I/O 模块、高速计数器模块、脉冲输出模块、位置控制模块、RS-232C/RS-422/RS-485 串行通信模块或功能扩展板、模拟定时器扩展板等。

☺ 有 3000 多点辅助继电器、1000 点状态继电器、200 多点定时器、200 点 16 位加计数器、35 点 32 位加/减计数器、8000 多点 16 位数据寄存器、128 点跳步指针、15 点中断指针。

☺ 有 128 种功能指令，具有中断输入处理、修改输入滤波器常数、数学运算、浮点数运算、数据检索、数据排序、PID 运算、开平方、三角函数运算、脉冲输出、脉宽调制、串行数据传送、校验码、比较触点等功能指令。

☺ 有矩阵输入、10 键输入、16 键输入、数字开关、方向开关、7 段显示器扫描显示等方便指令。

FX2N 的技术指标包括一般技术指标、电源技术指标和输出技术指标等，见表 2-4 ~ 表 2-6。

表 2-4　FX2N 一般技术指标

项　目	指　标
环境温度	使用时：0～55℃，储存时：-20～+70℃
环境湿度	35%～89%RH 时（不结露）使用
抗振	JIS C0911 标准 10～55Hz、0.5mm（最大 2g），3 轴方向各 2h（但用 DIN 导轨安装时 0.5g）
抗冲击	JIS C0912 标准　10g　3 轴方向各 3 次
抗噪声干扰	在用噪声仿真器产生电压（峰-峰值）为 1000V、噪声脉冲宽度为 1μs、周期为 30～100Hz 的噪声干扰时工作正常
耐压（所有端子与接地端之间）	1500V AC，1min
绝缘电阻（所有端子与接地端之间）	5MΩ 以上（500V DC 欧姆表）
接地	保护接地，不能接地时也可浮空
使用环境	无腐蚀性气体，无尘埃

表 2-5　FX2N 电源技术指标

项　目		FX2N-16M FX2N-32M FX2N-32E FX2N-48M FX2N-48E		FX2N-64M	FX2N-80M	FX2N-128M
电源电压		100～240V AC，50/60Hz				
允许瞬间断电时间		对于 10ms 以下的瞬间断电，控制动作不受影响				
电源熔断器		250V，3.15A，ϕ5×20mm	250V，5A，ϕ5×20mm			
功耗（V·A）		35	40（32E 35）	50（48E 45）	60	70	100
传感器电源	无扩展部件	24V DC，250mA 以下	24V DC，460mA 以下			
	有扩展部件	5V DC，基本单元 290mA，扩展单元 690mA				

表 2-6　FX2N 输出技术指标

项　目		继电器输出	晶闸管输出	晶体管输出
外部电源		250V AC，30V DC 以下	85～242V AC	5～30V DC
最大负载	电阻负载	2A/点，8A/4 点共享，8A/8 点共享	0.3A/点，0.8A/4 点共享	0.5A/点，0.8A/4 点共享
	感性负载	80V·A	15V·A/ 100V AC 30V·A/200V AC	12W/24V DC
	灯负载	100W	30W	1.5W/24V DC
开路漏电流		—	1mA/100V AC 2mA/200V AC	0.1mA 以下/30V DC
响应时间	OFF 到 ON	约 10ms	1ms 以下	0.2ms 以下
	ON 到 OFF	约 10ms	最大 10ms	0.2ms 以下 *
电路隔离		机械隔离	光电晶闸管隔离	光耦合器隔离
动作显示		继电器通电时 LED 亮	光电晶闸管驱动时 LED 亮	光耦合器隔离驱动时 LED 亮

　　* 响应时间 0.2ms 是在条件为 24V/200mA 时测得的，实际所需时间为电路切断负载电流到电流为 0 的时间，可用并接续流二极管的方法改善响应时间。大电流时为 0.4mA 以下。

2.2.3　FX2N 系列 PLC 的结构模块

目前，PLC 的产品很多，不同厂家生产的 PLC 或同一厂家生产的不同型号的 PLC，其结构各不相同，但其基本组成和基本工作原理是大致相同的。它们都是以微处理器为核心的结构，其功能的实现不仅基于硬件的作用，更要靠软件的支持。实际上，PLC 就是一种新型的工业控制计算机。

PLC 硬件系统结构框图如图 2-2 所示。

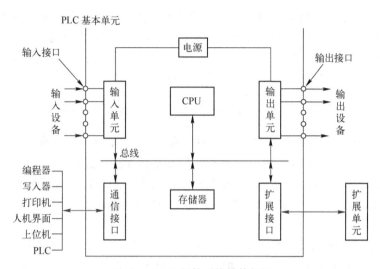

图 2-2　PLC 硬件系统结构框图

在图 2-2 中，PLC 的主机由中央处理器（CPU）、存储器（EPROM、RAM）、I/O 单元、外设 I/O 接口、通信接口及电源组成。对于整体式 PLC，这些部件都在同一个机壳内。而对于模块式 PLC，各部件独立封装（称为模块），各模块通过机架和电缆连接在一起。主机内的各个部分均通过电源总线、控制总线、地址总线和数据总线连接。根据实际控制对象的需要，配备一定的外部设备，可构成不同的 PLC 控制系统。常用的外部设备有编程器、打印机、EPROM 写入器等。PLC 可以配置通信模块，与上位机及其他的 PLC 进行通信，构成 PLC 的分布式控制系统。

下面分别介绍 PLC 主要组成部分及其作用，以便读者进一步了解 PLC 的控制原理和工作过程。

1）中央处理单元（CPU）　PLC 中所采用的 CPU 随机型不同而不同，通常有 3 种，即通用 CPU（如 8086、80286、80386 等）、单片机、位片式微处理器。小型 PLC 大多采用 8 位、16 位微处理器或单片机作为 CPU，如 Z80A、8031、M6800 等，这些芯片具有价格低、通用性好等优点。中型的 PLC 大多采用 16 位、32 位微处理器或单片机作为 CPU（如 8086、96 系列单片机），具有集成度高、运算速度快、可靠性高等优点。大型 PLC 大多数采用高速位片式微处理器，具有灵活性强、速度快、效率高等优点。

CPU 是 PLC 的控制中枢，PLC 在 CPU 的控制下有条不紊地协调工作，从而实现对现场设备的控制。CPU 由微处理器和控制器组成，它可以实现逻辑运算和数学运算，协调控制系统内部各部分的工作。控制器的作用是控制整个微处理器的各个部件有条不紊地进行工作，它的基本功能就是从内存中读取指令和执行指令。

CPU 的具体作用如下所述。

☺ 采集由现场输入装置送来的状态或数据，通过输入接口存入输入映像寄存器或数据寄存器中，用扫描方式接收输入设备的状态信号，并将其存入相应的数据区（输入映像寄存器）。

☺ 按用户程序存储器中存放的先后次序逐条读取指令，完成各种数据的运算、传递和存储等功能；进行编译解释后，按指令规定的任务完成各种运算和操作。

☺ 把各种运算结果向外部输出。

☺ 监测和诊断电源及 PLC 内部电路工作状态和用户程序中出现的语法错误。

☺ 根据数据处理的结果，刷新有关标志位的状态和输出状态寄存器表的内容，响应各种外部设备（如编程器、打印机、上位机、图形监控系统、条码判读器等）的工作请求，以实现输出控制、制表打印或数据通信等功能。

【说明】一些专业生产 PLC 的品牌厂家均采用自己开发的 CPU 芯片。

2）存储器　PLC 配有两种存储器，即系统存储器（EPROM）和用户存储器（RAM）。系统存储器用于存放系统管理程序，用户不能修改这部分存储器的内容。用户存储器用于存放编制的应用程序和工作数据状态。存放工作数据状态的用户存储器部分也称数据存储区，它包括 I/O 数据映像区、定时器/计数器预置数、当前值的数据区，以及存放中间结果的缓冲区等。

3）I/O 模块　在实际生产过程中，信号电平是多种多样的，外部执行机构所需的电平也是各不相同的，而 PLC 的 CPU 所处理的信号只能是标准电平，这样就须要有相应的 I/O 模块作为 CPU 与工业生产现场之间的桥梁，进行信号电平的转换。目前，生产厂家已开发出各种型号的 I/O 模块供用户选择，且这些模块在设计时采取了光隔离、滤波等抗干扰措施，提高了 PLC 的可靠性。对各种型号的 I/O 模块，可以把它们以不同形式进行归类。按照信号的种类归类有直流信号 I/O、交流信号 I/O；按照信号的 I/O 形式分为数字量 I/O、开关量 I/O、模拟量 I/O 等。

下面通过开关量 I/O 模块来说明 I/O 模块与 CPU 的连接方式。

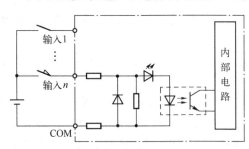

图 2-3　直流开关量输入模块原理图

【开关量输入模块】 开关量输入设备是指各种开关、按钮、传感器等，通常 PLC 的输入类型可以是直流、交流和交/直流。输入电路的电源可由外部供给，也可由 PLC 内部提供。图 2-3 所示为直流开关量输入模块原理图。其输入电路的一次电路与二次电路用光耦合器相连。当行程开关闭合时，输入电路和一次电路接通，上面的 LED 用于对外显示，同时光耦合器中的 LED 使晶体管导通，信号进入内部电路，此输入点对应的位由 0 变为 1，即输入映像寄存器的对应位由 0 变为 1。

图 2-4 所示为交流开关量输入模块原理图。

【开关量输出模块】 其作用是将 CPU 执行用户程序所输出的 TTL 电平控制信号转化为生产现场所需的能驱动特定设备的信号，以驱动执行机构的动作。

　　通常开关量输出模块有 3 种形式，即继电器输出、晶体管输出和晶闸管输出。继电器输出可接直流或交流负载；晶体管输出属于直流输出，只能接直流负载。当开关量输出的频率低于 1kHz 时，一般选用继电器输出模块；当开关量输出的频率高于 1kHz 时，一般选用晶体管输出模块。双向晶闸管输出属于交流输出。下面着重介绍继电器输出模块的工作过程，其原理图如图 2-5 所示。输出信号经 I/O 总线由输出锁存器输出，驱动继电器线圈，从而使继电器触点吸合，驱动外部负载工作。

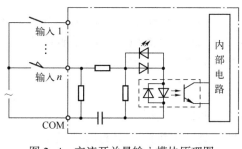

图 2-4　交流开关量输入模块原理图

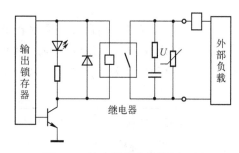

图 2-5　继电器输出模块原理图

　　从以上分析可知，对于继电器输出型电路，CPU 输出时接通或断开继电器的线圈，控制继电器的触点闭合或断开，从而控制外电路的通/断。PLC 继电器输出电路形式允许负载一般在 250V AC 以下，负载电流可达 2A，容量可达 80~100V·A，因此 PLC 的输出一般不宜直接驱动大电流负载（一般通过一个小负载来驱动大负载，如 PLC 的输出可以接一个电流比较小的中间继电器，再由中间继电器触点驱动大负载，如接触器线圈等）。

　　继电器触点的使用寿命也有限制（一般约为数十万次，根据负载而定，如连接感性负载时的寿命要小于阻性负载）。此外，继电器输出的响应时间也比较慢（约 10ms），因此在要求快速响应的场合，不适合使用此种类型的电路输出形式。

　　【注意】当连接感性负载时，为了延长继电器触点的使用寿命，在外接直流电源时，通常应在负载两端加过电压抑制二极管（如图 2-5 中并联在外接继电器线圈上的二极管）；对于交流负载，应在负载两端加 RC 抑制器。

　　晶体管输出模块原理图如图 2-6 所示，它是通过光耦合使开关晶体管截止或饱和导通以控制外部电路的。晶体管输出型电路的外接电源只能是直流电源，这是其应用局限性的一方面。另外，晶体管输出驱动能力要小于继电器输出，允许负载电压一般为 5~30V DC，允许负载电流为 0.2~0.5A。和继电器输出型电路一样，晶体管输出型电路在驱动感性负载时也要在负载两端反向并联二极管（二极管的阴极接电源的正极），以防止过电压，从而保护 PLC 的输出电路。

　　晶闸管输出模块原理图如图 2-7 所示。它采用的是光触发型双向晶闸管。双向晶闸管输出的驱动能力要比继电器输出的要小，允许负载电压一般为 85~242V AC；单点输出电流为 0.2~0.5A；当多点共用公共端时，每点的输出电流应减小（如单点驱动能力为 0.3A 的双向晶闸管输出，在 4 点共用公共端时，最大允许输出为 0.8A/4 点）。

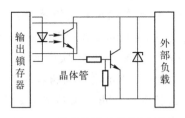

图 2-6　晶体管输出模块原理图

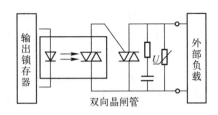

图 2-7　晶闸管输出模块原理图

> 【注意】为了保护晶闸管，通常在 PLC 内部电路晶闸管的两端并接 RC 阻容吸收元件（一般约为 $0.015\mu F/22\Omega$）和压敏电阻，因此在晶闸管关断时，PLC 的输出仍然有 1~2mA 的开路漏电流，这就可能导致一些小型继电器在 PLC 输出 OFF 时发生无法关断的情况。

4）编程器　编程器用于用户程序的编制、编辑、调试及监视 PLC 的一些系统参数和内部状态，是开发、维护、设计 PLC 控制系统的必要工具。主机内存中的用户程序就是由编程器通过通信接口输入的。对于已设计、安装好的 PLC 控制系统，一般都不带编程器而直接运行。不同系列的 PLC 的编程器互不通用。

编程器一般具有下列 5 种功能。

☺ 编辑功能：用户程序的修改、插入、删除等。

☺ 编程功能：用户程序的全部清除、写入/读出、检索等。

☺ 监视功能：对 I/O 点通/断的监视，对内部线圈、计数器、定时器通/断状态的监视，以及跟踪程序运行过程等。

☺ 检查功能：对语法、输入步骤、I/O 序号进行检查。

☺ 命令功能：向 PLC 发出运行、暂停等命令。

此外，编程器还具有与 EPROM 写入器、打印机、盒式录音机等外围设备通信的功能。编程器分为简易编程器和图形编程器两种，也可以利用通用计算机进行编程。

【简易编程器】它可以直接与 PLC 的专用插座相连，或者通过电缆与 PLC 相连。它与主机共用一个 CPU，一般只能用助记符或功能指令代号编程。其优点是携带方便，价格便宜，多用于微型、小型 PLC；缺点是因编程器与主机共用一个 CPU，只能联机编程，对 PLC 的控制能力较小。

【图形编程器】图形编程器有两种显示屏，即 LCD 或 CRT。显示屏可以显示编程的情况，还可以显示 I/O、各继电器的工作状况、信号状态和出错信息等。图形编程器既可以联机编程，又可以脱机编程；可以用梯形图编程，也可以用指令表编程。它还可以与打印机、绘图仪等设备相连，并有较强的监控功能，但价格高，通常被用于大、中型 PLC。

【通用计算机】它通过硬件接口和专用软件包，使用户可以直接在计算机上以连机或脱机方式编程。它可以运用梯形图编程，也可以用指令表编程，并有较强的监控能力。

2.2.4　FX2N 系列 PLC 常用单元

1）主机单元　FX2N 系列 PLC 的主机单元见表 2-7。

表 2-7　主机单元

型　号			输入点数	输出点数	扩展模块可用点数
继电器输出	晶闸管输出	晶体管输出			
FX2N-16MR-001	FX2N-16MS	FX2N-16MT	8	8	24~32
FX2N-32MR-001	FX2N-32MS	FX2N-32MT	16	16	24~32
FX2N-48MR-001	FX2N-48MS	FX2N-48MT	24	24	48~64
FX2N-64MR-001	FX2N-64MS	FX2N-64MT	32	32	48~64
FX2N-80MR-001	FX2N-80MS	FX2N-80MT	40	40	48~64
FX2N-128MR-001		FX2N-128MT	64	64	48~64

2）扩展单元　FX2N 系列 PLC 的扩展单元见表 2-8。

表 2-8　扩展单元

型　号	总 I/O 数目	输　入			输　出	
		数目	电压	类型	数目	类型
FX2N-32ER	32	16	24V DC	漏型	16	继电器
FX2N-32ET	32	16	24V DC	漏型	16	晶体管
FX2N-48ER	48	24	24V DC	漏型	24	继电器
FX2N-48ET	48	24	24V DC	漏型	24	晶体管
FX2N-48ER-D	48	24	24V DC	漏型	24	继电器（DC）
FX2N-48ET-D	48	24	24V DC	漏型	24	继电器（DC）

3）扩展模块　基本扩展模块按地域远近可分为近程扩展方式和远程扩展方式。

当 CPU 主机上 I/O 点数不能满足需要时，或者组合式 PLC 选用的模块较多，在主机上安装不开时，可通过扩展口进行近程扩展。

当部分现场信号相对集中，而又与其他现场信号相距较远时，可采用远程扩展方式。在远程扩展方式下，远程 I/O 模块作为远程从站可安装在主机及其近程扩展机上，远程扩展机作为远程从站安装在现场。

远程主站用于远程从站与主机间的信息交换，每个远程控制系统中可以有多个远程主站，一个远程主站可以有多个远程扩展机从站，每个远程扩展机又可以带多个近程扩展机，但远程部分的扩展机数量有一定的限制。远程主站和从站（远程扩展机）之间利用双绞线连接，同一个主站下面的不同从站用双绞线并联在一起。远程扩展机与远程扩展机的近程扩展机之间的连接，与主机和近程扩展机之间的连接方式相同。

远程部分的每个扩展机上都有一个编号，远程扩展机的编号由用户在远程扩展机上设定，具体编号按不用型号的规定而设置。

FX2N 系列 PLC 的扩展模块见表 2-9。通过扩展，可以增加 I/O 点数，以解决点数不足的问题。

表 2-9　FX2N 的扩展模块

型　号	总 I/O 数目	输　入			输　出	
		数目	电压	类型	数目	类型
FX2N-16EX	16	16	24V DC	漏型		
FX2N-16EYT	16				16	晶体管
FX2N-16EYR	16				16	继电器

4）特殊功能模块　特殊 I/O 功能模块作为智能模块，有自己的 CPU、存储器和控制逻辑，与 I/O 接口电路及总线接口电路组成一个完整的微型计算机系统。一方面，它可以在自己的 CPU 和控制程序的控制下，通过 I/O 接口完成相应的 I/O 和控制功能；另一方面，它又通过总线接口与主 CPU 进行数据交换，接收主 CPU 发来的命令和参数，并将执行结果和运行状态返回主 CPU，这样既实现了特殊 I/O 单元的独立运行，减轻了主 CPU 的负担，又实现了主 CPU 模块对整个系统的控制与协调，从而大幅度增强了系统的处理能力和运行速度。

下面简单介绍模拟量 I/O 模块、高速计数模块、位置控制模块、PID 控制模块、温度传感器模块和通信模块等特殊扩展模块。

【模拟量 I/O 模块】　模拟量输入模块将生产现场中连续变化的模拟量信号（如温度、流量、压力等），通过变送器转换成 1~5V DC、0~10V DC、4~20mA DC、0~10mA DC 等标准电压或电流信号。

模拟量输入模块的作用是把连续变化的电压、电流信号转化成 CPU 能处理的若干位数字信号。模拟量输入电路一般由放大电路、模数转换（A/D）、光隔离等部分组成。A/D 模块常有 2~8 路模拟量输入通道，输入信号可以是 1~5V 或 4~20mA，有些产品输入信号可为 0~10V 或 −20~+20mA。

模拟量输出模块的作用是把 CPU 处理后的若干位数字信号转换成相应的模拟量输出信号，以满足生产控制过程中需要连续信号的要求。

CPU 的控制信号由输出锁存器经光隔离、数模转换（D/A）和放大电路，变换成标准模拟量输出信号。模拟量电压输出为 1~5V DC 或 0~10V DC；模拟量电流输出为 4~20mA 或 0~10mA。

A/D、D/A 模块的主要参数有分辨率、精度、转换速度、输入阻抗、输出阻抗、最大允许输入范围、模拟通道数、内部电流消耗等。

【高速计数模块】　高速计数模块用于脉冲或方波计数器、实时时钟、脉冲发生器、数字码盘等输出信号的检测和处理，用于快速变化过程中的测量或精确定位控制。高速计数模块常设计为智能型模板，它与 PLC 的 CPU 之间是互相独立的。它自行配置计数、控制、检测功能，占有独立的 I/O 地址，与 CPU 之间以 I/O 扫描方式进行信息交换。有的计数模块还具有脉冲控制信号输出，用于驱动或控制机械运动，使机械运动到指定的位置。高速计数模块的主要技术参数有计数脉冲频率、计数范围、计数方式、输入信号规格、独立计数器个数等。

【位置控制模块】　位置控制模块是用于位置控制的智能 I/O 模块，能改变被控点的位移、速度和位置，适用于步进电动机或脉冲输入的伺服电动机驱动器。位置控制单元一般自身带有 CPU、存储器、I/O 接口和总线接口。它一方面可以独立地进行脉冲输出，控制步进电动机或伺服电动机，带动被控对象运动；另一方面可以接收主机 CPU 发来的控制命令和控制参数，完成相应的控制要求，并将结果和状态信息返回给主机 CPU。位置控制模块提供的功能有以下 5 种。

☺ 可以每个轴独立控制，也可以多轴同时控制。

☺ 原点可分为机械原点和软原点，并提供了 3 种原点复位和停止方法。

☺ 通过设定运动速度，方便地实现变速控制；采用线性插补和圆弧插补的方法，实现平滑控制。

☺ 可实现试运行、单步、点动和连续等运行方式。

☺ 采用数字控制方式输出脉冲，达到精密控制的要求。

位置控制模块的主要参数有占用 I/O 点数、控制轴数、输出控制脉冲数、脉冲速率、脉冲速率变化、间隙补偿、定位点数、位置控制范围、最大速度、加/减速时间等。

【PID 控制模块】PID 控制模块多用于执行闭环控制的系统中，该模块自带 CPU、存储器、模拟量 I/O 点，并有编程器接口。它既可以联机使用，也可以脱机使用。在不同的硬件结构和软件程序中，可实现多种控制功能，如 PID 回路独立控制、两种操作方式（数据设定、程序控制）、参数自整定、先行 PID 控制和开关控制、数字滤波、定标、提供 PID 参数供用户选择等。PID 控制模块的技术指标有 PID 算法和参数、操作方式、PID 回路数、控制速度等。

【温度传感器模块】温度传感器模块实际为变送器和模拟量输入模块的组合，其输入为温度传感器的输出信号，通过模块内的变送器和 A/D 转换器，将温度值转换为 BCD 码传送给 PLC。温度传感器模块配置的传感器有热电偶和热电阻。温度传感器模块的主要技术参数有输入点数、温度检测元件类型、测温范围、数据转化范围及误差、数据转化时间、温度控制模式、显示精度和控制周期等。

【通信模块】上位链接模块用于 PLC 与计算机的互联和通信。PLC 链接模块用于 PLC 和 PLC 之间的互联和通信。远程 I/O 模块有主站模块和从站模块两类，分别装在主站 PLC 机架和从站 PLC 机架上，以实现主站 PLC 与从站 PLC 远程互联和通信。通信模块的主要技术参数有数据通信协议格式、通信接口传输距离、数据传输长度、数据传输速率、传输数据校验等。

FX2N 特殊功能模块的型号及功能见表 2-10。

表 2-10　FX2N 特殊功能模块的型号及功能

型　　号	功 能 说 明
FX2N-4AD	4 通道 12 位模拟量输入模块
FX2N-4AD-PT	供 PT-100 温度传感器用的 4 通道 12 位模拟量输入
FX2N-4AD-TC	供热电偶温度传感器用的 4 通道 12 位模拟量输入
FX2N-4DA	4 通道 12 位模拟量输出模块
FX2N-3A	2 通道输入、1 通道输出的 8 位模拟量模块
FX2N-1HC	2 相 50Hz 的 1 通道高速计数器
FX2N-1PG	脉冲输出模块
FX2N-10GM	有 4 点通用输入、6 点通用输出的 1 轴定位单元
FX2N-20GM 和 E-20GM	2 轴定位单元，内置 EEPROM
FX2N-1RM-SET	可编程凸轮控制单元

续表

型 号	功 能 说 明
FX2N-232-BD	RS-232C 通信用功能扩展板
FX2N-232IF	RS-232C 通信用功能模块
FX2N-422-BD	RS-422 通信用功能扩展板
FX-485PC-IF-SET	RS-232C/485 变换接口
FX2N-482-BD	RS-485C 通信用功能扩展板
FX-16NP/NT	MELSECNET/MINI 接口模块
FX2N-8AV-BD	模拟量设定功能扩展板

2.3　FX2N 系列 PLC 内部资源

PLC 的软元件主要包括输入继电器（X）、输出继电器（Y）、辅助继电器（M）、状态继电器（S）、定时器（T）、计数器（C）、数据寄存器（D）、指针（P/I）等。

2.3.1　I/O 继电器

输入继电器（X）是 PLC 接收外部输入开关量信号的窗口。PLC 将外部信号的状态读入并存储在输入映像寄存器内，即输入继电器中。当外部输入电路接通时，对应的映像寄存器为 ON（"1"状态）。既然是继电器，我们自然会想到硬继电器的触点和线圈。在 PLC 中，继电器实际上不是真正的继电器，只是一个命名而已。但它也用线圈和触点来表示，这些触点和线圈可以理解为软线圈和软触点，在梯形图中可以无次数限制地使用。如图 2-8 所示，当外部输入电路接通时，对应的映像寄存器为"1"状态，表示该输入继电器常开触点闭合，常闭触点断开。输入继电器的状态仅取决于外部输入信号，不受用户程序的控制，因此在梯形图中绝对不能出现输入继电器线圈。输出继电器（Y）是 PLC 向外部负载发送信号的窗口。输出继电器用来将 PLC 的输出信号传送给输出模块，再由后者驱动外部负载。

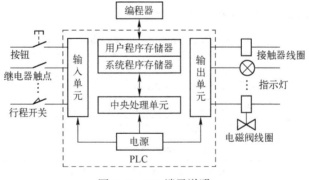

图 2-8　I/O 端子说明

FX2N 系列 PLC 的输入继电器和输出继电器的元件用字母和八进制数表示，输入继电器、输出继电器的编号与接线端子的编号一致。表 2-11 给出了 FX2N 系列 PLC 的 I/O 继电器元件编号。

表 2-11　FX2N 系列 PLC I/O 继电器元件编号

形式	型　　号						
	FX2N-16M	FX2N-32M	FX2N-48M	FX2N-64M	FX2N-80M	FX2N-128M	扩展时
输入	X0～X7 8 点	X0～X17 16 点	X0～X27 24 点	X0～X37 32 点	X0～X47 40 点	X0～X77 64 点	X0～X267 184 点
输出	Y0～Y7 8 点	Y0～Y17 16 点	Y0～Y27 24 点	Y0～Y37 32 点	Y0～Y47 40 点	Y0～Y77 64 点	Y0～Y267 184 点

2.3.2　辅助继电器

PLC 内部有很多辅助继电器（M），辅助继电器和 PLC 外部无任何直接联系，它的线圈只能由 PLC 内部程序控制。它的常开和常闭两种触点只能在 PLC 内部编程时使用，且可以无限次自由使用，但不能直接驱动外部负载。外部负载只能由输出继电器触点驱动。FX2N 系列 PLC 的辅助继电器分为通用辅助继电器、断电保持辅助继电器和特殊辅助继电器等。

在 FX2N 系列 PLC 中，除输入继电器和输出继电器的元件编号采用八进制数外，其他编程元件的元件编号均采用十进制数。

1）通用辅助继电器　FX2N 系列 PLC 的通用辅助继电器的元件编号为 M0～M499，共500 点。如果 PLC 运行时突然断电，输出继电器和 M0～M499 将全部变为 OFF。若电源再次接通，除因外部输入信号而变为 ON 的外，其余的仍保持 OFF 状态。

2）断电保持辅助继电器　FX2N 系列 PLC 在运行中若发生断电，输出继电器和通用辅助继电器全部变为 OFF，上电后，这些状态不能自动恢复。某些控制系统要求记忆电源中断瞬时的状态，重新通电后再现其状态，M500～M3071 可以用于这种场合。

3）特殊辅助继电器　FX2N 系列 PLC 内有 256 个特殊辅助继电器，元件编号为 M8000～M8255，它们用于表示 PLC 的某些状态，提供时钟脉冲和标志（如进位、借位标志等），设定 PLC 的运行方式，或者用于步进顺控、禁止中断、设定计数器的计数方式等。特殊辅助继电器通常分为如下两大类。

【只能利用其触点的特殊辅助继电器】　此类辅助继电器的线圈由 PLC 的系统程序来驱动。在用户程序中可直接使用其触点的有 M8000、M8002 、M8005 等。

☺ M8000：运行监视。当 PLC 执行用户程序时，M8000 为 ON；停止执行时，M8000 为 OFF。

☺ M8002：初始化脉冲。仅在 PLC 运行开始瞬间接通一个扫描周期。M8002 的常开触点常用于某些元件的复位和清零，也可作为启动条件。

☺ M8005：锂电池电压降低。当锂电池电压下降至规定值时变为 ON，可以用它的触点驱动输出继电器和外部指示灯，提醒工作人员更换锂电池。

【说明】　M8011～M8014 分别用于提供 1ms、100ms、1s 和 1min 时钟脉冲。

【线圈驱动型特殊辅助继电器】　这类辅助继电器由用户程序驱动其线圈，使 PLC 执行特定的操作，如 M8033、M8034、M8039 的线圈等。

☺ M8033 的线圈"通电"时，PLC 由运行状态进入停止状态后，映像寄存器与数据寄存器中的内容保持不变。

☺ M8034 的线圈"通电"时，全部输出被禁止。

◎ M8039 的线圈"通电"时，PLC 以 D8039 中指定的扫描时间工作。

其余的特殊辅助继电器的功能在这里就不一一列举了，读者可查阅 FX2N 的用户手册。

2.3.3 状态继电器

状态继电器（S）是用于编制顺序控制程序的一种编程元件，它与后述的步进顺控指令配合使用，通常状态继电器有如下 5 种类型。

◎ 初始状态继电器 S0~S9：共 10 点。

◎ 回零状态继电器 S10~S19：共 10 点，供返回原点用。

◎ 通用状态继电器 S20~S499：共 480 点。没有断电保持功能，但是用程序可以将它们设定为有断电保持功能状态。

◎ 断电保持状态继电器 S500~S899：共 400 点。

◎ 报警用状态继电器 S900~S999：共 100 点。

若不用步进顺控指令，状态继电器（S）可以作为辅助继电器（M）使用。供报警用的状态继电器可用于外部故障诊断的输出。

2.3.4 定时器

PLC 中的定时器（T）相当于继电控制系统中的时间继电器。FX2N 系列 PLC 给用户提供最多 256 个定时器，其编号为 T0~T255。其中常规定时器 246 个，积算定时器 10 个。每个定时器都有一个用于设定定时时间的设定值寄存器（一个字长），一个用于对标准时钟脉冲进行计数的计数器（一个字长），一个用于存储其输出触点状态的映像寄存器（位寄存器）。这 3 个存储单元使用同一个元件编号。设定值可以用常数 K 进行设定，也可以用数据寄存器（D）的内容来设定。例如，外部数字开关输入的数据可以存入数据寄存器（D）作为定时器的设定值。FX2N 内的定时器根据时钟累积计时，时钟脉冲有 1ms、10ms、100ms 3 挡，当所计时间到达设定值时，输出触点动作。

1）常规定时器 T0~T245 T0~T199 为 100ms 定时器，共 200 点，定时范围为 0.1~3276.7s，其中 T192~T199 为子程序中断服务程序专用的定时器；T200~T245 为 10ms 定时器，共 46 点，定时范围为 0.01~327.67s。

【实例 2-1】常规定时器应用示例。

如图 2-9 所示，当驱动输入 X0 接通时，定时器 T10 的当前值计数器对 100ms 的时钟脉冲进行累积计数。当该值与设定值 K123 相等时，定时器的输出触点就接通，即输出触点是其线圈被驱动后的 123×0.1s＝12.3s 时动作。若 X0 的常开触点断开，定时器 T10 被复位，它的常开触点断开，常闭触点接通，当前值计数器恢复为零。

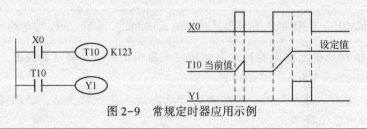

图 2-9 常规定时器应用示例

常规定时器没有保持功能，在输入电路断开或停电时复位（清零）。

2）积算定时器 T246~T255 积算定时器有两种，一种是 T246~T249（共 4 点），为 1ms 积算定时器，定时范围为 0.001~32.767s；另一种是 T250~T255（共 6 点），为 100ms 积算定时器，定时范围为 0.1~3276.7s。

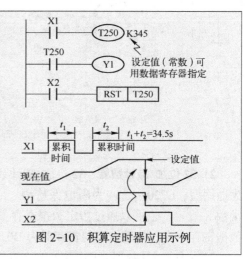

【实例 2-2】 积算定时器应用示例。

如图 2-10 所示，当定时器的驱动输入 X1 接通时，T250 的当前值计数器开始累积 100ms 时钟脉冲的个数，当该值与设定值 K345 相等时，定时器的输出触点 T250 接通。当输入 X1 断开或系统停电时，当前值可保持，输入 X1 再接通或复电时，计数在原有值的基础上继续进行。当累积时间为 $t_1 + t_2 = (0.1 \times 345)s = 34.5s$ 时，输出触点动作。当输入 X2 接通时，计数器复位，输出触点也复位。

图 2-10 积算定时器应用示例

由定时器的工作过程可知，定时器属于通电延时型。如果要完成断电延时的控制功能，可利用它的常闭触点进行控制，如图 2-11 所示。若输入 X1 接通，Y0 线圈通电产生输出，并通过 Y0 触点自锁；当 X1 断开时，线圈 Y0 不立即停止输出，而是经过 T5 延时 20s 后停止输出。

图 2-11 延时输出定时器示例

2.3.5 内部计数器

内部计数器是 PLC 在执行扫描操作时对内部信号 X、Y、M、S、T、C 等进行计数的计数器。内部计数器输入信号的接通或断开的持续时间应大于 PLC 的扫描周期。

1）16 位加计数器 16 位加计数器有 200 个，地址编号为 C0~C199。其中 C0~C99 为通用型，C100~C199 为断电保持型。设定值为 1~32767。

【实例 2-3】 加计数器应用示例。

如图 2-12 所示，X10 的常开触点接通后，C0 被复位，它对应的位存储单元被置为 0，它的常开触点断开，常闭触点接通，同时计数器当前值被置为 0。X11 用来提供计数输入信号，当计数器的复位输入电路断开且计数输入上升沿到来时，计数器的当前值加 1，在 10 个计数脉冲后，C0 的当前值等于设定值 10，它对应的位存储单元的内容被置为 1，其常开触点接通，常闭触点断开。再来计数脉冲时，当前值不变，直到复位信号到来，计数器被复位，当前值被置为 0。计数器的设定值除了可由常数 K 来设定，还可以通过指定数据寄存器 D 来设定，这时设定值等于指定的数据寄存器中的数据。

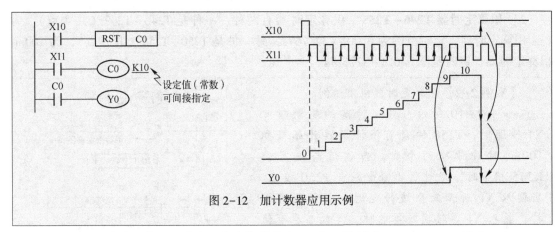

图 2-12　加计数器应用示例

2）32 位加/减计数器　32 位加/减计数器共有 35 个，编号为 C200~C234，其中 C200~C219 为通用型，C220~C234 为断电保持型，它们的设定值为 -2147483648~+2147483647，可由常数 K 设定，也可以通过指定数据寄存器来设定。32 位设定值存放在元件编号相连的两个数据寄存器中。如果指定的寄存器为 D0，则设定值存放在 D1 和 D0 中。

32 位加/减计数器 C200~C234 的加/减计数方式由特殊辅助继电器 M8200~M8234 设定。特殊辅助继电器为 ON 时，对应的计数器为减计数；反之为加计数。

【实例 2-4】 32 位加/减计数器应用示例。

图 2-13 中，C200 的设定值为 5，当 X012 输入断开，M8200 线圈断开时，对应的计数器 C200 进行加计数。当当前值 ≥5 时，计数器的输出触点为 ON。当 X12 输入接通时，M8200 线圈通电，对应的计数器 C200 进行减计数。当当前值 <5 时，计数器的输出触点为 OFF。复位输入 X13 的常开触点接通时，C200 被复位，其常开触点断开，常闭触点接通。

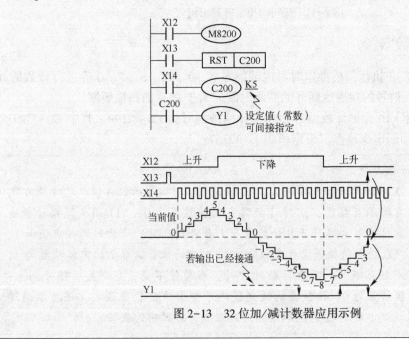

图 2-13　32 位加/减计数器应用示例

如果使用断电保持计数器，在电源中断时，计数器停止计数，并保持计数当前值不变，电源再次接通后，计数器在当前值的基础上继续计数。因此，断电保持计数器可累计计数。在复位信号到来时，断电保持计数器当前值被置为 0。

3）高速计数器　内部计数器的作用是对 PLC 的内部信号 X、Y、M、S、T、C 等计数，其响应速度为数十赫兹以下。若内部信号周期小于 PLC 的扫描周期，计数器就不能正确计数。因此，对于频率较高的信号的计数应采用高速计数器。

高速计数器共 21 点，地址编号为 C235～C255。但用于高速计数器输入的 PLC 输入端只有 6 个，即 X0～X5。如果这 6 个输入端中的一个已被某个高速计数器占用，它就不能再用于其他高速计数器或其他用途。也就是说，由于只有 6 个高速计数器输入端，所以最多只能允许 6 个高速计数器同时工作。

21 个高速计数器均为 32 位加/减计数器，见表 2-12。

表 2-12　FX2N 系列 PLC 高速计数器简表

中断输入	无启动/复位端的单向高速计数器						带启动/复位端的单向高速计数器				
	C235	C236	C237	C238	C239	C240	C241	C242	C243	C244	C245
X0	U/D						U/D			U/D	
X1		U/D					R			R	
X2			U/D					U/D			U/D
X3				U/D				R			R
X4					U/D				U/D		
X5						U/D			R		
X6										S	
X7											S

中断输入	双端双向高速计数器					A/B 相型高速计数器				
	C246	C247	C248	C249	C250	C251	C252	C253	C254	C255
X0	U	U		U		A	A		A	
X1	D	D		D		B	B		B	
X2		R		R			R		R	
X3			U		U			A		A
X4			D		D			B		B
X5			R		R			R		R
X6				S					S	
X7					S					S

在高速计数器的输入中，X0、X2、X3 的最高计数频率为 10kHz，X1、X4、X5 的最高计数频率为 7kHz。X6 和 X7 只能用作高速计数器的启动信号而不能用于高速计数。不同类型的计数器可以同时使用，但它们的输入不能共用。例如，C235、C236、C241、C244、C246、C247、C249、C251、C252、C254 等就不能同时使用，因为这些高速计数器都要使用输入端 X0、X1。

　　高速计数器是按中断原则运行的，因而它独立于扫描周期，选定计数器的线圈应以连续方式驱动，以表示这个计数器及其有关输入连续有效，其他高速处理不能再用其输入端子。

【实例 2-5】单向高速计数器的应用示例。

　　如图 2-14 所示，C235 在 X012 为 ON 时，对输入 X10 的接通、断开状态进行计数，如果 X11 为 ON，执行 RST 复位指令。其动作波形图如图 2-15 所示。

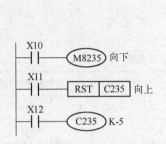

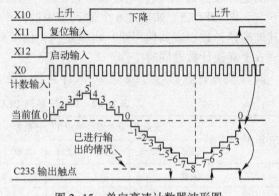

图 2-14　单向高速计数器应用示例　　　　图 2-15　单向高速计数器波形图

　　利用计数输入 X0，通过中断控制 C235 进行加计数或减计数。当计数器当前值由 -6 变化为 -5 时，输出触点被置位；当计数器当前值由 -5 变化为 -6 时，输出触点被复位。

2.3.6　数据寄存器

　　在一个复杂的 PLC 控制系统中，需要大量的工作参数和数据，这些参数和数据存储在数据寄存器中。FX2N 系列 PLC 的数据寄存器的长度为双字节（16 位）。也可以通过两个数据存储器的组合构建一个 4 字节（32 位）的数据。

　　1）通用数据寄存器 D0~D199　共 200 点。只要不写入其他数据，已写入的数据不会变化。但是，当 PLC 由运行状态变为停止状态时，全部数据均清零（若特殊辅助继电器 M8033 已被驱动，则数据不被清零）。

　　2）断电保持数据寄存器 D200~D7999　通道分配 D200~D511，共 312 点，或者 D200~D999，共 800 点（由机器的具体型号确定），基本上与通用数据寄存器等同。除非改写，否则原有数据不会丢失，不论电源接通与否、PLC 运行与否，其内容也不变化。然而在两台 PLC 作点对点的通信时，D490~D509 被用于通信操作。

　　3）特殊寄存器 D8000~D8255　共 256 点，用于监控 PLC 的运行状态，如电池电压、扫描时间、正在动作的寄存器的编号等。

　　4）变址寄存器 V/Z　通常用于修改元件的地址编号，V 和 Z 都是 16 位寄存器，可以进行数据的读/写操作。将 V 和 Z 合并使用，可进行 32 位数据操作，其中 Z 为低 16 位。

2.3.7　指针

　　指针（P/I）包括分支用的指针 P0~P127（共 128 点）和中断用的指针 I×××（共 15 点）。

1. 分支用指针（P）

P0~P127 用于指示跳转指令 CJ 的跳转目标和子程序调用指令（CALL）调用的子程序的入口地址。如图 2-16 所示，当 X1 常开触点接通时，执行条件跳转指令 CJ P0，跳转到指令的标号位置 P0，执行从标号 P0 开始的程序。当 X1 常开触点接通时，执行子程序调用指令 CALL P1，跳转到标号 P1 处，执行从 P1 开始的子程序；当执行到子程序中的子程序返回（SRET）指令时，返回主程序，从 CALL P1 下面一条指令开始执行。

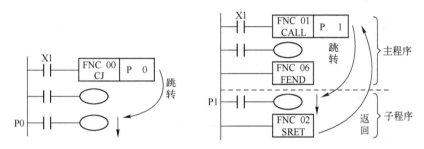

图 2-16　分支用指针应用示例

2. 中断用指针（I）

中断用指针（I）用于指明某一中断源的中断程序入口标号。当中断发生时，CPU 执行从标号开始的中断程序。当执行到中断返回（IRET）指令时，返回主程序。FX2N 系列 PLC 的中断源有 6 个输入中断、3 个定时器中断和 6 个计数器中断。

【输入中断】接收来自特定编号的输入信号，而不受 PLC 的扫描周期的影响。触发该输入信号，执行中断子程序。通过输入中断可处理比扫描周期更短的信号，因而可以在顺控过程中进行必要的优先处理。可以在短时脉冲处理控制中使用。

【定时器中断】在指定的中断循环时间（10~99ms）执行中断子程序。在需要有别于 PLC 的运算周期的循环处理控制中使用。

【计数器中断】依据 PLC 内置的高速计数器的比较结果，执行中断子程序，用于利用高速计数器优先处理计数结果的控制。

2.3.8　实例：优先电路

【控制要求】两个输入信号分别通过 X0、X1 进入 PLC，其中任何一个先发出信号者取得优先权，而后者无效，这种电路称为优先电路。若 X0 先接通，M0 线圈接通，Y0 有输出，同时 M0 的常闭触点断开，X1 再接通，也无法使 M1 动作，Y1 无法输出。同理，若 X1 先接通，X0 输入信号无效。

【程序设计】根据控制要求编制 PLC I/O 地址表，见表 2-13。

表 2-13　优先电路 PLC I/O 编址表

输入编址		输出编址	
X0	A 信号输入	Y0	A 信号输出
X1	B 信号输入	Y1	B 信号输出

【参考程序】优先电路梯形图如图 2-17 所示。

图 2-17 优先电路梯形图

2.3.9 实例：译码电路

【控制要求】两个输入信号分别通过 X0、X1 进入 PLC，对两个信号进行比较，根据预先设好的控制要求，接通不同的输出。

【程序设计】根据控制要求编制 PLC I/O 地址表，见表 2-14。

表 2-14 译码电路 PLC I/O 编址表

输入编址		输出编址	
X0	A 信号输入	Y0	情况 1 信号输出
X1	B 信号输入	Y1	情况 2 信号输出
		Y2	情况 3 信号输出
		Y3	情况 4 信号输出

【参考程序】译码电路梯形图如图 2-18 所示。

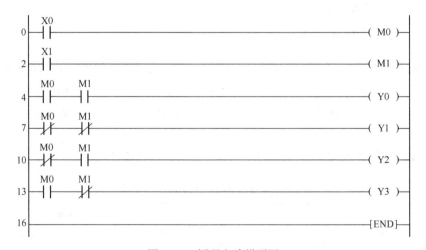

图 2-18 译码电路梯形图

【程序分析】当X0、X1均接通时，Y0有输出；当X0、X1都不接通时，Y1有输出；当X0不接通而X1接通时，Y2有输出；当X0接通而X1不接通时，Y3有输出。

 思考与练习

（1）说明FX2N系列PLC的主要编程元件和它们的元件编号。

（2）简述输入继电器、输出继电器、定时器及计数器的用途。

（3）定时器和计数器各有哪些使用要素？如果梯形图线圈前的触点是工作条件，定时器和计数器工作条件有什么不同？

（4）PLC的基本结构如何？试阐述其基本工作原理。

（5）PLC主要有哪些技术指标？

（6）PLC硬件由哪几部分组成？各有什么作用？

（7）PLC软件由哪几部分组成？各有什么作用？

（8）PLC控制系统与传统的继电控制系统有何区别？

（9）PLC开关量输出接口按输出开关器件的种类不同，有哪几种形式？

（10）简述PLC的扫描工作过程。

（11）为什么PLC中软继电器的触点可无数次使用？

（12）PLC扫描过程中输入映像寄存器和元件映像寄存器各起什么作用？

（13）PLC按I/O点数和结构形式可分为哪几类？

第3章　FX系列PLC基本指令系统

 ## 3.1　数值基础知识

作为工业控制机，PLC需要处理大量的数据。在PLC内部，各种数据根据用途不同会用不同类型、不同结构的形式进行表示。

1. 数据类型

【十进制数（DEC）】十进制数主要用于以下方面。

☺ 定时器和计数器的数值设定；

☺ 辅助继电器（M）、定时器（T）、计数器（C）、状态继电器（S）等元件编号（软元件）；

☺ 指定应用指令的操作数的数值和指令动作（K整数）。

【十六进制数（HEX）】同十进制数一样，用于指定应用指令的操作数的数值和指令动作（H整数）。

【二进制数（BIN）】虽然指令中是以十进制数或十六进制数对定时器、计数器或数据寄存器进行数值指定的，但在PLC的内部，这些数据仍然是以二进制数进行处理的，而在外围设备进行监控时，这些软元件将变为十进制数，如图3-1所示。

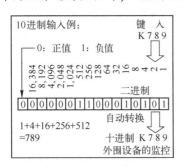

图3-1　外围设备监控数据说明

【八进制数（OCT）】FX系列PLC的输入继电器（X）、输出继电器（Y）的软元件编号采用八进制数进行分配。

【BCD码】BCD码是以4位二进制数表示十进制数各位0~9数值的方法。因此，可以用BCD码表示数字式开关或7段码的显示控制。

【其他数值（浮点型）】FX2N系列PLC可以进行高精度的浮点数运算。用二进制浮点数进行数据运算，用十进制浮点数进行监控。

当PLC程序进行数据处理时，必须采用"K+整数"（十进制）或"H+整数"（十六进制）的形式（但是输入/输出继电器的编号为八进制数），其功能和作用如下所述。

☺ K+整数：K是十进制数的表示符号，主要用于指定定时器和计数器的设定值，或者应用指令操作数的数值。

☺ H+整数：H是十六进制数的表示符号，主要用于指定应用指令操作数的数值。

2. 基本数据结构

【位元件】FX系列PLC有4种基本编程元件。为了区分各种编程元件，分别给它们规定了专用字母符号。

☺X：输入继电器，用于存放外部输入继电器的状态。

☺Y：输出继电器，用于从 PLC 输出信号。

☺M、S：辅助继电器、状态继电器，用于 PLC 内部运算标志。

这些元件称为位（bit）元件，都只有两种不同的状态，即 ON 和 OFF，可以用二进制数 1 和 0 来表示这两种状态。

【字元件】以 8 位机为例，8 个连续的位组成一个字节（Byte），2 个连续字节组成一个字（Word），两个连续的字构成一个双字（Double Word）。定时器和计数器的当前值和设定值，以及数据寄存器内数据，均为有符号的字，一般采用正逻辑，最高位为 0 时表示正，为 1 时表示负。

3.2　基本逻辑指令

基本逻辑指令主要包括触点的与、或、非运算指令，以及功能块的与、或等操作指令。

3.2.1　逻辑取指令及线圈驱动指令

LD、LDI、OUT 指令为 PLC 使用频率最高的指令，分别用于触点逻辑运算的开始及线圈输出驱动，见表 3-1。

表 3-1　LD、LDI、OUT 指令助记符及功能表

助记符	名称	功　能	可用软元件	程 序 步 长
LD	取指令	触点逻辑运算开始	X、Y、M、S、T、C	1 步
LDI	取反指令	触点逻辑运算取反开始	X、Y、M、S、T、C	1 步
OUT	输出指令	线圈驱动	Y、M、S、T、C	Y、M：1 步；S、M：2 步；T：3 步；C：3~5 步

【实例 3-1】LD、LDI、OUT 指令应用示例。

如图 3-2 所示，X0 作为与输入母线相连的常开触点，采用 LD 指令；X1 作为与输入母线相连的常闭触点，采用 LDI 指令。Y0、M100、Y1 均为输出线圈，采用 OUT 指令。

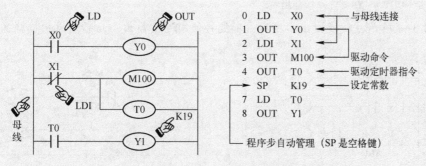

图 3-2　LD、LDI、OUT 指令应用示例

其中，T0 作为定时器，设定时间常数时，应参考表 3-2。

表 3-2 定时器/计数器时间常数设定范围及步长

定时器/计数器	时间常数设定范围	实际的设定值	程序步长
1ms 定时器		0.001~32.767s	3 步
10ms 定时器	1~32767	0.01~327.67s	
100ms 定时器		0.1~3276.7s	3 步
16 位计数器		1~32767	3 步
32 位计数器	−2147483648~+2147483647	同左	5 步

3.2.2 触点串联指令

AND 指令、ANI 指令分别为常开触点串联指令、常闭触点串联指令，用于处理触点串联关系，见表 3-3。

表 3-3 AND 指令、ANI 指令助记符及功能表

助记符	名称	功 能	可用软元件	程序步长
AND	与指令	触点串联开始	X、Y、M、S、T、C	1 步
ANI	与非指令	触点串联反连接	X、Y、M、S、T、C	1 步

【实例 3-2】 AND、ANI 指令应用示例。

如图 3-3 所示，触点 X2、X0 为串联关系，故采用 AND 指令；触点 Y3 与触点 X3 也为串联关系，因为 X3 为常闭触点，故采用 ANI 指令。紧接 OUT M101 之后，通过触点 T1 驱动 OUT Y4。

```
0   LD    X2
1   AND   X0      串联触点
2   OUT   Y3
3   LD    Y3
4   ANI   X3      串联触点
5   OUT   M101
6   AND   T1      串联触点
7   OUT   Y4      输出
```

如图 3-4 所示，转换输出顺序后，不能再使用连续输出，而必须采用堆栈操作。

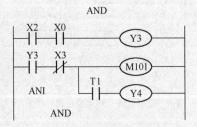

图 3-3　AND、ANI 指令应用示例

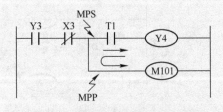

图 3-4　不能使用连续输出说明

3.2.3　触点并联指令

OR 指令、ORI 指令分别为常开触点并联指令、常闭触点并联指令，用于处理触点并联关系，见表 3-4。

表 3-4　OR 指令、ORI 指令助记符及功能表

助记符	名称	功　能	可用软元件	程　序　步　长
OR	或	触点并联开始	X、Y、M、S、T、C	1 步
ORI	或非	触点并联反连接	X、Y、M、S、T、C	1 步

【实例 3-3】OR、ORI 指令应用示例。

如图 3-5 所示，X4、X6、M102 之间为并联关系，X6 为常开触点，所以采用 OR 指令；M102 为常闭触点，所以采用 ORI 指令。OR、ORI 指令一般跟在 LD、LDI 指令后面，并联次数没有限制。但是，由于受图形编程器和打印机页面限制，应尽量做到行数不超过 24 行。

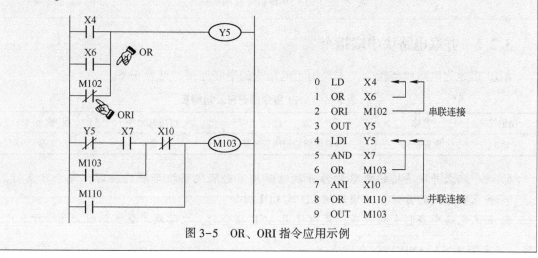

图 3-5　OR、ORI 指令应用示例

3.2.4　串联电路块并联指令

ORB 指令为电路块或指令，主要用于电路块的并联连接，见表 3-5。

表 3-5　ORB 指令助记符及功能表

助记符	名称	功　能	可用软元件	程　序　步　长
ORB	电路块或	串联电路块的并联连接	无	1 步

☺ 两个以上串联连接的电路称为串联电路块。串联电路块并联连接时，每个分支作为独立程序段的开始，必须采用 LD 或 LDI 指令。

☺ 如果电路中并联支路较多，集中使用 ORB 指令时，电路块并联支路数必须小于 8。

【实例 3-4】ORB 指令应用示例。

在图 3-6（a）中有 3 条并联支路，对于这种梯形图，PLC 提供了两种编程方法。第 1 种如图 3-6（b）所示，先对块前面两条分支进行编程，然后"块或"（ORB）产生

结果；再编写第3条分支程序，再与前面结果相"或"产生结果。采用这种编程方法，ORB 的使用次数没有限制。另一种编程方法如图 3-6（c）所示，先编写每个块的程序，然后再连续使用 ORB 块或指令。由于第 2 种方法连续使用次数不能超过 8 次，故建议采用第 1 种方法。

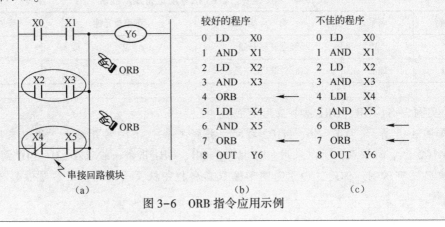

图 3-6 ORB 指令应用示例

3.2.5 并联电路块串联指令

ANB 指令为电路块与指令，主要用于电路块的串联连接，见表 3-6。

表 3-6 **ANB 指令助记符及功能表**

助记符	名称	功　　能	可用软元件	程序步长
ANB	电路块与	并联电路块的串联连接	无	1 步

☺ 两个以上并联连接的电路称为并联电路块。并联电路块串联连接时，每个分支作为独立程序段的开始，必须采用 LD 或 LDI 指令。

☺ 如果电路中串联支路较多，集中使用 ANB 指令时，电路块串联支路数必须小于 8。

【实例 3-5】 ANB 指令应用示例。

如图 3-7 所示，当一个梯形图的控制线路由若干个先并联、后串联的触点组成时，可以将每组并联看作一个块，先写完每个程序分支，然后再使用 ANB 指令。

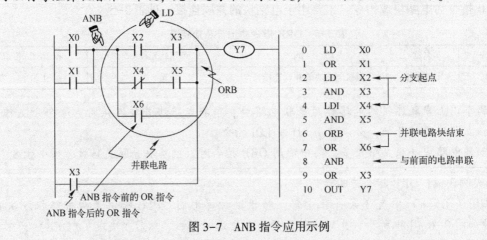

图 3-7 ANB 指令应用示例

3.2.6　多重输出指令

MPS/MRD/MPP 指令为多重输出指令，借用了堆栈的形式处理一些特殊程序，见表 3-7。

表 3-7　MPS/MRD/MPP 指令助记符及功能表

助 记 符	功 能	可用软元件	程 序 步 长
MPS	进栈		1 步
MRD	读栈	无	1 步
MPP	出栈		1 步

这组指令用于多重输出电路，无操作数。在编程时，有时须要将某些触点的中间结果存储起来，那么可以采用这 3 条指令。如图 3-8 所示，可以将 X4 之后的状态暂存起来。对于中间结果的存储，PLC 中提供了栈存储器（FX2N 系列 PLC 提供了 11 个栈存储器），当使用 MPS 指令时，现时的运算结果压入栈的第 1 层，栈中原来的数据依次向下推一层；当使用 MRD 指令时，栈内的数据不发生移动，而是将栈的第 1 层内容读出来；当使用 MPP 指令时，是将栈第 1 层的数据读出，同时该数据从栈中消失，因此又

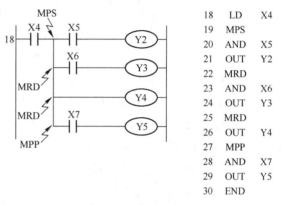

```
18   LD    X4
19   MPS
20   AND   X5
21   OUT   Y2
22   MRD
23   AND   X6
24   OUT   Y3
25   MRD
26   OUT   Y4
27   MPP
28   AND   X7
29   OUT   Y5
30   END
```

图 3-8　堆栈示意图

称之为出栈或弹栈。编程时，MPS 与 MPP 必须成对使用，且连续使用次数应该少于 11 次。

下面介绍 MPS、MRD、MPP 多重输出指令的应用示例。

【实例 3-6】一层堆栈电路示例。

从图 3-9 可以看到，X0 的状态通过 MPS 指令被暂存在堆栈中；然后在 X3 和 X5 前面需要使用时，通过 MRD 将堆栈状态读出；最后在 X7 使用（采用 MPP 指令），堆栈内容不再保存。

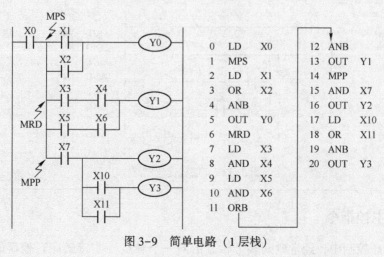

```
0    LD    X0      12   ANB
1    MPS            13   OUT   Y1
2    LD    X1      14   MPP
3    OR    X2      15   AND   X7
4    ANB            16   OUT   Y2
5    OUT   Y0      17   LD    X10
6    MRD            18   OR    X11
7    LD    X3      19   ANB
8    AND   X4      20   OUT   Y3
9    LD    X5
10   AND   X6
11   ORB
```

图 3-9　简单电路（1 层栈）

【实例 3-7】 2 层栈多重输出电路。

在图 3-10 中可以看到，X0、X1、X4 之后的状态都需要暂存，而且 X1、X4 被嵌套在 X0 的内部，形成了 2 层栈电路。同样，X1、X4 暂存的状态也先被读出，最后弹出的是 X0 的状态。

0	LD	X0	9	MPP	
1	MPS		10	AND	X4
2	AND	X1	11	MPS	
3	MPS		12	AND	X5
4	AND	X2	13	OUT	Y2
5	OUT	Y0	14	MPP	
6	MPP		15	AND	X6
7	AND	X3	16	OUT	Y3
8	OUT	Y1			

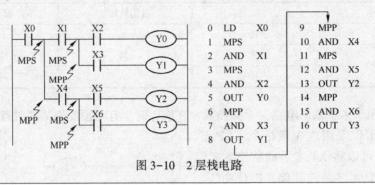

图 3-10　2 层栈电路

【实例 3-8】 4 层栈多重输出电路。

图 3-11 所示为一个 4 层栈电路。该电路功能并不复杂，但因设计不合理，出现了多层栈嵌套的现象，导致程序较长，影响执行效率。如果将图 3-11 所示的电路改成图 3-12 所示的电路，则编程时就不必使用 MPS/MPP 指令了。

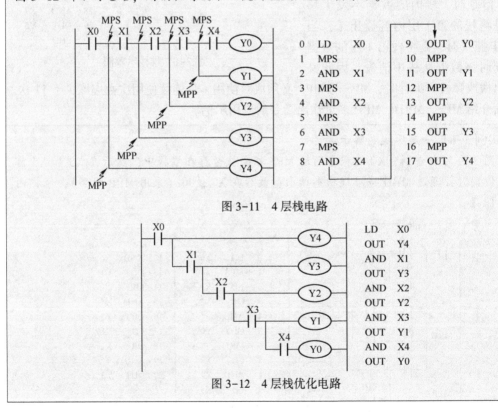

0	LD	X0	9	OUT	Y0
1	MPS		10	MPP	
2	AND	X1	11	OUT	Y1
3	MPS		12	MPP	
4	AND	X2	13	OUT	Y2
5	MPS		14	MPP	
6	AND	X3	15	OUT	Y3
7	MPS		16	MPP	
8	AND	X4	17	OUT	Y4

图 3-11　4 层栈电路

LD	X0
OUT	Y4
AND	X1
OUT	Y3
AND	X2
OUT	Y2
AND	X3
OUT	Y1
AND	X4
OUT	Y0

图 3-12　4 层栈优化电路

3.2.7　主控指令

在实际 PLC 控制中，经常碰到多个触点由同一个触点（主控触点）控制的情况。MC/

MCR 指令为主控指令（其功能见表 3-8），使用主控指令可以简化电路。

表 3-8　MC/MCR 指令助记符及功能表

助记符	名　称	功　能	可用软元件	程序步长
MC	主控起点	主控电路块起点	除特殊辅助继电器外的 M	3 步
MCR	主控复位	主控电路块终点		2 步

【实例 3-9】 MC/MCR 指令应用。

在图 3-13 中，当 X0 接通时，执行 MC 与 MCR 之间的指令；当 X0 断开时，不执行 MC 与 MCR 之间的指令，但非积算定时器和用 OUT 指令驱动的元件均复位；积算定时器、计数器、用 SET/RST 指令驱动的元件保持当前的状态。与主控触点相连的触点必须用 LD 或 LDI 指令。使用 MC 指令后，相当于母线移到主控触点的后面，MCR 使母线回到原来的位置。在 MC 指令区内再次使用 MC 指令的情况称为嵌套。在没有嵌套结构时，通常用 N0 编程。N0 的使用次数没有限制。有嵌套结构的，嵌套级 N 的编号依次增大（N0→N1→N2→N3→N4…→N7），返回时用 MCR 指令，从大的嵌套级开始解除（N7→N6…→N1→N0）。嵌套级共 8 级。

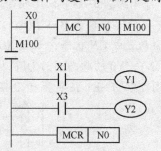

图 3-13　MC/MCR 指令
应用示例

【实例 3-10】 多重嵌套示例。

多重嵌套示例如图 3-14 所示。对于嵌套级 N0，当 X0 = 0 时，程序跳至 MCR N0 后执行；当 X0 = 1 时，母线 B 被激活。对于嵌套级 N1，当 X0、X2 均为 1 时，母线 C 才被激活；若 X0 = 1 而 X2 = 0，则执行完 LD X1、OUT Y0 程序后，跳至 MCR N1 后执行程序。

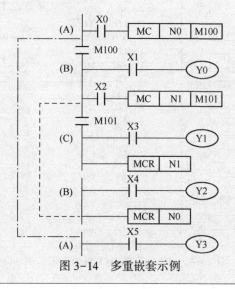

图 3-14　多重嵌套示例

3.2.8　置位指令与复位指令

SET 指令、RST 指令分别为置位指令、复位指令，除了对线圈进行操作，它们还可以对数据寄存器、变址寄存器、积算定时器、计数器进行清零操作，见表 3-9。

表 3-9　SET 指令、RST 指令助记符及功能表

助记符	名　称	功　能	可用软元件	程序步长
SET	置位	动作保持	Y、M、S	Y、M：1 步
RST	复位	消除动作保持	Y、M、S、T、C、D、V、Z	S、特殊 M：2 步 T、C：2 步 D、V、Z、特殊 D：3 步

【实例 3-11】 SET 指令和 RST 指令应用示例一。

SET 指令和 RST 指令的应用方法如图 3-15 所示。当 X0 由 OFF 变为 ON 时，Y0 被驱动置成 ON 状态；而当 X0 断开时，Y0 的状态仍然保持。当 X1 接通时（由 OFF 变为 ON），Y0 的状态则为 OFF 状态，即复位状态；当 X1 断开时，对 Y0 也没有影响。波形图可表明 SET 指令和 RST 指令的功能。

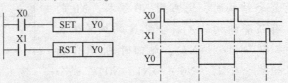

图 3-15　SET 指令和 RST 指令的应用方法

对于 Y、M、S 等软元件，SET 指令和 RST 指令也是一样的，对于同一元件（如图 3-16 中的 Y0、M0、S0 等），SET、RST 指令可以多次使用，其顺序没有限制。RST 指令还可以使数据寄存器（D）、变址寄存器（V、Z）的内容清零。此外，积算定时器 T246～T255 的当前值的清零和触点的复位，以及计数器 C 的当前值清零及输出触点复位，也可以使用 RST 指令来完成。

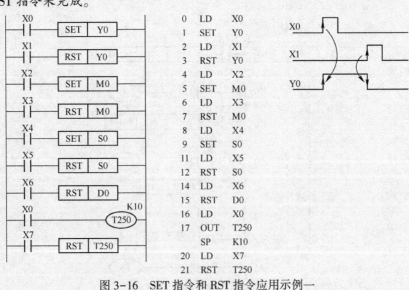

图 3-16　SET 指令和 RST 指令应用示例一

关于积算定时器 T（T246~T255）及计数器和高速计数器的应用可用图 3-17 所示的编程示例来予以说明。

【实例 3-12】 SET/RST 指令应用示例二。

对于图 3-17（a）中的积算定时器 T250，当 X2 接通时，T250 复位，T250 的当前值清零，其触点 T250 复位，Y1 输出为零。当 X2 断开时，此时若 X1 接通，则 T250 对内部 1ms 时钟脉冲进行计数，当计数到 345 个时（即 0.345s），达到设定的值（即定时时间到），T250 触点动作，Y1 有输出。

对于图 3-17（b），X13 为 C200 的复位信号，X14 为 C200 的计数信号。当 X13 为 0 时，若 C200 接收到 X014 共 5 个计数信号，C200 触点则接通，Y1 输出为 1；而当 X13 为 1 时，则 C200 当前值复位，相应触点复位，输出 Y1 为 0。

对于图 3-17（c），X10 控制计数方向，由特殊辅助继电器 M8235~M8245 决定计数方向。若 X10 为 0，则加计数；若 X10 为 1，则减计数。C235~C245 为单向单输入计数器。X11 为计数器复位信号：当 X11 接通时，计数器清零复位；当 X11 断开时，计数器可以工作。

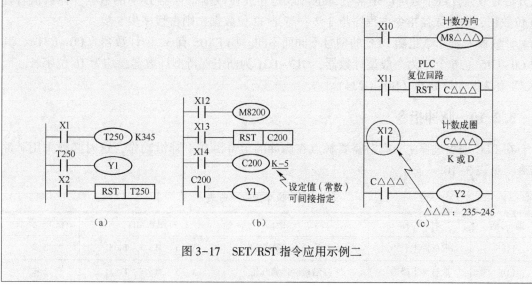

图 3-17　SET/RST 指令应用示例二

3.2.9　与定时器和计数器相关的指令

任何厂家生产的 PLC 均有定时器和计数器。三菱 FX 系列 PLC 没有专门的定时、计数指令，而是用 OUT 指令组成定时器和计数器指令。

1. 定时器

图 3-18 所示为定时器编程格式。在图 3-18 中，X0 为定时器驱动输入条件，当 X0=1 时，定时器 T200 线圈接通并开始计时。当计时达到规定的值时（图中为 1.23s），T200 定时器动作，对应的触点 T200 接通，此时 Y0 有输出。当 X0=0 时，定时器复位。

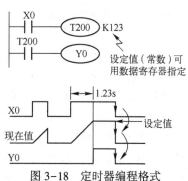

图 3-18　定时器编程格式

2. 计数器

计数器使用两条指令完成计数任务，如图 3-19 所示。

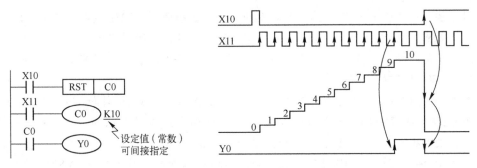

图 3-19   计数器编程格式

在图 3-19 中，X10 为 RST 指令清零驱动输入，占 2 个程序步；X11 为计数脉冲输入，上升沿有效，计数个数可以是常数，也可以是存放在数据寄存器 D 中的数据。计数值若是 16 位数据，则计数器指令占程序步 3 步；若是 32 位数据，则占程序步 5 步。

计数器 C 的个数也随 PLC 的型号不同而不同。如 FX0S 有 32 个计数器（C0~C31），其中 C0~C15（16 个）为一般型计数器，C13~C31 为断电保持型计数器，均为 16 位字长。而 FX2N 有 235 个计数器（C0~C234）。

3.2.10   脉冲指令

在 PLC 编程过程中，有时需要触点在脉冲的上升沿或下降沿动作，这时必须采用脉冲指令，见表 3-10。

表 3-10   脉冲指令一览表

助 记 符	名 称	功 能	可用软元件	程 序 步 长
LDP	取脉冲上升沿	上升沿检测运算开始	X、Y、M、S、T、C	2 步
LDF	取脉冲下降沿	下降沿检测运算开始	X、Y、M、S、T、C	2 步
ANDP	与脉冲上升沿	上升沿检测串联连接	X、Y、M、S、T、C	2 步
ANDF	与脉冲下降沿	下降沿检测串联连接	X、Y、M、S、T、C	2 步
ORP	或脉冲上升沿	上升沿检测并联连接	X、Y、M、S、T、C	2 步
ORF	或脉冲下降沿	下降沿检测并联连接	X、Y、M、S、T、C	2 步

☺ LDP、ANDP、ORP 指令是用来进行上升沿检测的指令，仅在指定位软元件的上升沿时（由 OFF 变为 ON 时）接通一个扫描周期，又称上升沿微分指令。

☺ LDF、ANDF、ORF 指令是用来进行下降沿检测的指令，仅在指定位软元件的下降沿时（由 ON 变为 OFF 时）接通一个扫描周期，又称下降沿微分指令。

上述指令操作数全为位元件，即 X、Y、M、S、T、C。如图 3-20 所示，在 X0 或 X1 的上升沿，M0 有输出，且接通一个扫描周期。对于 M1 输出，仅当 M8000 接通且 X2 的上升沿接通时，M1 输出一个扫描周期。

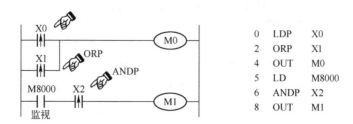

图 3-20　边沿检测指令应用示例

3.2.11　脉冲输出指令

在 PLC 编程过程中，有时会用到脉冲执行信号，这时需要用到脉冲输出指令，见表 3-11。

表 3-11　脉冲输出指令助记符功能表

助记符	名　称	功　能	可用软元件	程序步长
PLS	上升沿脉冲	上升沿微分输出	除特殊 M 外	2 步
PLF	下降沿脉冲	下降沿微分输出	除特殊 M 外	2 步

【实例 3-13】脉冲输出指令应用示例。

图 3-21 所示的是 PLS 指令和 PLF 指令的编程及应用。从图中可以看到，X0 置 1 后，M0 只是在 X0 的上升沿导通一个扫描周期，形成脉冲。同样，M1 也是在 X1 的下降沿导通一个扫描周期，形成脉冲。从图 3-21 所示的波形图中可以看出，使用 PLS 指令和 PLF 指令，可以对输入开关信号进行脉冲处理，以适应不同的控制要求。脉冲输出宽度为一个扫描周期。

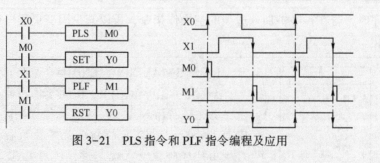

图 3-21　PLS 指令和 PLF 指令编程及应用

PLS 指令和 PLF 指令的操作元件只能用 Y 和 M，且均在输入接通或断开后的一个扫描周期内动作（置"1"）。特殊辅助继电器不能作为 PLS、PLF 的操作元件。

3.2.12　取反指令

在 PLC 编程过程中，有时需要得到与同一元器件输出状态相反的信号，此时可以采用 INV 指令，见表 3-12。

表 3-12　INV 指令助记符功能表

助记符	名　称	功　能	可用软元件	程序步长
INV	取反	运算结果取反	无	1 步

图 3-22 所示为 INV 指令应用示例。当 X0=1 时，Y0=0；当 X0=0 时，Y0=1。

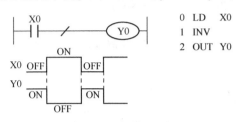

图 3-22　INV 指令应用示例

【注意】编写 INV 指令时，前面须有输入量，INV 不能直接与母线相连，也不能像 OR、ORI、ORP、ORF 等指令单独并联使用。当编程电路结构较复杂时，如有块与（ANB）、块或（ORB）电路，INV 指令仅对以 LD、LDI、LDP、LDF 开始到其本身（INV）前的运算结果取反。

3.2.13　空操作指令、程序结束指令

空操作指令、程序结束指令助记符及功能表见表 3-13。

表 3-13　空操作指令、程序结束指令助记符及功能表

助记符	名　称	功　能	可用软元件	程序步长
NOP	空操作	无动作	无	1 步
END	结束	程序结束返回到 0 步	无	1 步

编制程序时，若在程序中加入适当的空操作指令，可以减少因变更程序或修改程序导致的步序号变化。

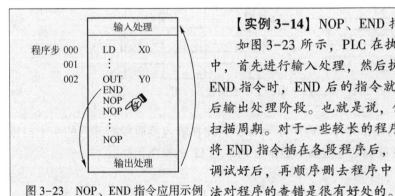

图 3-23　NOP、END 指令应用示例

【实例 3-14】NOP、END 指令应用示例。

如图 3-23 所示，PLC 在执行程序的每个扫描周期中，首先进行输入处理，然后执行程序。当程序执行到 END 指令时，END 后的指令就不被执行，而是进入最后输出处理阶段。也就是说，使用 END 指令可以缩短扫描周期。对于一些较长的程序，可采取分段调试，即将 END 指令插在各段程序后，从第一段开始分段调试，调试好后，再顺序删去程序中间的 END 指令，这种方法对程序的查错是很有好处的。

【注意】FX 系列 PLC 程序输入完毕后，必须写入 END 指令，否则程序不运行。

3.3　梯形图编程规则

随着 PC 编程软件的普及，在 PLC 编程方法中，梯形图设计法被越来越多的工程设计人员使用。梯形图编程是最常用的编程方式，它编程方便、结构清晰，与继电控制原理相似，比较容易掌握。

1. 梯形图的特点

梯形图按自上而下、从左到右的顺序排列，并且具有以下特点。

（1）每个继电器线圈为一个逻辑行，每个逻辑行始于左母线，止于线圈或右母线。

（2）左母线与线圈之间必须有触点，而线圈与右母线之间不能有任何触点。

（3）一般情况下，在梯形图中某个编号的继电器线圈只能出现一次，而继电器触点可以无限次使用。某些 PLC 在有跳转或步进指令的梯形图中允许双线圈输出。

（4）在每个逻辑行中，串联触点多的支路应放在上方，如图 3-24 所示。

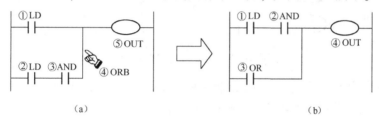

图 3-24　梯形图优化（一）

在图 3-24 中可以看到，图 3-24（b）中将串联触点多的支路放在上方，由于 PLC 采用的是自上而下的执行方式，所以触点①和②先执行，这样对比图 3-24（a）可以看到，触点③在图 3-24（a）中只是一个单一触点，但是在图 3-24（b）中变成了一个块结构。所以图 3-24（a）中编译形成的指令较长，效率较低。

（5）在每个逻辑行中，并联触点多的支路应放在左侧，如图 3-25 所示。

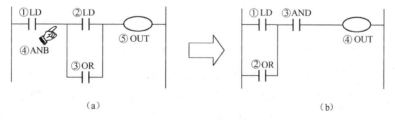

图 3-25　梯形图优化（二）

在图 3-25 中可以看到，图 3-25（b）中将并联触点最多的支路放在左侧，这样 PLC 会将触点③当作单个触点来进行处理，而在图 3-25（a）中，PLC 会将触点①当作单独的块来进行处理。所以图 3-25（a）中编译形成的指令较长，效率较低。

（6）梯形图中，不允许在一个触点上有双向电流通过，如图 3-26 所示。

在图 3-26（a）中，触点 E 会出现自上而下和自下而上双向电流，这在 PLC 编程中是不允许的，因此结合电路的实际逻辑关系，应改成图 3-26（b）所示的形式。

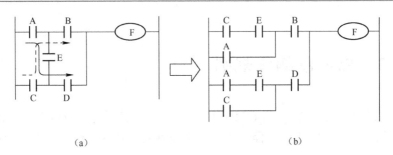

（a）　　　　　　　　　　　　　　（b）

图 3-26　双向电流处理方法

2. 程序的执行顺序

（1）梯形图的编程，要以左母线为起点，右母线为终点（可以省略右母线），从左到右，按每行绘出。每一行的开始是起始条件，由常开/常闭触点或其组合组成，最右侧的线圈是输出结果，一行写完，自上而下，依次写下一行。不要在线圈的右侧绘制触点，建议对触点之间的线圈先编程，否则将违反编程规则，程序会提示错误，如图 3-27 所示。

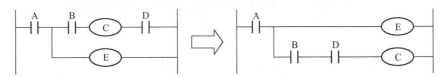

图 3-27　最后对线圈进行编程

（2）触点应绘制在水平线上，不能绘制在垂直分支线上。如图 3-28（a）所示，触点 E 绘制在垂直线上，应该重新安排电路，如图 3-28（b）所示。

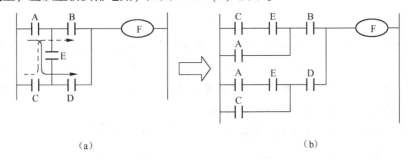

（a）　　　　　　　　　　　　　　（b）

图 3-28　桥式电路的处理

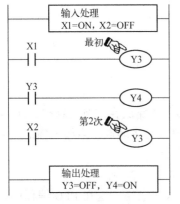

图 3-29　梯形图执行顺序

（3）双重线圈输出问题：双线圈输出不可取。若在程序中进行线圈的双重输出，则前面的输出无效，而后面的输出是有效的。如图 3-29 所示，输出 Y3 的结果仅取决于 X2 驱动输入信号，而与 X1 无关。当 X1 = ON、X2 = OFF 时，起初的 Y3 因 X1 接通而接通，因此其映像寄存器变为 ON，输出 Y4 也接通。但是，第 2 次出现的 Y3，因其输入 X2 断开，则其映像寄存器也为 OFF。所以，实际的外部输出为 Y3 = OFF，Y4 = ON。在程序中编写双重线圈并不违反编程规则，但往往结果与条件之间的逻辑关系不能一目了然，因此对这类电路应该先进行组合，然后再编程。

（4）连续输出：如图 3-30（a）所示，OUT M1 指令后，通过 X1 的触点去驱动 Y4，这称为连续输出。如果绘制成图 3-30（b）的形式，虽然没有改变逻辑控制关系，但是程序由原来的 5 句变成了 7 句，而且出现了堆栈的程序，因此不推荐这种形式。

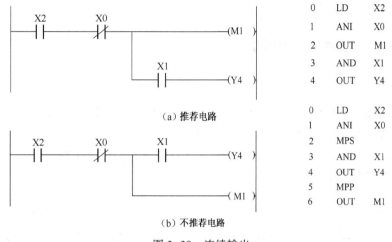

图 3-30　连续输出

（5）常开/常闭输入信号：在继电控制电路中，习惯上启动按钮 PB1 用常开按钮，停止按钮 PB2 用常闭按钮。但是在 PLC 控制中，外部输入信号常开/常闭的接入方式会影响到程序中相应的软触点的状态。

如图 3-31 所示，若接入 PLC，PB1 用常开按钮，PB2 也用常开按钮，在进行梯形图设计时，X1 用常开触点，X2 用常闭触点。

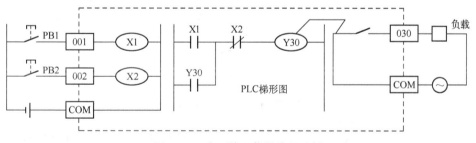

图 3-31　常开输入信号编程示例

如图 3-32 所示，如果在接入 PLC 时，PB1 用常开按钮，PB2 用常闭按钮，则在进行梯形图设计时 X1 用常开触点，X2 也应用常开触点，否则会出现 Y30 不能输出的故障。

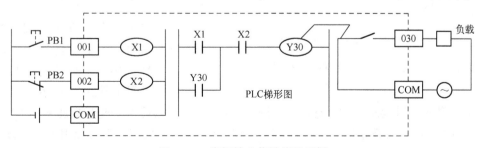

图 3-32　常闭输入信号编程示例

3.4 基本指令应用

3.4.1 电动机连续运转控制

1. 设计要求

☺ 电动机的额定电流较大，PLC 不能直接控制主电路，应通过接触器来实现控制。

☺ 找出所有输入量和输出量，绘制 I/O 接线图。

☺ 热继电器的常闭触点可以作为输入信号进行过载保护，也可以在信号输出侧进行保护。

☺ 编制梯形图和指令表程序。

2. 设计过程

根据设计要求设计的主电路如图 3-33 所示。由于电动机电流较大，因此采用了接触器控制起动的方式，并且加上了相应的保护。

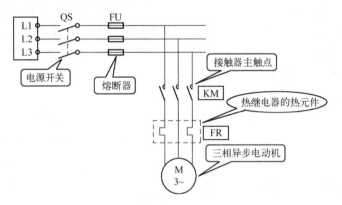

图 3-33 电动机连续运转控制主电路

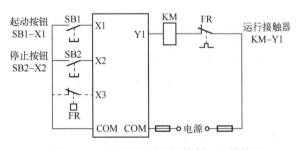

图 3-34 电动机连续运转控制 I/O 接线图

由设计要求可知，需要起动按钮和停止按钮，因此输入量主要包括起动按钮、停止按钮。由于考虑到安全问题，因此加上了热继电器 FR 保护，所以共有 3 个输入量。

由于只控制一台电动机，所以输出量只有一个。同样，为了安全考虑，在输出的接触器 KM 上串联了热继电器 FR 做保护。I/O 接线图如图 3-34 所示。

最后，依据设计要求编制出程序，如图 3-35 所示。可以看到，按下按钮 X1，Y1 接通，KM 得电动作，电动机开始运行，同时 Y1 自锁触点闭合，实现连续运转控制。按下按钮 X2 后，Y1 断电，KM 也会停止动作，电动机断电停止运行。

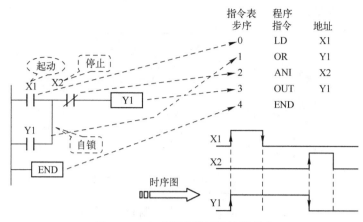

图 3-35 电动机连续运转控制程序

3.4.2 电动机正/反转控制

1. 设计要求

☺ 电动机的额定电流较大，PLC 不能直接控制主电路，应通过接触器来实现控制。

☺ 找出所有输入量和输出量，绘制 I/O 接线图。

☺ 热继电器的常闭触点可以对输入信号进行过载保护，也可以在输出侧进行保护。

☺ 编制梯形图和指令表程序。

注意，电动机正/反转控制线路需要换相控制，采用 KM1、KM2 分别作为正/反转控制接触器。

2. 设计过程

电动机正/反转控制主电路如图 3-36 所示。

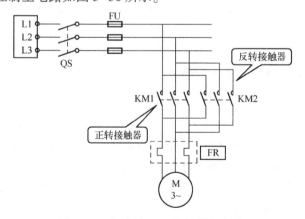

图 3-36 电动机正/反转控制主电路

根据设计要求，得到 I/O 接线图，如图 3-37 所示。3 个输入量分别为正转起动按钮 SB2 接 X0，反转起动按钮 SB3 接 X1，停止按钮 SB1 接 X2。由于是正、反转控制，因此输出量为 2 个，分别是 Y1 接正转控制接触器，Y2 接反转控制接触器。出于安全考虑，采用热继电器 FR 作为过载保护。

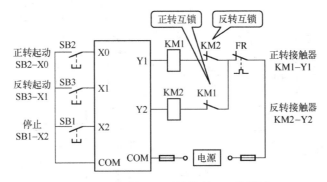

图 3-37   电动机正/反转控制 I/O 接线图

最后，根据设计要求编制程序，如图 3-38 所示。

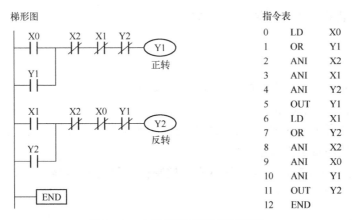

图 3-38   电动机正/反转控制程序

【注意】程序的软件互锁并不能代替接触器的硬件互锁，因此在硬件接线时，仍然要保留硬件互锁。

3.4.3   三台电动机顺序起动控制

1. 设计要求

☺ 电动机的额定电流较大，PLC 不能直接控制主电路，应通过接触器来实现控制。
☺ 找出所有输入量和输出量，绘制 I/O 接线图。
☺ 热继电器的常闭触点可以作为输入信号进行过载保护，也可以在输出侧进行保护。
☺ 编制梯形图和指令表程序。
☺ 3 台电动机必须按照 M1、M2、M3 的固定顺序起动，但对停止顺序不作要求。

2. 设计过程

依据设计要求，得到 3 台电动机顺序起动控制主电路，如图 3-39 所示。3 台电动机采用并联连接方式，结构完全一样，分别用接触器 KM1、KM2、KM3 来控制。

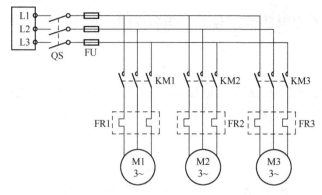

图 3-39　3 台电动机顺序起动控制主电路

根据设计要求，得到 3 台电动机顺序起动控制 I/O 接线图，如图 3-40 所示。3 台电动机中，每台需要停止按钮和起动按钮各一个，分别使用 SB1～SB6，占用了 X0～X5 输入点。输出量用 KM1～KM3 分别控制 3 台电动机的主电路。

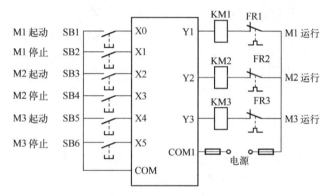

图 3-40　3 台电动机顺序起动控制 I/O 接线图

3 台电动机顺序起动控制程序如图 3-41 所示。

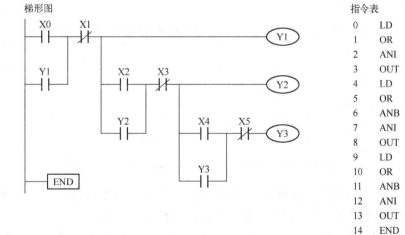

图 3-41　3 台电动机顺序起动控制程序

3.4.4　笼型异步电动机Y-△降压起动控制

1. 设计要求

笼型异步电动机Y-△降压起动继电控制系统图如图 3-42 所示，现拟用 PLC 对其进行改造，试设计相应的硬件接线图和控制程序。

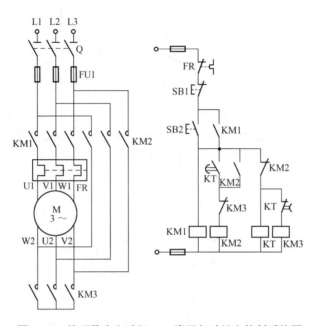

图 3-42　笼型异步电动机Y-△降压起动继电控制系统图

2. 设计过程

根据设计要求编制 PLC I/O 地址表，见表 3-14。相应的硬件接线图如图 3-43 所示，控制程序如图 3-44 所示。

表 3-14　笼型异步电动机Y-△降压起动控制系统 PLC I/O 编址表

输 入 编 址		输 出 编 址	
X0	停止信号	Y0	备用
X1	起动信号	Y1	供电电源
X2	电动机过载保护信号	Y2	△接法运行
X3	备用	Y3	Y接法运行

在 X0 和 X2 断开的情况下，接通 X1，则 Y1 接通，进而使得 Y3 接通，启动时间继电器 T0 开始延时。此时接触器 KM1 和 KM3 接通，电动机以Y接法起动。

T0 延时到，其常闭触点断开，将 Y3 断开，并启动切换延时继电器 T1。T1 延时到，Y2 接通并自锁，此时 KM1 和 KM2 接通，电动机以△接法运行。

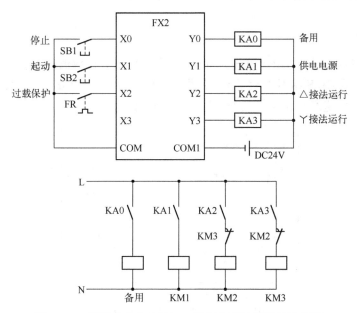

图 3-43　笼型异步电动机 Y-△降压起动控制硬件接线图

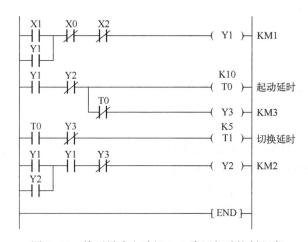

图 3-44　笼型异步电动机 Y-△降压起动控制程序

3.4.5　按钮计数控制

1. 设计要求

当输入按钮 X0 被按下 3 次时，信号灯 Y0 亮；再按下输入按钮 3 次，信号灯 Y0 熄灭。其波形图如图 3-45 所示。

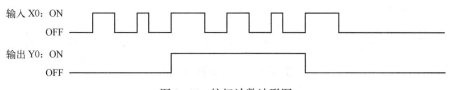

图 3-45　按钮计数波形图

2. 程序设计

梯形图如图 3-46 所示。由图可知，X0 每接通一次，C0 计数值增加 1；当 C0 计数值为 3 时，Y0 接通，此后 C1 开始对 X0 的上升沿进行计数；当 C1 计数值为 3 时，C0 被复位，C0 的常闭触点也将 C1 进行复位，然后开始下一次的计数。

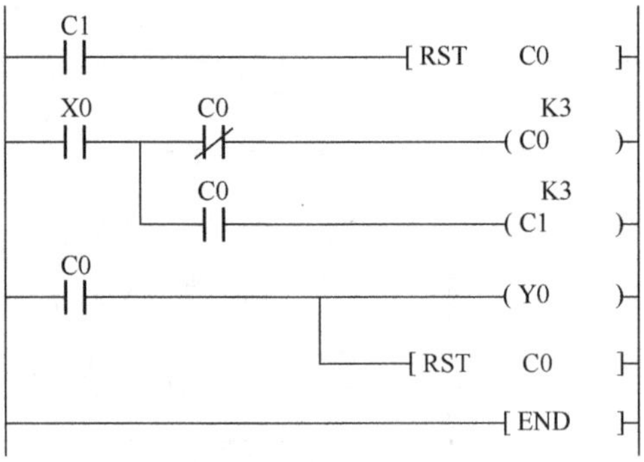

图 3-46　按钮计数控制 PLC 程序

3.4.6　时钟电路

1. 设计要求

将 PLC 当作计时器，以此来完成时钟电路设计。

2. 程序设计

时钟电路梯形图如图 3-47 所示。由图可知，PLC 运行后，C0 计数器对 M8013（1s 脉冲）进行计数，计数满 60（即 1min）后，C0 动作，C0 的常开触点闭合，以此作为 C1 的计数信号，同时复位 C0，为继续计数做好准备；同样，C1 计数满 60（即 1h）后，C1 的常开触点闭合，以此作为 C2 的计数信号，同时复位 C1；C2 计数满 24（即 1 天）后，C2 常开触点闭合。

图 3-47　时钟电路梯形图

3.4.7　大型电动机的起/停控制

1. 设计要求

利用 SET、RST 指令编程控制大型电动机的起动和停车。

电动机起动条件：允许自动、手动选择；无论自动、手动，均须起动冷却水泵、润滑油泵，且水压、油压正常。

电动机停车条件：手动停车；当润滑油、冷却水压力不正常及电动机过载时停车；发生事故时停车。

2. 程序设计

根据控制要求编制 I/O 地址表，见表 3-15。

表 3-15　大型电动机起/停控制系统 PLC I/O 编址表

输　入　编　址		输　出　编　址	
X6	手动/自动转换：X6=ON，自动；X6=OFF，手动	Y5	水泵电动机
X7	水泵起动（按钮）	Y6	油泵电动机
X10	油泵起动（按钮）	Y7	主电动机
X11	系统起动（按钮）	Y10	报警指示
X12	系统停车（按钮）		
X13	事故信号（事故时为 ON）		
X14	润滑油压（正常时为 ON）		
X15	冷却水压（正常时为 ON）		
X16	主电动机过载（过载时为 ON）		
X17	故障报警解除		

大型电动机起/停控制梯形图如图 3-48 所示。

由图可知，当 X6 接通时，程序处于自动工作方式。此时按下起动按钮 X11，若无报警指示输出 Y10，则水泵输出 Y5、油泵输出 Y6 接通并自锁。如果此时油压、水压均正常（即 X14、X15 接通），则 M0 接通，M1 产生一个脉冲（宽度为一个扫描周期），此脉冲将主电动机输出 Y7 置位，电动机起动运行。

当 X6 断开时，系统处于手动工作方式，此时按下 X7 起动水泵，按下 X10 起动油泵，再按下 X11 起动主电动机。

假如油压或水压不正常，则 M3 产生一个压力异常脉冲；假如发生事故、电动机过载或有压力异常脉冲，则 M4 产生一个故障脉冲，此脉冲将主电动机输出 Y7 复位，同时接通报警指示 Y10 并自锁，Y10 必须在按下报警解除按钮 X17 后才能复位。

在运行状态下，按下停止按钮 X12，则水泵、油泵和主电动机均被停止运行（断开）。

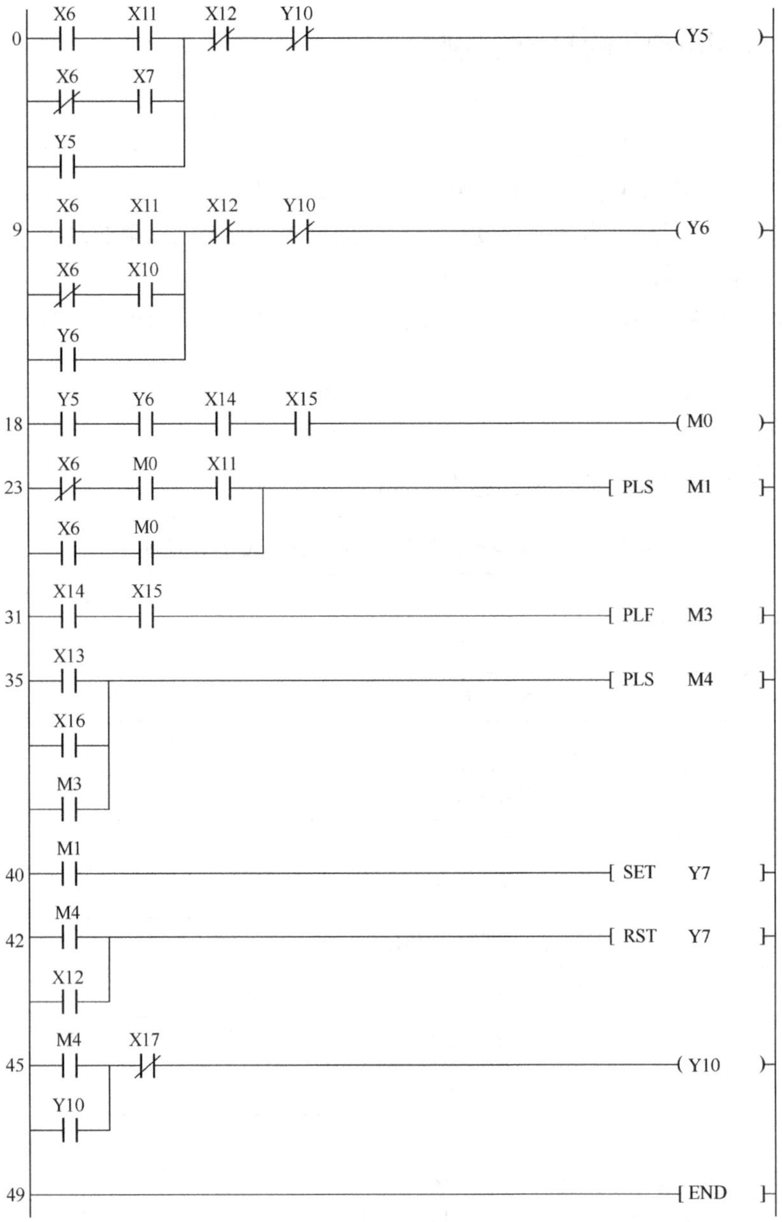

图 3-48 大型电动机起/停控制梯形图

3.4.8 构造特殊定时器

1. 构造断电延时型定时器

在机床电气控制系统中，经常会用到延时型定时器，包括通电延时型定时器和断电延时型定时器。三菱 FX2N 系列 PLC 提供的定时器只是通电延时型定时器，如果碰到需要断电延时型定时器的场合，则应利用程序自己构造。如图 3-49 所示，触点 X0 闭合，定时器 T0 开始计时，设定时间为 9s，定时时间到达后，T0 常开触点闭合，Y1 接通完成通电延时。Y1 常开触点闭合，定时器 T1 开始计时，设定时间为 7s，定时时间到达后，T1 常闭触点断开，

Y1 断电，完成断电延时。其时序图如图 3-50 所示。

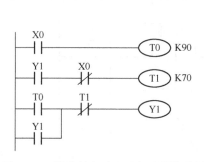

图 3-49　构造断电延时型定时器梯形图

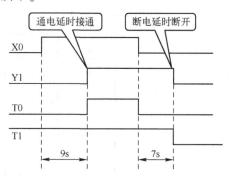

图 3-50　构造断电延时型定时器时序图

2. 构造长延时定时器

由于受系统存储容量的限制，三菱 FX2N 系列 PLC 定时器的最大设定值为 3276.7s，不足 1h。为了扩展定时器的延时时间，可以采用以下方法。

1) 定时器串联　如图 3-51 所示，触点 X0 闭合，定时器 T0 开始计时，延时时间为 3000s，到达延时时间后，T0 动作，定时器 T1 开始计时，延时时间为 600s，到达延时时间后，T1 动作，T1 常开触点闭合，Y0 输出。总延时时间为 3000s+600s＝3600s。这样可以利用 2 个定时器实现长延时。

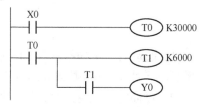

图 3-51　定时器串联

2) 定时器和计数器配合使用　如果要完成更长时间的延时，用多个定时器串联就显得过于笨拙，可以采用定时器和计数器配合来完成。如图 3-52 所示，触点 X2 闭合后，T0 开始计时，计时时间为 60s。到达计时时间后，T0 常开触点闭合，给计数器 C0 一个计数信号，T0 常闭触点断开，T0 线圈复位，再次计时 60s。C0 设定计数次数为 60 次，这样利用计数器和定时器的配合可以实现 60s×60＝3600s 的延时。只须更改 C0 的值，便可以实现更长时间的延时。

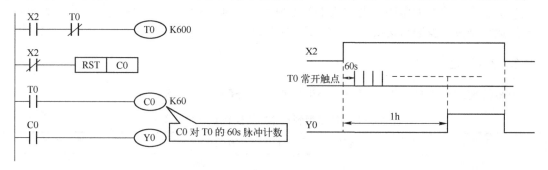

图 3-52　定时器和计数器配合使用

3.4.9　纺织用刺针冲刺机控制程序

1. 设计要求

设计一个纺织用的刺针冲刺机部分电路。要求在一个正三棱的针体的 3 个面上分别冲出 3

个刺。工序分别有冲刺（由电动机 M 驱动）、纵向前进（由电动机 M1 通过正向脉冲来实现步进）、横向 60°旋转（由电动机 M2 通过正向脉冲来实现步进）、重复冲刺等，如图 3-53 所示。

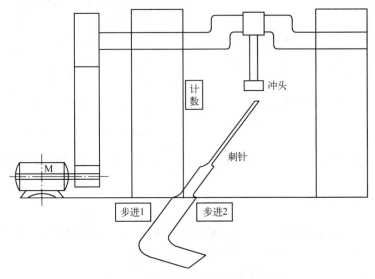

图 3-53 纺织用刺针冲刺机示意图

（1）起动后，工作指示灯 EL 亮，电动机 M 起动，通过传动带带动曲轴旋转，实现上下往复运动（冲刺），计数器显示 0。

（2）每冲完一次返回时，给电动机 M1 发出 1 个脉宽为 0.5s 的正向脉冲，使刺针纵向进给一次。同时显示 1、2、3 计数。

（3）当冲完 3 次返回时，给电动机 M1 发出 2 个周期为 1.0s 的反向脉冲，使刺针纵向退回原位。计数器归零。

（4）当刺针纵向退回原位时，给电动机 M2 发出一个脉宽为 0.5s 的正向脉冲，使刺针顺时针旋转 60°。

（5）重复步骤（2）~（4）。

（6）当完成两次大循环（电动机 M2 使刺针 2 次横向旋转 60°，并且完成了 3 次冲刺）后系统运行结束。返回初始状态，等待下一次起动。

2. 设计过程

由系统要求可得到纺织用刺针冲刺机控制 I/O 分配表，见表 3-16。

表 3-16 纺织用刺针冲刺机控制 I/O 分配表

输入设备	输入地址编号	输出设备	输出地址编号
SQ1（计数）	X2	KM1（电动机）	Y0
SB1（停止按钮）	X0	KM2（纵向进给）（HL1）	Y1
SB2（起动按钮）	X1	KM3（纵向退回）（HL2）	Y2
		KM4（横向进给）（HL3）	Y3
		（工作指示）（HL）	Y4
		七段数码（abcdefg）	Y10~Y16

纺织用刺针冲刺机控制接线原理图如图 3-54 所示。

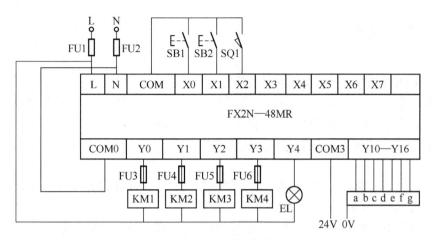

图 3-54　纺织用刺针冲刺机控制接线原理图

3. 状态转换图

纺织用刺针冲刺机控制状态转换图如图 3-55 所示。

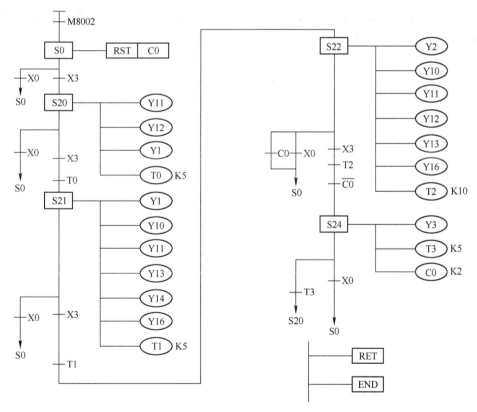

图 3-55　纺织用刺针冲刺机控制状态转换图

思考与练习

（1）梯形图程序编写的基本原则是什么？

（2）有 4 个彩灯（L1~L4），依次点亮循环往复，每个灯只亮 3s。试编写梯形图程序。

（3）有两台电动机，要求第 1 台工作 1min 后自行停止，同时第 2 台起动；第 2 台工作 1min 后自行停止，同时第 1 台又起动；如此重复 6 次，两台电动机均停机。试编写梯形图程序。

（4）试设计一个通电和断电均延时的梯形图。当 X0 由断变通时，延时 10s 后 Y0 得电；当 X0 由通变断时，延时 5s 后 Y0 断电。

（5）有两台电动机 M_1 和 M_2，要求 M_1 起动后 M_2 才能起动，且 M_2 能够点动。试编写梯形图程序。

（6）设计一个方波发生器，其周期为 5s。试编写梯形图程序。

（7）试根据下述控制要求编写梯形图：当按下按钮 SB 后，照明灯 L0 发光 30s，如果在这段时间内又有人按下按钮 SB，则计时从头开始。这样可确保在最后一次按下按钮后，灯光可维持 30s 的照明。

（8）试根据下述控制要求编写梯形图：有 3 台电动机 M_1、M_2、M_3，要求相隔 5s 顺序起动，各运行 10s 停车，循环往复。

第4章 FX系列PLC步进指令

4.1 状态转换图

状态转换图又称为功能表图（SFC），它是用状态元件描述工步状态的工艺流程图，如图 4-1 所示。它通常由初始状态、一系列一般状态、转换线和转换条件组成。每个状态提供 3 个功能，即驱动有关负载、指定转换条件和指定转换目标。

在状态转换图中，用矩形框来表示步或状态，方框中用状态继电器符号 S 及其编号表示。与控制过程的初始情况相对应的状态称为初始状态，每个状态的转换图应有一个初始状态，初始状态用双线框来表示。与步相关的动作或命令用与步相连的梯形图符来表示。当某步被激活时，相应动作或命令被执行。一个活动步可以有一个或多个动作或命令被执行。

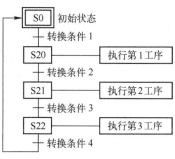

图 4-1 状态转换图示例

步与步（状态与状态）之间用有向线段来连接。如果进行方向是从上到下或从左到右，则线段上的箭头可以不画。在状态转换图中会发生步的活动状态的进展，该进展按有向连续规定的线路进行，这种进展是由转换条件的实现来完成连接的。

下面结合实例讲述状态转换图的使用方法。

【实例 4-1】运料小车的控制。

对运料小车的控制要求如图 4-2 所示。

☺ 运料小车处于原点，下限位开关 LS1 被压合，料斗门关上，原点指示灯亮。

☺ 当选择开关 SA 闭合，按下起动按钮 SB1，料斗门打开，时间为 8s，给运料小车装料。

☺ 装料结束，料斗门关上，延时 1s 后运料小车上升，直至压合上限位开关 LS2 后停止，延时 1s 后卸料 10s，运料小车复位并下降至原点，压合 LS1 后停止。

☺ 当开关 SA 断开，运料小车工作一个循环后停止在原位，指示灯亮。按下停车按钮 SB2 后，则立即停止运行。

【设计过程】

[1] 根据工艺要求，用功能图表示程序，如图 4-3（a）所示。

[2] 将功能图程序变换成步进梯形图控制程序，如图 4-3（b）所示。

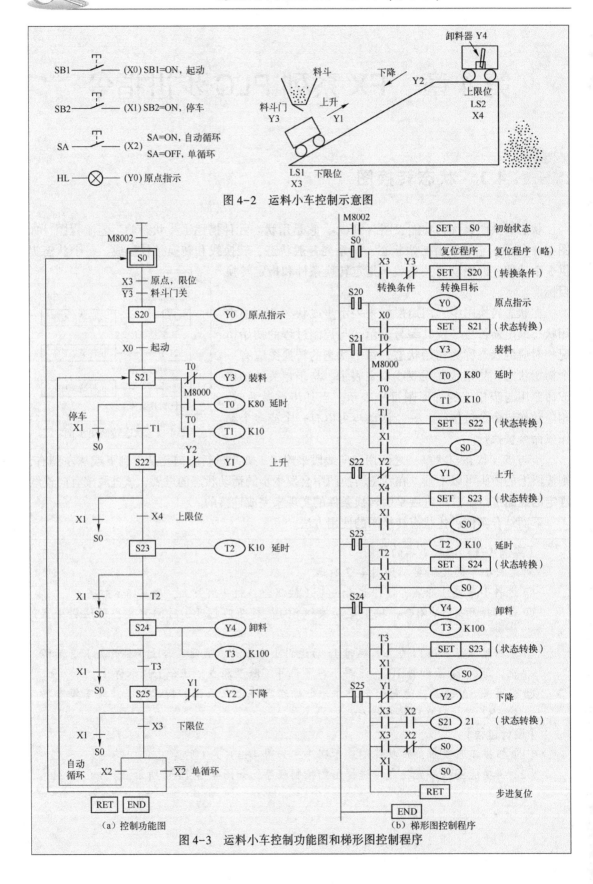

图 4-2 运料小车控制示意图

图 4-3 运料小车控制功能图和梯形图控制程序

4.2 步进指令及编程方法

三菱 FX 系列 PLC 步进指令虽然只有两条，但与其他指令配合后编程功能较为强大，可以实现复杂的顺控程序设计。其编程方法与基本指令梯形图编程略有区别。

4.2.1 步进指令介绍

1. 指令定义及应用对象

步进指令共有两条，见表 4-1。

表 4-1 步进指令

指 令 符	名 称	指 令 意 义
STL	步进指令	在顺控程序上进行工序步进型控制的指令
RET	步进复位指令	表示状态流程的结束，返回主程序（母线）的指令

2. 指令功能及说明

如图 4-4 所示，状态继电器 S20 驱动输出 Y0，转换条件为 X1，当 X1 闭合时，状态由 S20 转换到 S21。

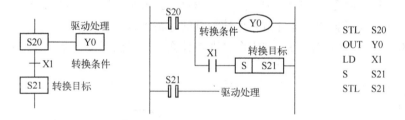

图 4-4 步进指令应用示例

1）主控功能

☺ STL 指令仅对状态继电器 S 有效；

☺ STL 指令将状态继电器 S 的触点与主母线相连，并提供主控功能；

☺ 使用 STL 指令后，触点右侧起点处要使用 LD 或 LDI 指令，步进复位指令 RET 使 LD 点返回主母线。

2）自动复位功能

☺ 用 STL 指令时，新的状态继电器被置位，前一个状态继电器将自动复位；

☺ OUT 指令和 SET 指令都能使转换源自动复位，另外还具有停电自保持功能；

☺ OUT 指令在状态转换图中只用于向分离的状态转换，而不是向相邻的状态转换；

☺ 须将状态转换电路设置在 STL 回路中，否则状态转换源不会自动复位。

3）驱动功能 可以驱动 Y、M、T 等继电器。

4.2.2　步进梯形图编程方法

下面结合电动机循环正/反转控制实例，讲述步进梯形图的编程方法及注意事项。电动机控制要求：电动机正转 3s，暂停 2s，反转 3s，暂停 2s，如此循环 5 个周期，然后自动停止运转；运行中，可按停止按钮停止运转；如果热继电器动作，电动机也应停止运转。

从上述控制要求可知，电动机循环正/反转控制实际上属于顺序控制，整个控制过程分为 6 个工序（也称阶段），即复位、正转、暂停、反转、暂停、计数。在每个工序中，要完成相应的工作（即动作）：在复位工序中，要完成初始复位、停止复位、热保护复位动作；在正转工序中，要完成正转、延时动作；在暂停工序中，要完成暂停、延时动作；在反转工序中，要完成反转、延时动作；在计数工序中，要完成计数动作。在各个工序之间，只要转换条件成立，就可以从当前工序转换到下一工序。由此可以绘制出电动机循环正/反转控制的工作流程图，如图 4-5（a）所示。

根据流程图可以编制顺序控制程序：首先将流程图中的每个工序用 PLC 的一个状态继电器 S 来替代；其次将流程图中的每个工序要完成的工作（即动作）用 PLC 的线圈指令或功能指令来替代；然后将流程图中各个工序之间的转换条件用 PLC 的触点或电路块来替代；流程图中的箭头方向就是 PLC 状态转换图中的转换方向。

设计状态转换图的方法和步骤如下所述。

（1）将整个控制过程按任务要求分解。其中，每个工序均对应一个状态（即步），并分配状态继电器。电动机循环正/反转控制的状态继电器的分配如下：复位—S0；正转—S20；暂停—S21；反转—S22；暂停—S23；计数—S24。

（2）搞清楚每个状态的功能、作用。状态的功能是通过 PLC 驱动各种负载来完成的，负载可由状态元件直接驱动，也可由其他软触点的逻辑组合驱动。

（3）找出每个状态的转换条件和方向，即在什么条件下激活下一个状态。状态的转换条

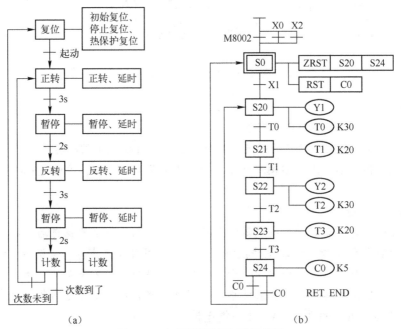

（a）　　　　　　　　　　　　　　（b）

图 4-5　电动机循环正/反转控制

件可以是单一的触点，也可以是多个触点的串/并联组合。

（4）根据控制要求或工艺要求，绘制出状态转换图，如图 4-5（b）所示。

4.2.3　编程注意事项

1. 输出的驱动方法

在状态内的母线，一旦写入 LD 或 LDI 指令后，对不需要触点的指令就不能再编程。如图 4-6（a）所示，Y3 前面已经没有触点，因此无法编程，只有人为加上触点后程序才能够执行。应按图 4-6（b）或（c）所示的方法改变这样的回路。图 4-6（a）所示为错误的驱动方法，图 4-6（b）和（c）所示为正确的驱动方法。

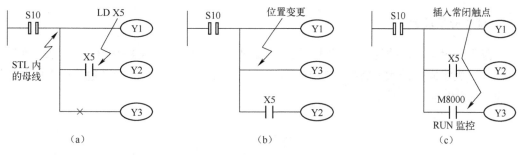

图 4-6　输出驱动方法示例

2. MPS/MRD/MPP 指令的位置

在顺控状态下，不能直接在 STL 的母线内直接使用 MPS/MRD/MPP 指令，而应在 LD 或 LDI 指令后编制程序，所以在图中加入了 X1 触点，如图 4-7 所示。

3. 状态转换方法

OUT 指令与 SET 指令对于 STL 指令后的状态（S）具有同样的功能，都将自动复位转换源，如图 4-8 所示。此外，它还有自保持功能。使用状态（S）时，可以向下一状态转换；但是使用 OUT 指令时，在 STL 图中会向分离的状态转换。

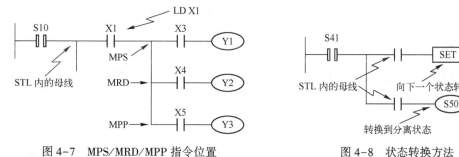

图 4-7　MPS/MRD/MPP 指令位置　　　　　图 4-8　状态转换方法

4. 转换条件回路中不能使用的指令

在转换条件回路中，不能使用 ANB、ORB、MPS、MRD、MPP 指令，如图 4-9 所示。

在图 4-9（a）中，X0~X3 共同构成了块与功能模块，需要用到 ORB 指令，但该指令在转换条件中不能被使用，只能做变形处理，如图 4-9（b）所示。

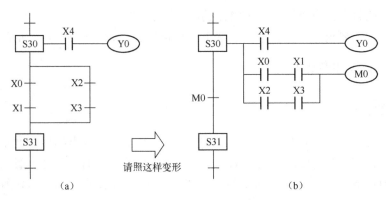

图 4-9　转换条件回路指令的应用示例

5. 符号应用场合

在流程中表示状态的复位处理时，用空心箭头符号表示，如图 4-10（a）所示。而实头箭头符号则表示向初始状态转换，如图 4-10（b）所示；或者向分离的其他流程上的状态转换，如图 4-10（c）所示。

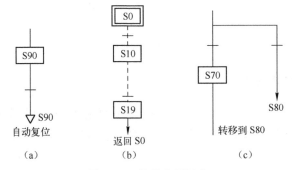

图 4-10　符号应用场合

6. 状态复位

在必要的情况下，可以选择使用功能指令将多个状态继电器同时复位。如图 4-11 所示，执行 ZRST 指令后，可以使 S0～S50 共 51 个状态继电器全部复位。

7. 禁止输出操作

如图 4-12 所示，禁止触点闭合后，M10 被置位，M10 的常闭触点断开，后面的 Y5、M30、T4 将不再执行。

8. 断开输出继电器（Y）操作

如图 4-13 所示，禁止触点闭合后，特殊辅助继电器 M8034 被触发，此时顺控程序依然执行，但是所有的输出继电器（Y）都处于断开状态，也就是说，PLC 此时不对外输出。

9. SFC 图需采用的特殊辅助继电器和逻辑指令

在 SFC 图中，可以使用特殊辅助继电器以实现特殊功能，见表 4-2。

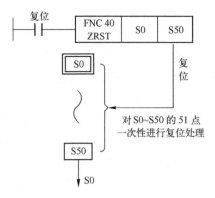

图 4-11　状态复位

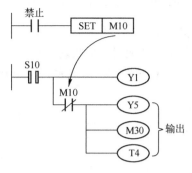

图 4-12　禁止输出操作

图 4-13　M8034 使用说明

表 4-2　SFC 图采用的特殊辅助继电器

软元件号	名　称	功能和用途
M8000	运行监视	PLC 在运行过程中，需要一直接通的继电器。可作为驱动程序的输入条件或作为 PLC 运行状态的显示来使用
M8002	初始脉冲	在 PLC 由停止状态变为运行状态时，仅在瞬间（一个扫描周期）接通的继电器，用于程序的初始设定或初始状态的复位
M8040	禁止转换	驱动该继电器，则禁止在所有状态之间转换。然而，即使在禁止状态转换情况下，由于状态内的程序仍然动作，因此输出线圈等不会自动断开
M8046	STL 动作	任一状态接通时，M8046 自动接通。用于避免与其他流程同时起动或用作工序的动作标志
M8047	STL 监视有效	驱动该继电器，则编程功能可自动读出正在动作中的状态，并加以显示。详细事项请参考各外围设备的手册

由于 SFC 图的特殊性，普通指令的使用受到一些限制，为此特列出普通指令在 SFC 图内的使用范围，见表 4-3。

表 4-3　可在状态内处理的逻辑指令

指令状态		LD/LDI/LDP/LDF，AND/ANI/ANDP/ANDF，OR/ORI/ORP/ORF，INV，OUT，SET/RST，PLS/PLF	ANB/ORB MPS/MRD/MPP	MC/MCR
初始状态/一般状态		可使用	可使用	不可使用
分支，汇合状态	输出处理	可使用	可使用	不可使用
	转换处理	可使用	不可使用	不可使用

在中断程序与子程序内，不能使用 STL 指令。在 STL 指令内不禁止使用跳转指令，但其动作复杂，容易出现错误，因此建议不使用。

10. 利用同一种信号的状态转换

在实际生产中，可能会遇到通过一个按钮开关的接通/断开动作等进行状态转换的情况。进行这种状态转换时，应将转换信号脉冲化。转换条件的脉冲化有两种方法，一种是利用内部 M 信号进行脉冲化，另一种是利用外部转换条件进行脉冲化。

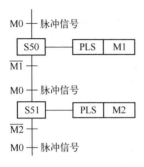

图 4-14　利用内部 M 信号
进行脉冲化

☺ 在 M0 接通 S50 后（如图 4-14 所示），转换条件 M1 即刻开路，在 S50 接通的同时，不向 S51 转换。在 M0 再次接通时，向 S51 转换。这样就可以实现使用 M0 一个触点控制状态转换。

☺ 构成转换条件的限位开关 X30 在转动后使工序进行一次转换，转换到下一工序，如图 4-15（a）所示。这种场合应将转换条件脉冲化，如图 4-15（b）所示。S30 首次动作，虽然 X30 动作，M101 动作，但通过自锁脉冲 M100 使状态转换不发生；当 X30 再次动作时，M100 不动作，M101 动作，则状态从 S30 转换到 S31。

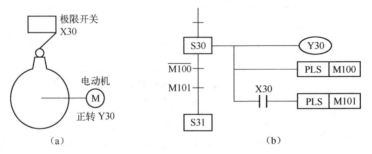

图 4-15　外部转换条件脉冲化

11. 使用上升沿/下降沿检测触点时的注意事项

在状态内使用 LDP、LDF、ANDP、ANF、ORP、ORF 指令的上升沿/下降沿检测触点时，状态继电器触点断开时变化的触点，只在状态继电器触点再次接通时才被检出，如图 4-16 所示。图 4-16（a）所示的是修改前的程序，图 4-16（b）所示的是修改后的程序。在图 4-16（a）所示的程序中，X13、X14 在状态继电器 S3 第一次闭合时无法被检出，因此 S70 无法动作，影响工艺，因此修改成图 4-16（b），将 X13、X14 移至状态器 S3 外部，借助于 M6、M7 来触发 S70。

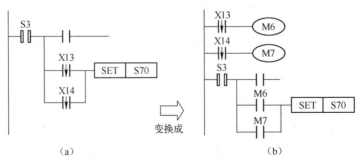

图 4-16　使用上升沿/下降沿检测触点时的编程

12. 定时器的重复使用

与输出线圈一样，定时器线圈也可对不同状态的同一软元件进行编程，但在相邻的状态中不能编程。如果在相邻状态下编程，则工序转换时定时器线圈无法断开，定时器当前值不能复位，如图 4-17 所示。

13. 输出的互锁

在状态转换过程中，由于两个相邻的状态会在瞬间（1 个扫描周期）同时接通，因此为了避免不应同时接通的一对输出同时接通，必须设置外部硬接线互锁或软件互锁，如图 4-18 所示。图中，Y1、Y2 常闭触点即互锁触点。

14. 状态的动作与输出的重复使用

状态的动作与输出的重复使用如图 4-19 所示。

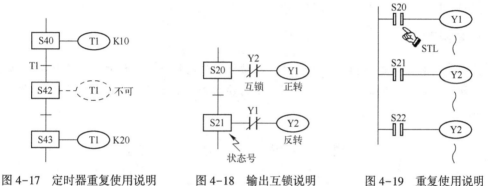

图 4-17　定时器重复使用说明　　图 4-18　输出互锁说明　　图 4-19　重复使用说明

☺ 状态编号不可重复使用。

☺ 如果状态触点接通，则与其相连的电路动作；如果状态触点断开，则与其相连的电路停止工作。

☺ 在不同状态之间，允许对输出元件重复输出，但在同一状态内不允许双重输出。

 # 4.3　状态转换图常见流程状态

在不同的顺序控制中，其状态转换图的流程形式有所不同，大致分为单流程、跳转与重复、选择性分支和汇合、并行分支与汇合、分支与汇合的组合等形式。

4.3.1　单流程

"单流程"是指仅有单一的出口/入口的流程。假设有一个小车运动控制程序，控制要求为送电等待信号显示→按起动按钮→正转→正转限位→停 5s→反转→反转限位→停 7s→返回到送电显示状态。根据上述控制要求绘制的小车运动控制程序如图 4-20 所示。

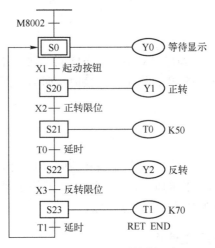

图 4-20　小车运动控制程序

【实例 4-2】 电镀槽生产线控制程序。

1. 控制要求

具有手动和自动控制功能。手动时，各动作能分别操作；自动时，按下起动按钮后，从原点开始运行一周回到原点，如图 4-21 所示。图中，SQ1～SQ4 为行车进/退限位开关，SQ5、SQ6 为吊钩上、下限位开关。

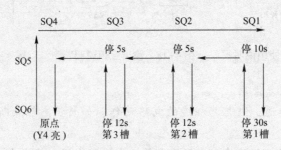

图 4-21　电镀槽生产线示意图

2. I/O 端子分配

☺ X0，自动/手动转换；X1，右限位；X2，第 2 槽限位；X3，第 3 槽限位；X4，左限位；X5，上限位；X6，下限位；X7，停止；X10，自动起动；X11，手动向上；X12，手动向下；X13，手动向右；X14，手动向左。

☺ Y0，吊钩上行；Y1，吊钩下行；Y2，行车右行；Y3，行车左行；Y4，原点指示。

3. PLC 的外部接线图

PLC 外部接线图如图 4-22 所示。

由此得到电镀槽生产线状态转换图，如图 4-23 所示。

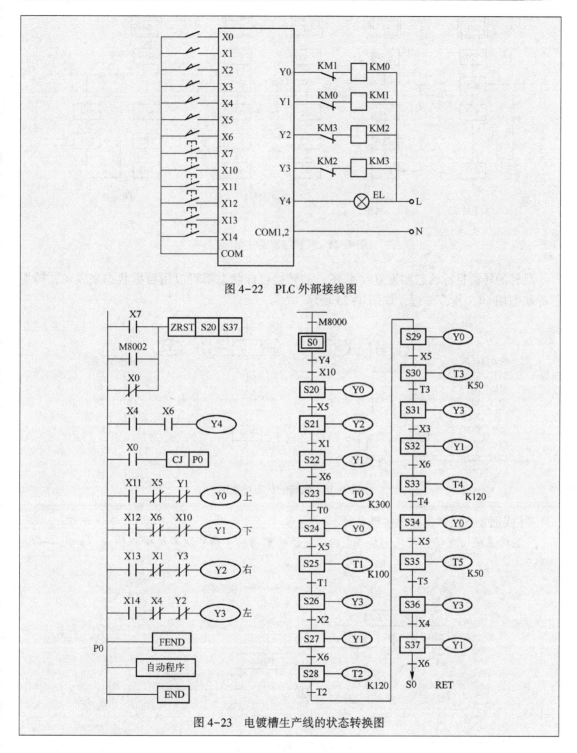

图 4-22　PLC 外部接线图

图 4-23　电镀槽生产线的状态转换图

4.3.2　跳转与重复

向下面的状态直接转换或向系列外的状态转换称为跳转，向上面的状态转换则称为重复或复位，如图 4-24 所示。图 4-24（a）所示为重复，图 4-24（b）所示为流程内跳转，图 4-24（c）所示为向流程外跳转，图 4-24（d）所示为复位。

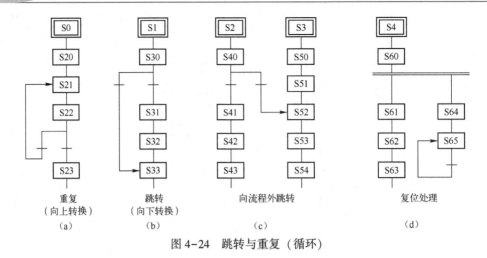

图 4-24　跳转与重复（循环）

跳转的转换目标状态和重复（循环）的转换目标状态都可以用目标状态来表示，转换目标状态用 OUT 指令编程，如图 4-25 所示。

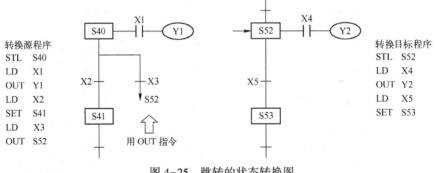

图 4-25　跳转的状态转换图

【实例 4-3】四传送带运料系统。

运料系统由电动料斗及 M1~M4 四台电动机驱动的 4 条传送带运输机组成，如图 4-26 所示。

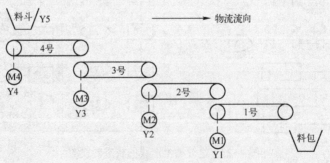

图 4-26　运料系统示意图

1. 控制要求

（1）逆物流方向起动：按下起动按钮 SB1，起动 1 号传送带；延时 2s，起动 2 号传送带；再延时 3s，起动 3 号传送带；再延时 4s，起动 4 号传送带并同时开启料斗，起动完毕。

（2）顺物流方向顺序停车：按下停止按钮 SB2，关闭料斗，延时 10s，停止 4 号传送带；再延时 4s，停止 3 号传送带；再延时 3s，停止 2 号传送带；再延时 2s，停止 1 号传送带，停车完毕。

2. 设计过程

根据工艺要求设计的四传送带运料系统的单流程状态转换图如图 4-27 所示。

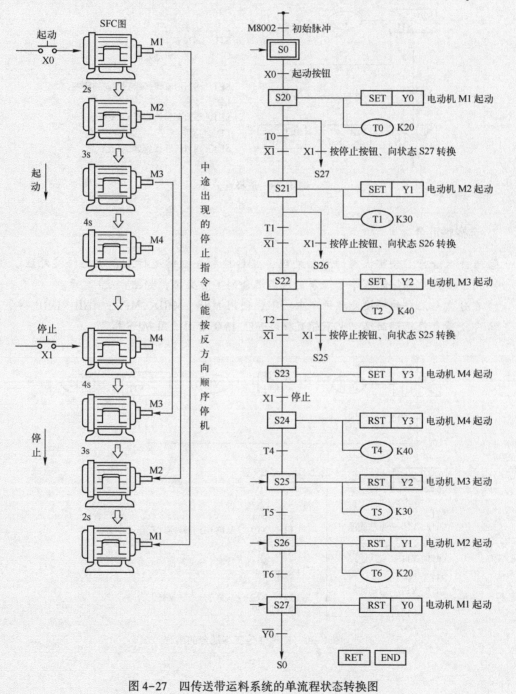

图 4-27　四传送带运料系统的单流程状态转换图

4.3.3 选择性分支与汇合

1. 选择性分支

所谓选择性分支，就是从多个流程中选择执行一个流程。选择性分支先进行驱动处理，然后进行转换处理。所有的转换处理按顺序进行，如图 4-28 所示。

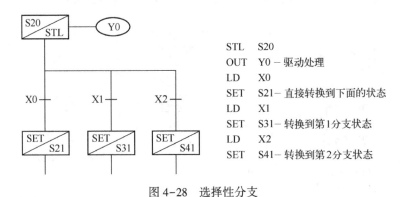

```
STL    S20
OUT    Y0 — 驱动处理
LD     X0
SET    S21 — 直接转换到下面的状态
LD     X1
SET    S31 — 转换到第 1 分支状态
LD     X2
SET    S41 — 转换到第 2 分支状态
```

图 4-28　选择性分支

2. 选择性汇合

☺ 首先只进行汇合前状态的驱动处理，然后按顺序继续进行汇合状态转换处理。在使用中要注意程序的顺序号，分支列与汇合列不能交叉，如图 4-29 所示。

☺ 在分支与汇合的转换处理程序中，不能使用 MPS、MRD、MPP、ANB、ORB 指令。

☺ 即使是负载驱动回路，也不能直接在 STL 指令后面使用 MPS 指令。

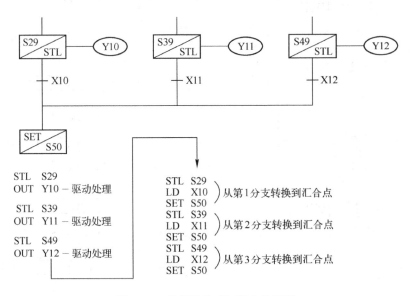

```
STL    S29
OUT    Y10 — 驱动处理

STL    S39
OUT    Y11 — 驱动处理

STL    S49
OUT    Y12 — 驱动处理
```

```
STL    S29
LD     X10    ⎫ 从第 1 分支转换到汇合点
SET    S50    ⎭
STL    S39
LD     X11    ⎫ 从第 2 分支转换到汇合点
SET    S50    ⎭
STL    S49
LD     X12    ⎫ 从第 3 分支转换到汇合点
SET    S50    ⎭
```

图 4-29　选择性分支与汇合的编程

【实例 4-4】 大、小球分类选择传送装置。

大、小球分类选择传送装置示意图如图 4-30 所示。

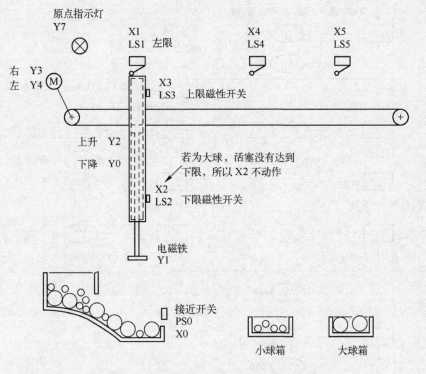

图 4-30　大、小球分类选择传送装置示意图

1. 控制要求

左上方为原点指示，其动作顺序为下降→吸住→上升→右行→下降→释放→上升→左行。当电磁铁接近球时，接近开关 PS0 接通，此时若下限位开关 LS2 断开，则为大球；若 LS2 导通，则为小球。

2. 设计过程

根据工艺要求设计状态转换图，如图 4-31 所示。

（1）若为小球（X2 = ON），左侧流程有效；若为大球（X2 = OFF），则右侧流程有效。

（2）若为小球，吸球臂右行至压住 LS4，X4 动作；若为大球，则右行至压住 LS5，X5 动作，然后向汇合状态 S30 转换。

（3）若驱动特殊辅助继电器 M8040，则禁止所有的状态转换。在右行输出 Y3、左行输出 Y4、上升输出 Y2 与下降输出 Y0 中，各自串联有相关的互锁触点。

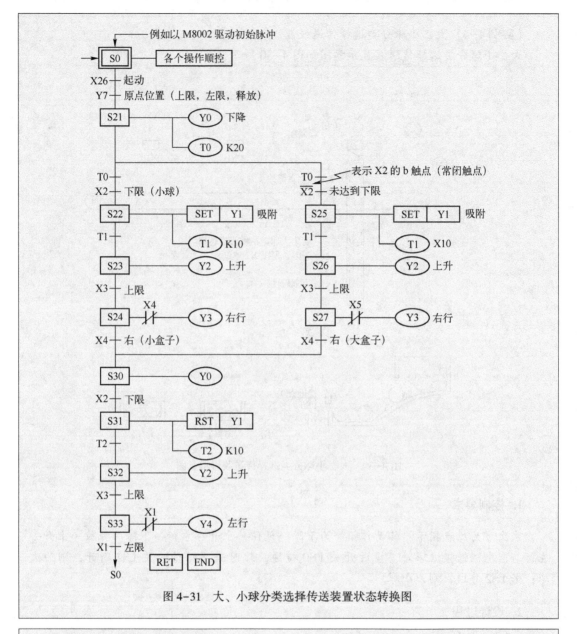

图 4-31   大、小球分类选择传送装置状态转换图

【实例 4-5】洗车流程控制。

1. 控制要求

（1）若方式选择开关（COS）置于手动方式，当按下 START 按钮起动后，则按下列程序动作：

☺ 执行泡沫清洗（用 MC1 驱动）；

☺ 按 PB1 按钮则执行清水冲洗（用 MC2 驱动）；

☺ 按 PB2 按钮则执行风干（用 MC3 驱动）；

☺ 按 PB3 按钮则结束洗车。

（2）若方式选择开关（COS）置于自动方式，当按 START 按钮起动后，则自动按洗车流程执行。其中，泡沫清洗 10s、清水冲洗 20s、风干 5s，结束后回到待洗状态。

（3）任何时候按下 STOP 按钮，则所有输出复位，停止洗车。

2. 设计过程

手动、自动只能选择其一，因此使用选择性分支来设计。

☺手动状态：状态 S21→MC1 动作；状态 S22→MC2 动作；状态 S23→MC3 动作；状态 S24→停止。动作切换手动完成。

☺自动状态：状态 S31→MC1 动作；状态 S32→MC2 动作；状态 S33→MC3 动作；状态 S24→停止。动作切换自动完成。

3. I/O 端子分配

☺起动按钮，X0；方式选择开关，X1；停止按钮，X2；清水冲洗按钮，X3；风干按钮，X4；结束按钮，X5。

☺清水冲洗驱动，Y0；泡沫清洗驱动，Y1；风干机驱动，Y2。

4. 编制程序

洗车控制功能程序图如图 4-32 所示。按下起动按钮，X0 动作，驱动状态继电器 S0，设置 M0，可暂存 START 按钮状态，避免一直按住按钮。如果按下 X1，则进入右侧的自动洗车流程；如果 X1 不动作，则执行左侧的手动洗车流程。

下面以自动洗车为例来介绍。首先由 S31 驱动 Y1，进入泡沫清洗程序；延时 10s 后，进入 S32，驱动 Y0，进入清水冲洗程序；冲洗 20s 后，进入 S33，驱动 Y2，进入风干程序；延时 5s 后，风干结束，进入 S24；洗车流程结束。

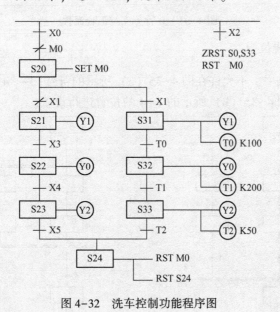

图 4-32　洗车控制功能程序图

4.3.4 并行分支与汇合

1. 并行分支

并行分支流程的编程首先要进行驱动处理，然后进行转换处理。所有的转换处理按顺序进行，如图 4-33 所示。

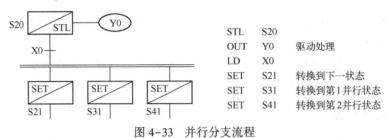

图 4-33　并行分支流程

2. 并行汇合

首先只进行汇合前状态的驱动处理，然后依次执行向汇合状态的转换处理，如图 4-34所示。

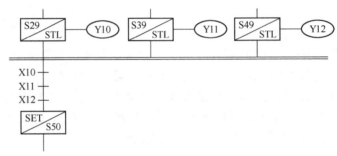

图 4-34　并行分支与汇合流程

3. 转换条件的设置位置

并行分支与汇合点中，不允许在图 4-35（a）所示的符号 *1～*4 的位置设置转换条件，转换条件的设置应按图 4-35（b）所示的 1~4 的位置进行设置。

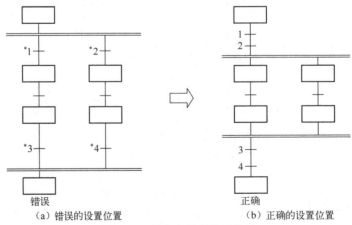

（a）错误的设置位置　　　　　　　（b）正确的设置位置

图 4-35　转换条件的设置位置

4. 回路总数

对于所有的初始状态（S1~S9），每个初始状态的回路总数不大于 16 条，并且在每个分支点，分支数不大于 8 个，如图 4-36 所示。

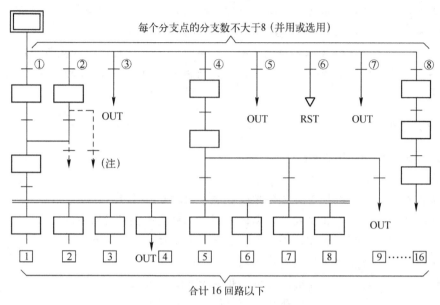

图 4-36　多个初始状态的状态转换图

【注意】不能进行从汇合线或汇合前的状态开始向分离状态的转换处理或复位处理，一定要设置虚拟状态，从分支线上向分离状态进行转换与复位处理。

【实例 4-6】气压式冲孔加工机控制系统。
气压式冲孔加工机控制系统示意图如图 4-37 所示。

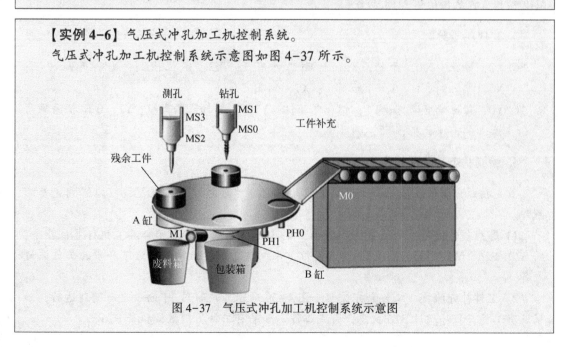

图 4-37　气压式冲孔加工机控制系统示意图

1. 控制要求

☺ 工件的补充、冲孔、测试及搬运可同时进行。

☺ 工件的补充由传送带（电动机 M0 驱动）送入。

☺ 工件的搬运分合格品及不合格品两种，由测孔部分判断。若测孔机在设定时间内能测孔（MS2=ON），则为合格品；否则即为不合格品。

☺ 在测孔完毕后，由 A 缸抽离隔离板，让不合格的工件自动掉入废料箱；若为合格品，则在工件到达搬运点后，由 B 缸抽离隔离板，让合格的工件自动掉入包装箱。

2. 设计过程

系统由如下 5 个流程组成。

☺ 复位流程，清除残余工件。

☺ 工件补充流程，根据有无工件控制传送带的起动和停止。

☺ 冲孔流程，根据冲孔位置有无工件控制冲孔机是否实施冲孔加工。

☺ 测孔流程，检测孔加工是否合格，由此判断工件的处理方式。

☺ 搬运流程，将合格工件送入包装箱。

因为只有一个放在工件补充位置的 PH0 来侦测工件的有无，而另外的冲孔、测孔及搬运位置并没有其他传感装置，那么应如何得知相应位置有无工件呢？本设计所使用的方法是为工件补充、冲孔、测孔及搬运设置 4 个标志，即 M10~M13。当 PH0 侦测到传送带送来的工件时，则设定 M10 为 1，当转盘转动后，用左移指令将 M10~M13 左移一个位元，即 M11 为 1，冲孔机根据此标志为 1 而动作。其他依此类推，测孔机依标志 M12 动作，包装搬运依 M13 动作。

3. I/O 端子分配

☺ X0，停止；X1，开始；X2，检测工件有无；X3，定位检测；X4，开始冲孔；X5，冲孔到底；X6，开始测孔；X7，测孔完成。

☺ Y0，传送带电动机；Y1，钻孔电动机；Y2，A 缸抽离隔离板；Y3，B 缸抽离隔离板；Y4，冲孔机；Y5，测孔机。

4. 绘制状态转换图程序

首先按照分解的功能将每部分的流程绘制好，然后再综合起来，就可以得到完整的程序。

1）原点复位流程 原点复位流程如图 4-38 所示。触点 X0 闭合后，执行复位指令，将 S20~S26、M0~M30、Y0~Y7 全部复位。系统恢复到初始状态，为下一步的工作做好准备。

2）工件补充流程 工件补充流程如图 4-39 所示。定时器 T1 的设定时间到达后，如果没有工件，程序跳过 S26 状态，补充工件。如果有工件，则继续执行 S26。

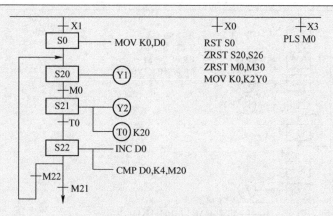

图 4-38 原点复位流程

3) 气压冲孔流程 气压冲孔流程如图 4-40 所示。当有工件时，执行 S28，M11 状态为 1，进行冲孔操作。

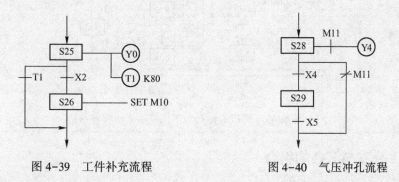

图 4-39 工件补充流程　　　　　　　图 4-40 气压冲孔流程

4) 测孔流程 测孔流程如图 4-41 所示。M12 为测孔控制继电器，为 1 时驱动 Y5，进行测孔操作，5s 后结束。若工件不合格，Y2 被驱动，由 A 缸抽离隔离板，让不合格的工件掉入废料箱。

5) 工件搬运流程 工件搬运流程如图 4-42 所示。M13 为搬运控制继电器，为 1 时驱动 Y3，由 B 缸抽离隔离板，让合格的工件掉入包装箱。

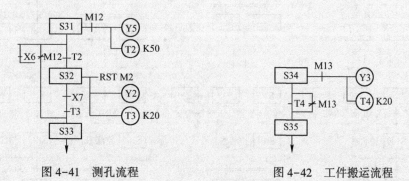

图 4-41 测孔流程　　　　　　　图 4-42 工件搬运流程

最后将上述流程完整组合起来，就得到了最后的程序，如图 4-43 所示。

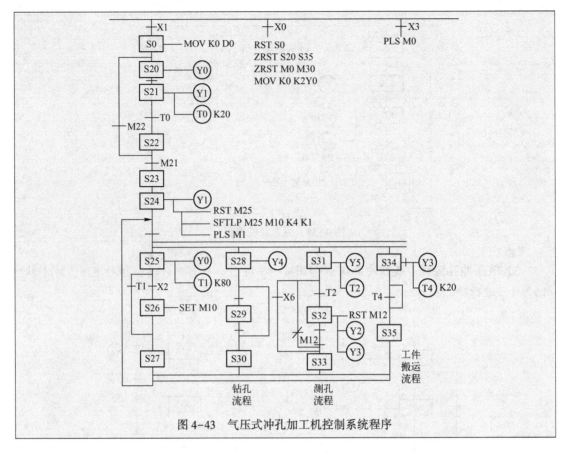

图 4-43　气压式冲孔加工机控制系统程序

4.3.5　分支与汇合的组合

分支与汇合的组合如图 4-44 所示。由图 4-44 可以看到，从汇合线转换到分支线时直接相连，没有中间状态，这样可能符合工艺要求，但是却无法进行编程，因此应在此加入中间空状态，如 S100、S101、S102、S103，以便于编程。

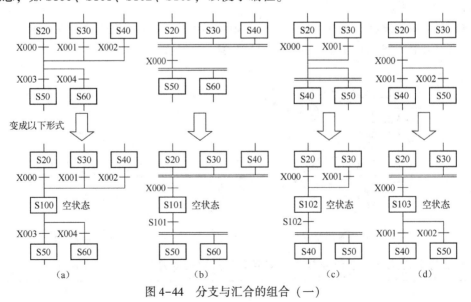

图 4-44　分支与汇合的组合（一）

如图 4-45（a）所示，虽然功能完成，但是给人感觉分支比较乱，无法区分是选择性分支还是并行分支，因此建议改成图 4-45（b）所示的形式。

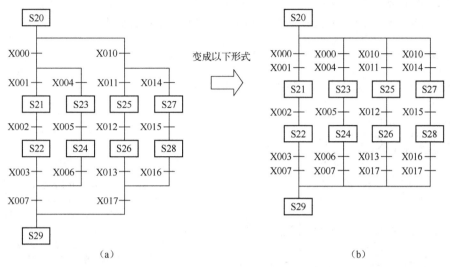

变成以下形式

（a）　　　　　　　　　　　　　　　　　　（b）

图 4-45　分支与汇合的组合（二）

【实例 4-7】按钮式人行横道信号灯的控制。

按钮式人行横道信号灯控制示意图如图 4-46 所示。

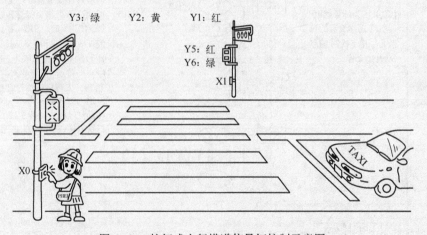

图 4-46　按钮式人行横道信号灯控制示意图

1. 控制要求

（1）PLC 从停止状态变为运行状态时，设置初始状态 S0，通常车道信号灯为绿，而人行横道信号灯为红。

（2）按下人行横道按钮 X0 或 X1，此时状态无变化；30s 后，车道信号灯变黄；再过 10s，车道信号灯变红。

（3）延时 5s 后，人行横道信号灯变绿；15s 后，人行横道绿灯开始闪烁（S32＝暗，S33＝亮）。

（4）闪烁中 S32 和 S33 反复动作，计数器 C0（设定值为 5）触点接通，动作状态向 S34 转换，人行横道灯变为红，5s 后返回初始状态。

（5）在动作过程中，即使按下人行横道按钮 X0 或 X1 也无效。

2. 设计过程

由控制要求可以设计出状态转换图，如图 4-47 所示。

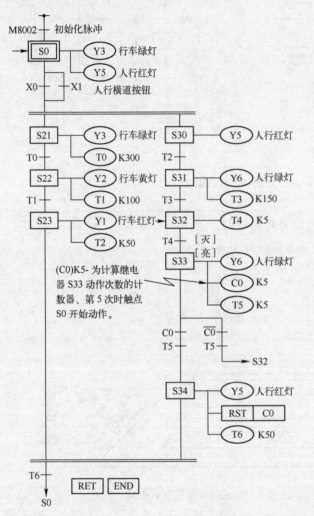

（1）PLC 从停止状态变为运行状态时，初始状态 S0 动作，通常车道信号灯为绿，而人行横道信号灯为红。

（2）按下人行横道按钮 X0 或 X1，则状态 S21 为车道 = 绿；状态 S30 中的人行横道信号灯已经为红色，此时状态无变化。

（3）30s 后，车道信号 = 黄；再过 10s，车道信号 = 红。

（4）此后，定时器 T2（5s）起动，5s 后人行横道信号灯变绿。

（5）15s 后，人行横道绿灯开始闪烁。（S32 = 暗，S33 = 亮）。

（6）闪烁中时 S32 和 S33 反复动作，计数器 C0（设定值为 5 次）触点一接通，动作状态向 S34 转移，人行横道信号灯变红，5s 后返回初始状态。

（7）在动作过程中，即使按下人行横道按钮 X0、X1 也无效。

图 4-47　按钮式人行横道信号灯控制状态转换图

【实例 4-8】自动运料小车设计。

1. 控制要求

设计一个自动运料小车控制系统，其简图如图 4-48 所示。要求用 PLC 设计，系统起动（SB2）后，运料小车无条件快速归位 A 点（SQ1）装料；装满料后（满料信号 SQ5）低速出发（KM1）运行，运料小车到 B 点后（SQ2）转为高速（KM2）运行，运料小车到 C 点后（SQ3）转为低速（KM1）运行，运料小车到达 D 点（SQ4）后停止运行，自动卸料，卸料完毕（空车信号 SQ6）自动快速（KM3）返回 A 点，循环往复。任何状态下按下停止按钮（SB1），快速（KM3）返回 A 点停止。

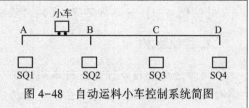

图 4-48　自动运料小车控制系统简图

2. 程序设计

根据控制要求编制 PLC I/O 地址表，见表 4-4。

表 4-4　PLC I/O 编址表

输 入 设 备	输入地址编号	输 出 设 备	输出地址编号
SQ1 原位	X2	KM1 低速前进	Y0
SQ2 高速切换	X3	KM2 高速前进	Y1
SQ3 低速切换	X4	KM3 高速返回	Y2
SQ4 终点	X5		
SQ5 满料	X6		
SQ6 空车	X7		
SB2 起动按钮	X1		
SB1 停止按钮	X0		

3. 参考程序

自动运料小车控制系统状态转换图如图 4-49 所示。

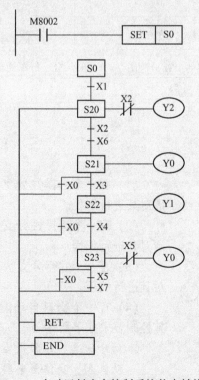

图 4-49　自动运料小车控制系统状态转换图

【实例 4-9】行车循环正/反转自动控制。

1. 控制要求

用步进顺控指令设计某行车循环正/反转自动控制的程序。控制要求为：送电显示等待信号后按起动按钮，行车正转至正转限位后停止，等待 5s 后，行车反转至反转限位后停止，等待 7s 后返回到送电显示等待状态。

2. 设计过程

I/O 分配：SB1，起动按钮；SQ1，正转限位；SQ2，反转限位；Y1，行车正转；Y2，行车反转。

根据控制要求，其 I/O 分配如图 4-50 所示。由此可以得到状态转换图，如图 4-51 所示。

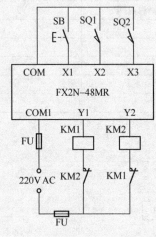

图 4-50   行车循环正/反转控制的 I/O 分配图

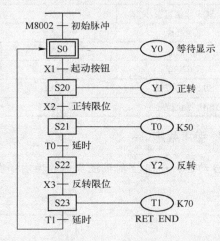

图 4-51   行车循环正/反转控制的状态转换图

思考与练习

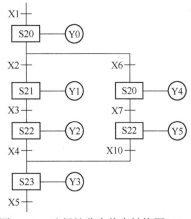

图 4-52   选择性分支状态转换图（一）

（1）有一个选择性分支状态转换图如图 4-52 所示。请对其进行编程。

（2）有一个选择性分支状态转换图如图 4-53 所示。请对其进行编程。

（3）有一个并行分支状态转换图如图 4-54 所示。请对其进行编程。

（4）有一个物料自动混合装置（如图 4-55 所示），其控制要求如下所述。

☺初始状态：容器是空的，电磁阀 F1~F4，搅拌电动机 M，液位传感器 L1~L3，加热器 H 和温度传感器 T 均为 OFF。

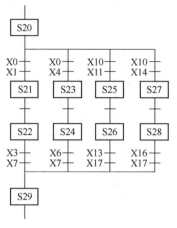

图 4-53　选择性分支状态转换图（二）

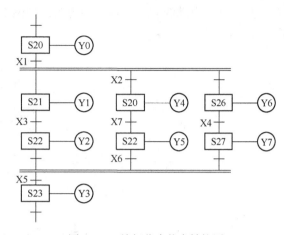

图 4-54　并行分支状态转换图

☺ 物料自动混合控制：按下起动按钮，F1 开启，开始注入物料 A；至高度 L2（此时 L2、L3 为 ON）时，关闭 F1，同时开启 F2，注入物料 B；当液面上升至 L1 时，关闭 F2，停止物料 B 注入；起动搅拌电动机 M，使 A、B 两种物料混合 10s；10s 后停止搅拌，开启 F4，放出混合物料；当液面高度降至 L3 后，再过 5s 关闭 F4。

（5）有一个小车运行过程如图 4-56 所示。小车原位在后退终端，当小车压下后限位开关 SQ1 时，按下起动按钮 SB，小车前进；当运行至料斗下方时，前限位开关 SQ2 动作，此时打开料斗给小车加料；延时 8s 后关闭料斗，小车后退返回；SQ1 动作时，打开小车底门卸料，6s 后结束，完成一次动作，如此循环往复。请用状态编程思想设计其状态转换图。

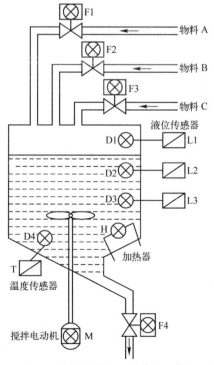

图 4-55　物料自动混合装置示意图

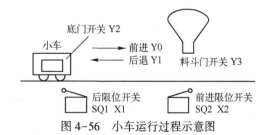

图 4-56　小车运行过程示意图

（6）某冷加工自动线有一个钻孔动力头，如图 4-57 所示。动力头的加工过程如下所述。试编写其控制程序。

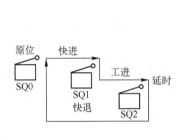

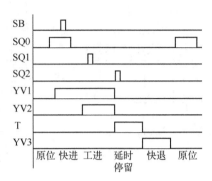

图 4-57　钻孔动力头

① 动力头在原位，加上起动信号（SB）后接通电磁阀 YV1，动力头快进；

② 动力头碰到限位开关 SQ1 后，接通电磁阀 YV1、YV2，动力头由快进转为工进；

③ 动力头碰到限位开关 SQ2 后，开始延时，时间为 10s；

④ 当延时时间到时，接通电磁阀 YV3，动力头快退；

⑤ 动力头回原位后，停止。

（7）4 台电动机动作时序如图 4-58 所示。M1 的循环动作周期为 34s，M1 动作 10s 后 M2 和 M3 起动，M1 动作 15s 后，M4 动作，M2、M3、M4 的循环动作周期为 34s。试用步进顺控指令设计其状态转换图，并进行编程。

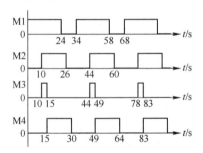

图 4-58　4 台电动机动作时序图

第5章 FX系列PLC应用指令

PLC的基本指令是基于继电器、定时器、计数器类软元件（后文将软元件简称为元件）的，主要用于逻辑功能控制。步进顺控指令主要用于顺序逻辑控制系统，但是在工业自动化控制领域中，许多场合需要数据运算和特殊处理。因此，PLC生产商逐步在PLC中引入了应用指令（也称功能指令），主要用于数据的传送、变换、运算及程序控制等。

5.1 应用指令的表示与执行方式

应用指令与基本指令不同。应用指令类似于一个子程序，直接由助记符（功能代号）表达本指令要做什么。FX系列PLC在梯形图中使用功能框表示应用指令，应用指令按功能号编排，每条应用指令都有一个助记符。

5.1.1 指令与操作数

应用指令格式如图5-1所示。

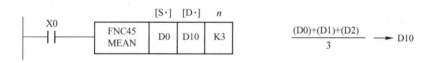

图5-1 应用指令格式

图5-1所示的是求平均值的应用指令。图中，[S·]是指取值的首个元件（源操作数），n为取值个数，[D·]为存放计算结果的元件（目的操作数）。

1. 指令

功能框的第一部分是指令，指令表明了功能。

2. 操作数

功能框的第一部分之后为操作数部分，依次由源元件、目的元件和数据个数3部分组成，有些应用指令只需指定功能号即可。但许多应用指令在指定功能号的同时，还必须指定操作数或操作地址。有些应用指令还需要多个操作数或地址。操作元件包括K、H、KnX、KnY、KnM、KnS、T、C、D、V、Z。其中，K表示十进制整数；H表示十六进制整数。下面分别讲述各部分作用。

☺ [S·]：源元件，指令执行后其内容不改变。当源元件较多时，以[S$_1$·]、[S$_2$·]等表示。加上"·"符号表示使用变址方式；默认为无"·"，表示不能使用变址方式。

☺ [D·]：目的元件，指令执行后将改变其内容。在目的元件较多时，以 [D₁·]、[D₂·] 等表示。默认为无 "·"，表示不能使用变址方式。

☺ 其他操作数：常用于表示数的进制（十进制、十六进制等），或者作为源操作数（或操作地址）和目的操作数（或操作地址）的补充注释。

☺ 表示常数（整数）时，"K" 后跟的为十进制数，"H" 后跟的为十六进制数。

☺ 程序步：指令执行所需的步数。应用指令的指令段的程序步数通常为 1 步，但是根据各操作数是 16 位还是 32 位，会变为 2 步或 4 步。当应用指令处理 32 位操作数时，则在指令助记符号前加 "D" 来表示；指令前无此符号时，表示处理 16 位数据。

【注意】有些应用指令在整个程序中只能出现一次，即使在两个不可能同时执行的程序段中也不能重复使用。但是，利用变址寄存器多次改变其操作数，可以实现多次执行这样的应用指令。

5.1.2　指令的数据长度与执行形式

1. 字元件和双字元件

应用指令可处理 16 位的字元件（数据）和 32 位的双字元件（数据）。

【字元件】一个字元件是由 16 位的存储单元构成的，其最高位（第 15 位）为符号位，第 0~14 位为数值位，如图 5-2 所示。

图 5-2　16 位字元件

【双字元件】低位元件（如 D10）存储 32 位数据的低 16 位，高位元件（如 D11）存储 32 位数据的高 16 位，如图 5-3 所示。

图 5-3　双字元件

2. 16 位/32 位指令

【16 位指令】以 16 位 MOV 指令为例来介绍，如图 5-4 所示。

图 5-4　16 位指令

☺ 当 X1 接通时，将十进制数 10 传送到 16 位的数据寄存器 D10 中去。

☺ 当 X1 断开时，该指令被跳过不执行，源操作数和目的操作数的内容都不变。

【32 位指令】以 32 位 MOV 指令为例来介绍，如图 5-5 所示。

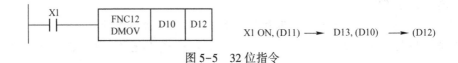

图 5-5　32 位指令

☺ 当 X1 接通时，将由 D11 和 D10 组成的 32 位源数据传送到由 D13 和 D12 组成的目的地址中去。

☺ 当 X1 断开时，该指令被跳过不执行，源操作数和目的操作数的内容都不变。

应用指令中符号"D"表示处理 32 位数据，如 DMOV。处理 32 位数据时，用元件号相邻的两个元件组成元件对。元件对的元件号用奇数、偶数均可，但为避免错误，元件对的首元件建议统一用偶数编号。32 位计数器（C200~C255）不能用作 16 位指令的操作数。

3. 位元件与位组合元件

只处理 ON/OFF 信息的元件称为位元件，如 X、Y、M、S 等。而处理数值的元件称为字元件，如 T、C、D 等。

"位组合元件"的组合方法的助记符是 Kn+最低位的位元件号。

如 KnX、KnY、KnM 即位元件组合，其中"K"表示后面跟的是十进制整数，n 表示 4 位一组的组数，16 位数据用 K1~K4，32 位数据用 K1~K8。

【实例 5-1】 说明 K2M0 表示的位组合元件含义。

K2M0 中的"2"表示 2 组 4 位的位元件组成元件，最低位的位元件号分别是 M0 和 M4，所以 K2M0 表示由 M0~M3 和 M4~M7 两组位元件组成一个 8 位数据，其中 M7 是最高位，M0 是最低位。

【注意】

☺ 若向 K1M0~K3M0 传递 16 位或 32 位数据，则数据长度不足的高位部分不被传递。

☺ 在 16 位或 32 位运算中，对应元件的位指定为 K1~K3（或 K1~K7），长度不足的高位通常被视为 0，因此通常将其作为正数处理。

☺ 被指定的位元件的编号，若没有特别的限制，一般可自由指定，但是建议在 X、Y 的场合最低位的编号尽可能设定为 0（如 X0、X10、X20……Y0、Y10、Y20……）；对于 M、S 元件，理想的设定数应为 8 的整数倍，为了避免混乱，建议设定为 M0、M10、M20 等。

---

4. 连续执行型/脉冲执行型指令

【连续执行型指令】 如图 5-6 所示，当 X0=ON 时，指令在各扫描周期均被执行。

【脉冲执行型指令】 如图 5-7 所示，指令只在 X0 由 OFF→ON 变化时执行一次。连续执行型指令在程序执行时的每个扫描周期都会对目的操作数加 1，而这种情况在许多实际控制中是不允许的。为了解决这类问题，设置了脉冲执行方式，并在这类助记符的后面加后缀符号"P"来表示此种方式。

图 5-6　连续执行型指令示例　　　　图 5-7　脉冲执行型指令示例

5. 变址操作

变址寄存器用于在传送、比较指令中修改操作对象的元件号。

变址的方法是将变址寄存器 V 和 Z 这两个 16 位的寄存器放在其他寄存器的后面，充当操作数地址的偏移量。操作数的实际地址就是寄存器的当前值，以及 V 和 Z 内容相加后的和。当源或目的寄存器用［S·］或［D·］表示时，就能进行变址操作。对 32 位数据进行操作时，要将 V、Z 组合成 32 位（V，Z）来使用，这时 Z 为低 16 位，V 为高 16 位；当 32 位指令中用到变址寄存器时，只须指定 Z，这时 Z 就代表了 V 和 Z。可以用变址寄存器进行变址的元件有 X、Y、M、S、P、T、C、D、K、H、KnX、KnY、KnM、KnS 等。

【实例 5-2】程序如图 5-8 所示，求执行加法操作后源操作数和目的操作数的实际地址。

图 5-8　变址操作示例

第 1 行指令执行 25→V，第 2 行指令执行 30→Z，所以以变址寄存器的值为 V＝25，Z＝30。第 3 行指令执行（D5V）+（D15Z）→（D40Z）。

［S$_1$·］为 D5V，D（5+25）＝D30，这就是源操作数 1 的实际地址。

［S$_2$·］为 D15Z，D（15+30）＝D45，这就是源操作数 2 的实际地址。

［D·］为 D40Z，D（40+30）＝D70，这就是目的操作数的实际地址。

所以，第 3 行指令实际执行（D30）+（D40）→（D70），即 D30 的内容和 D45 的内容相加，结果送入 D70 中。

【实例 5-3】程序如图 5-9 所示，分析 16 位指令操作数。

将 K0 或 K1 的内容向变址寄存器 V0 传送。

当 X1＝ON 时，若 V0＝0，D（0+0）＝D0，则 K500 的内容向 D0 传送；若 V0＝10，D（0+10）＝D10，则 K500 的内容向 D10 传送。

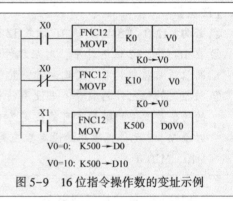

图 5-9　16 位指令操作数的变址示例

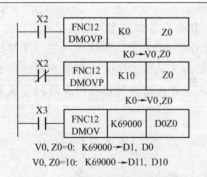

V0, Z0=0: K69000→D1, D0
V0, Z0=10: K69000→D11, D10

图 5-10　32 位指令操作数的变址示例

【实例 5-4】程序如图 5-10 所示，分析 32 位指令操作数。

DMOV 是 32 位指令，因此在该指令中使用的变址寄存器也必须指定为 32 位。

在 32 位指令中指定了变址寄存器的 Z 寄存器（Z0~Z7）及与之组合的 V 寄存器（V0~V7）。

当 X3＝ON 时，若（V0，Z0）＝0，D（0+0）＝D0，则 K69000 的内容向 D1 和 D0 传送；若（V0，Z0）＝10，D（0+10）＝D10，则 K69000 的内容向 D11 和 D10 传送。

【说明】即使 Z 中写入的数值不超过 16 位数值范围（0～32767），也必须用 32 位的指令将 V、Z 两个寄存器都改写。如果只写入 Z，则在 V 中留有其他数值，会使数值产生很多运算错误。

【实例 5-5】程序如图 5-11 所示，分析整数 K 的修改。

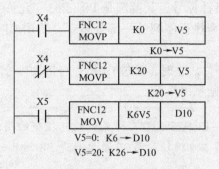

图 5-11　整数 K 的修改示例

当 X5=ON 时，若 V5＝0，K6+0＝K6，则 6→D10；若 V5＝20，K6+20＝K26，则 26→D10。

【实例 5-6】I/O 继电器八进制元件的变址。

用 MOV 指令输出 Y7～Y0，通过变址修改输入，使其变换成 X7～X0，X17～X10，X27～X20。其程序如图 5-12 所示。

这种变换是将变址值 0、8、16 通过 X0+0＝X0、X0+8＝X10、X0+16＝X20 的八进制的换算，然后与元件的编号相加，使输入端子发生变化。

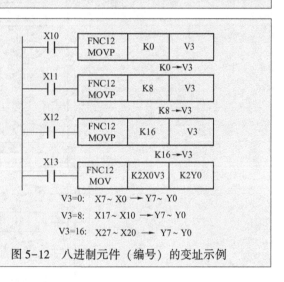

图 5-12　八进制元件（编号）的变址示例

5.2　常用应用指令说明

FX2N 系列 PLC 的 200 多条应用指令按功能不同可分为程序流程控制指令、数据传送与比较指令、算术与逻辑运算指令、数据循环与移位指令、数据处理指令、高速处理指令、方便类指令、外部设备 I/O 应用指令、浮点运算指令、定位运算指令、时钟运算指令、触点比较指令等十几大类。针对实际工程中的具体控制对象，选用合适的应用指令，可以使编程较之基本逻辑指令快捷方便。

5.2.1 程序流程控制指令

1. 条件跳转指令

1）指令格式 FNC00　CJ。

CJ 指令的目的元件是指针标号，其范围是 P0～P63（允许变址修改）。该指令程序步为 3 步，标点步为 1 步。作为执行序列的一部分指令，若用 CJ 指令，可以缩短运算周期，也可以使用双线圈。

2）指令用法 当跳转条件成立时，跳过 CJ 指令与指针标号之间的程序，从指针标号处继续执行；若条件不成立，则顺序执行。

【**实例 5-7**】说明图 5-13 所示的程序中条件跳转指令的用法。

当 X0 = ON 时，则从第 1 步跳转到第 36 步（标号 P8 的后一步）。当 X0 = OFF 时，不进行跳转，执行 X1。

Y1 为输出线圈，当 X0 = OFF 时，不跳转，采样 X1；当 X0 = ON 时，跳转至 P8，不执行 CJ P9，因此采样 X12。

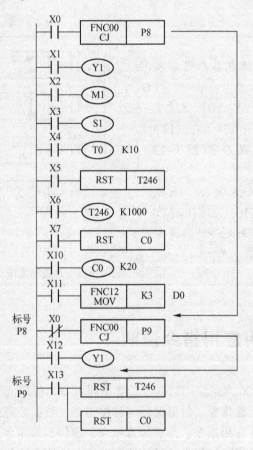

图 5-13　条件跳转指令应用示例

3) 跳转程序中元件的状态　当发生跳转时，被跳过的那段程序中的驱动条件已经没有意义了，所以该程序段中的各种继电器、状态继电器和定时器等将保持跳转发生前的状态不变。

4) 跳转程序中标号的多次引用　标号是跳转程序的入口标志地址，在程序中只能出现一次，同一标号不能重复使用。但是，同一标号可以多次被引用，如图 5-14 所示。

5) 无条件跳转指令的构造　PLC 只有条件跳转指令，没有无条件跳转指令。遇到需要无条件跳转的情况，可以用条件跳转指令来构造无条件跳转指令，通常是使用 M8000（只要 PLC 处于运行状态，M8000 总是接通的），如图 5-15 所示。PLC 一旦运行，M8000 触点接通，即执行跳转指令，无需其他条件。

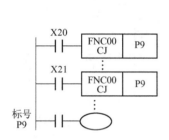

图 5-14　标号多次引用示例

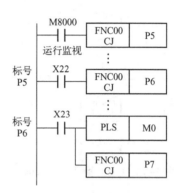

图 5-15　无条件跳转指令构造示例

2. 子程序调用/返回指令

1) 指令格式

◎ 子程序调用指令：FNC01 CALL。

◎ 子程序返回指令：FNC02 SRET。

◎ 指令的目的操作数是指针号 P0~P62（允许变址修改）。

2) 指令用法

◎ CALL 指令必须和 FEND 指令、SRET 指令一起使用。

◎ 子程序标号要写在主程序结束指令 FEND 之后。

◎ 标号 P0 和 SRET 指令间的程序构成了 P0 子程序的内容。

◎ 当主程序带有多个子程序时，子程序要依次放在 FEND 指令之后，并用不同的标号来区别。

◎ 子程序标号范围为 P0~P62，这些标号与条件转移中所用的标号相同。在条件转移中已经使用的标号，不能再用于子程序。

◎ 同一标号只能使用一次，而不同的 CALL 指令可以多次调用同一标号的子程序。

【实例 5-8】 CALL 指令应用。

图 5-16 所示为 CALL 指令应用示例。X1 触点闭合后，执行 CALL 指令，程序转到 P10 所指向的指令处，执行子程序。子程序执行结束后，通过 SRET 指令返回主程序，继续执行 X2。

子程序嵌套示例如图 5-17 所示。X1 触点闭合后，执行 CALL　P11 指令，转移到子程序①执行；然后 X3 触点闭合，执行 CALL　P12 指令，程序转移到子程序②执行；执行完毕后，依次返回子程序①和主程序。

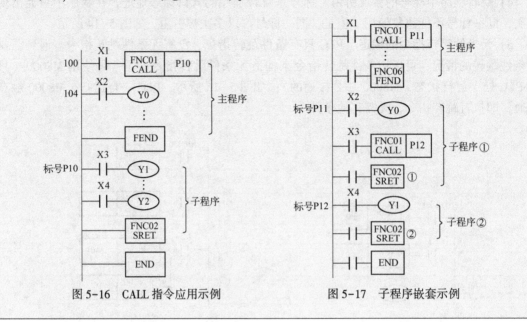

图 5-16　CALL 指令应用示例　　　　图 5-17　子程序嵌套示例

3. 中断指令

1）指令格式

☺ 中断返回指令：FNC03　IRET。

☺ 中断允许指令：FNC04　EI。

☺ 中断禁止指令：FNC05　DI。

2）指令用法　FX2N 系列 PLC 有两类中断，即外部中断和内部中断。外部中断信号从输入端子送入，可用于外部随机突发事件引起的中断；内部中断是指定时中断，是定时器定时时间到引起的中断。

FX2N 系列 PLC 设置有 9 个中断源，这 9 个中断源可以同时向 CPU 发出中断请求信号。多个中断同时发生时，中断指针号较低的有优先权。另外，外部中断的优先级整体上高于内部中断的优先级。

在主程序的执行过程中，可根据不同中断服务子程序中 PLC 要完成工作的优先级高低决定能否响应中断。程序中允许中断响应的区间应该由 EI 指令开始，DI 指令结束。若在中断子程序执行区间之外，即使有中断请求，CPU 也不会立即响应。通常情况下，在执行某个中断服务程序时，应禁止其他中断。

【实例 5-9】中断应用。

如图 5-18 所示，EI 指令与 DI 指令之间为允许中断区间，I001、I000、I101 分别为中断子程序的指针标号。

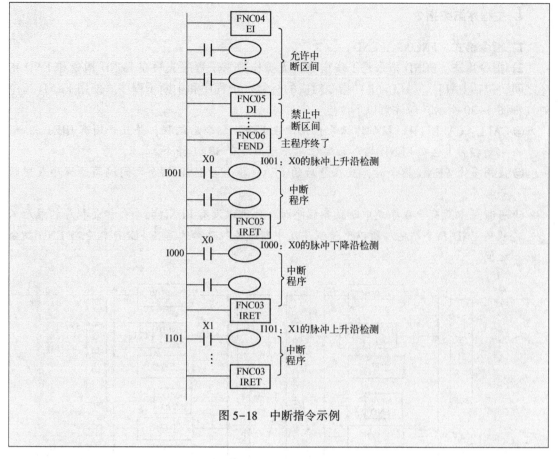

图 5-18　中断指令示例

3) 中断指针

（1）外部中断用 I 指针。

☺ 外部中断用 I 指针的格式如图 5-19（a）所示，有 I0~I5 共 6 点。

☺ 外部中断是外部信号引起的中断，对应的外部信号输入口为 X0~X5。

（2）内部中断用 I 指针。

☺ 内部中断用 I 指针格式如图 5-19（b）所示，有 I6~I8 共 3 点。

☺ 内部中断是指机内定时时间到，中断主程序去执行中断子程序。定时时间由指定编号为 6~8 的专用定时器控制。

☺ 设定时间值在 10~99ms 间选取，每隔设定时间就会中断一次。

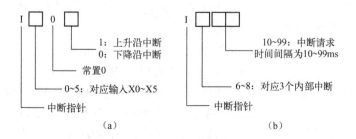

图 5-19　中断指针格式

4. 主程序结束指令

1）指令格式 FNC06 FEND。

2）指令用法 FEND 指令是 1 步指令，无操作数。子程序应写在 FEND 指令和 END 指令之间，包括 CALL、CALL（P）指令对应的标号、子程序和中断子程序。使用 FEND 指令时（如图 5-20 所示）应注意以下 3 点。

☺ CALL、CALL（P）指令的标号 P 用于在 FEND 指令后编程，并且必须有 IRET 指令。中断指针 I 也在 FEND 指令后编程，并且必须有 SRET 指令。

☺ 使用多个 FEND 指令时，应在最后的 FEND 指令与 END 指令之间编写子程序或中断子程序。

☺ 当程序中没有子程序或中断服务程序时，也可以没有 FEND 指令，但是程序的最后必须用 END 指令结尾。所以，子程序及中断服务程序必须写在 FEND 指令与 END 指令之间。

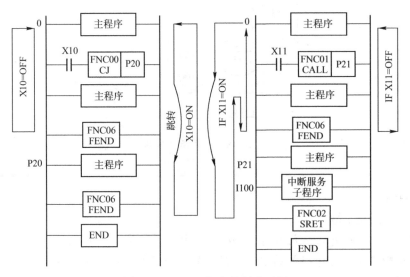

图 5-20　FEND 指令的用法示例

5. 监视定时器指令

1）指令格式 FNC07 WDT。

2）指令用法 WDT 用于程序中刷新监视定时器（D8000）。通过改写存储在特殊数据寄存器 D8000 中的内容，可改变监视定时器的监视时间，如图 5-21 所示。

监视定时器的设定时间为 300ms，如果没有 WDT 指令，在 END 处理时，D8000 才有效。

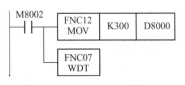

图 5-21　WDT 指令应用示例

WDT 指令还可以用于分割长扫描时间的程序。当 PLC 的运行扫描周期指令执行时间超过 200ms 时，CPU 的出错指示灯亮，同时停止工作。因此，在合适的程序步中插入 WDT 指令，用以刷新监视定时器，以使顺序程序得以继续执行到 END，如图 5-22 所示。

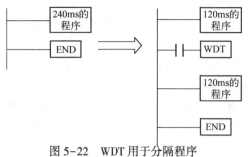

图 5-22　WDT 用于分隔程序

6. 循环开始指令和循环结束指令

1）指令格式

☺ 循环开始指令：FNC08　FOR。

☺ 循环结束指令：FNC09　NEXT。

2）指令用法　利用循环指令可以反复执行某一段程序，只要将这一段程序放在 FOR 与 NEXT 之间即可，待执行完指定的循环次数后，才执行 NEXT 之后的指令。循环程序可以使程序变得简洁。FOR 和 NEXT 指令必须成对使用。

循环次数由 FOR 后的数值指定，循环次数 $n=1\sim32767$。如果循环次数<1，被当作 1 来处理，即 FOR-NEXT 循环一次。若不想执行 FOR 与 NEXT 间的程序，可以利用 CJ 指令进行跳转。当循环次数较多时，扫描周期会延长，可能出现监视定时器错误。若 NEXT 指令在 FOR 指令之前，或者无 NEXT 指令，或者在 FEND/END 指令之后有 NEXT 指令，或者 FOR 与 NEXT 的个数不一致，均会出现错误。

【实例 5-10】 已知 K1X0 的内容为 7，数据寄存器 D0Z 的内容为 6，分析图 5-23 所示程序的循环工作过程和次数。

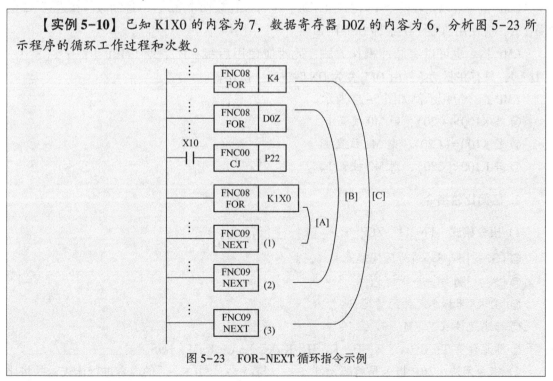

图 5-23　FOR-NEXT 循环指令示例

图 5-23 所示的程序是三重循环的嵌套，按照循环程序的执行次序由内向外计算各循环次数。

(1) 单独一个循环[A]的执行次数：当 X10 为 OFF 时，已知 K1X0 的内容为 7，所以 [A] 循环执行了 7 次。

(2) 循环[B]执行次数（不考虑[C]循环）：[B]循环次数由 D0Z 指定，已知 D0Z 为 6。[B]循环包含了整个[A]循环，所以整个[A]循环要被起动 6 次。

(3) 循环[C]的执行次数由 K4 指定为 4 次。在循环[C]执行一次的过程中，则循环 [B]被执行 6 次，所以[A]循环总计被执行了 $4 \times 6 \times 7 = 168$ 次。

5.2.2　数据比较与传送指令

1. 比较指令

1) 指令格式　FNC10 CMP$[S_1 \cdot][S_2 \cdot][D \cdot]$。

☺ $[S_1 \cdot][S_2 \cdot]$为两个比较的源元件。

☺ $[D \cdot]$为比较结果标志元件的首地址（标号最小的地址）。

标志元件有 Y、M、S，源元件有 T、C、V、Z、D、K、H、KnX、KnY、KnM、KnS。

2) 指令用法　CMP 指令是将源元件$[S_1 \cdot]$与$[S_2 \cdot]$进行比较，结果送到目的元件 $[D \cdot]$中，比较结果有 3 种情况，即大于、等于和小于。

CMP 指令可以比较两个 16 位二进制数，也可以比较两个 32 位二进制数。在进行 32 位操作时，应使用前缀"D"，即 DCMP$[S_1 \cdot][S_2 \cdot][D \cdot]$。

CMP 指令也可以有脉冲操作方式，此时应使用后缀"P"，即 CMPP$[S_1 \cdot][S_2 \cdot]$ $[D \cdot]$，只有在驱动条件由 OFF 变为 ON 时进行一次比较。

CMP 指令应用示例如图 5-24 所示。

☺ 若 K100>(C20)，则 M0 被置 1。

☺ 若 K100=(C20)，则 M1 被置 1。

☺ 若 K100<(C20)，则 M2 被置 1。

2. 区间比较指令

1) 指令格式　FNC11　ZCP$[S_1 \cdot][S_2 \cdot][S_3 \cdot][D \cdot]$。

☺ $[S_1 \cdot]$和$[S_2 \cdot]$为区间起点和终点。

☺ $[S_3 \cdot]$为另一个比较元件。

☺ $[D \cdot]$为标志元件的首地址。

☺ 标志元件有 Y、M、S。

☺ 源元件有 T、C、V、Z、D、K、H、KnX、KnY、KnM、KnS。

2) 指令用法　ZCP 指令是将源元件$[S_3 \cdot]$与$[S_1 \cdot]$和$[S_2 \cdot]$的内容进行比较，并将比较结果送到目的元件$[D \cdot]$中，如图 5-25 所示。

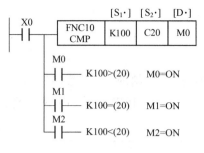

图 5-24　CMP 指令应用示例

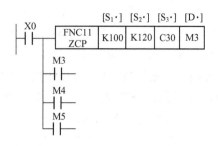

图 5-25　ZCP 指令应用示例

☺ 若 [S$_1$ ·] > [S$_3$ ·]，即 K100 > C30 的当前值，M3 接通。

☺ 若 [S$_1$ ·] ≤ [S$_3$ ·] ≤ [S$_2$ ·]，即 K100 ≤ C30 的当前值 ≤ K120，M4 接通。

☺ 若 [S$_3$ ·] > [S$_2$ ·]，即 C30 当前值 > K120，M5 接通。

☺ 当 X0 为 OFF 时，不执行 ZCP 指令，M3~M5 仍保持原有的状态。

【注意】使用 ZCP 指令时，[S$_2$ ·] 的数值不能小于 [S$_1$ ·]。

3. 传送指令

传送指令包括传送（MOV）、BCD 码移位传送（SMOV）、取反传送（CML）、数据块传送（BMOV）、多点传送（FMOV）及数据交换（XCH）等指令。

1）指令格式　FNC12　MOV [S ·] [D ·]。

☺ [S ·] 为源元件，[D ·] 为目的元件。

☺ 目的元件有 T、C、V、Z、D、KnY、KnM、KnS。

☺ 源元件有 T、C、V、Z、D、K、H、KnX、KnY、KnM、KnS。

2）指令用法　MOV 指令的功能是将源操作数传送到指定的目的操作数，即 [S ·] → [D ·]。

【实例 5-11】MOV 指令应用示例如图 5-26 所示。

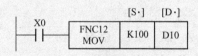

图 5-26　MOV 指令应用示例

当常开触点 X0 闭合为 ON 时，每扫描到 MOV 指令，就把存入 [S ·] 源元件中的操作数 100（K100）转换成二进制数，再传送到目的元件 D10 中。

当 X0 为 OFF 时，则指令不执行，数据保持不变。

4. 移位传送指令

1）指令格式　FNC13　SMOV [S ·] m_1 m_2 [D ·] n。

☺ [S ·] 为源元件，m_1 为传送的起始位，m_2 为传送位数。

☺ [D ·] 为目的元件，n 为传送的目的起始位。

☺ 目的元件有 T、C、V、Z、D、KnY、KnM、KnS。

☺ 源元件有 T、C、V、Z、D、K、H、KnX、KnY、KnM、KnS。

☺ n、m_1、m_2 的元件有 K、H。

2）指令用法　移位传送指令的功能是将[S·]第 m_1 位开始的 m_2 个数移位到[D·]的第 n 位开始的 m_2 个位置，m_1、m_2 和 n 取值均为 1~4。分开的 BCD 码重新分配组合，一般用于多位 BCD 拨盘开关的数据输入。

【**实例 5-12**】SMOV 指令应用示例如图 5-27 所示。

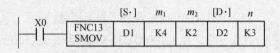

图 5-27　SMOV 指令应用示例

若 X0 满足条件，则执行 SMOV 指令。

源元件[S·]内的 16 位二进制数自动转换成 4 位 BCD 码，然后将源元件（4 位 BCD 码）从右起第 m_1 位开始向右数 m_2 位的数，传送到目的元件（4 位 BCD 码）的右起第 n 位开始向右数 m_2 位置上，最后自动将目的元件[D]中的 4 位 BCD 码转换成 16 位二进制数。

在图 5-27 中，m_1 为 4，m_2 为 2，n 为 3。当 X0 闭合时，每扫描一次该梯形图，就执行 SMOV 指令，先将 D1 中的 16 位二进制数自动转换成 4 位 BCD 码，并从 4 位 BCD 码右起第 4 位开始（m_1=4），向右数 2 位（m_2=2）的数传送到 D2 内 4 位 BCD 码的右起第 3 位（n=3）开始，向右数 2 位的位置上，最后自动将 D2 中的 BCD 码转换成二进制数。

在上述传送过程中，D2 中其他两位保持不变。

---

5. 取反传送指令

1）指令格式　FNC14　CML[S·][D·]。

☺ [S·]为源元件，[D·]为目的元件。

☺ 目的元件为 T、C、V、Z、D、KnY、KnM、KnS。

☺ 源元件有 T、C、V、Z、D、K、H、KnX、KnY、KnM、KnS。

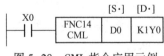

图 5-28　CML 指令应用示例

2）指令用法　CML 指令的功能是将源操作数按二进制的位逐位取反并传递到指定目的元件中。CML 指令应用示例如图 5-28 所示。

6. 块传递指令

1）指令格式　FNC15　BMOV[S·][D·]n。

☺ [S·]为源元件，[D·]为目的元件，n 为数据块个数。

☺ 源元件有 KnX、KnY、KnM、KnS、T、C、D、K、H。

☺ 目的元件有 KnY、KnM、KnS、T、C 和 D。

☺数据块个数为整数（K、H）。

2）指令用法　BMOV 指令的功能是将源元件中 n 个数据组成的数据块传送到指定的目的元件中去。如果元件号超出允许元件号的范围，数据仅传送到允许范围内。

【实例 5-13】 块传送 BMOV 指令应用示例如图 5-29 所示。

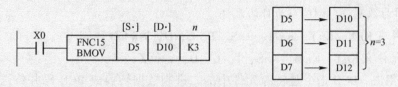

图 5-29　BMOV 指令应用示例

☺如果 X0 断开，则不执行 BMOV 指令。如果 X0 接通，则执行 BMOV 指令。
☺根据 K3 指定数据块个数为 3，将 D5~D7 中的内容传送到 D10~D12 中去。
☺传送后 D5~D7 中的内容不变，而 D10~D12 内容相应被 D5~D7 中的内容取代。
☺当源元件与目的元件的类型相同时，传送顺序自动决定。
☺如果源元件与目的元件的类型不同，只要位数相同，就可以正确传送。
☺如果源、目的元件号超出允许范围，则只对符合规定的数据进行传送。

7. 多点传送指令

1）指令格式　FNC16　FMOV [S·][D·]n。
☺[S·] 为源元件，[D·] 为目的元件，n 为目的元件个数。
☺指令中给出的是目的元件的首地址，常用于对某一段数据寄存器清零或置相同的初始值。
☺源元件可取除 V、Z 外的所有的数据类型，目的元件可取 KnY、KnM、KnS、T、C 或 D，$n \leqslant 512$。

2）指令用法　FMOV 指令是将源操作数中的数据传送到指定目的元件地址开始的 n 个元件中，这 n 个元件中的数据完全相同。FMOV 指令应用示例如图 5-30 所示。图中，当触点 X0 闭合时，数据 0 被传递到 D0~D9 中。

8. 数据交换指令

1）指令格式　FNC17　XCH [D₁·][D₂·]。
☺[D₁·]、[D₂·] 为两个目的元件。
☺目的元件可取 KnY、KnM、KnS、T、C、D、V 和 Z。

2）指令用法　XCH 指令是将数据在两个指定的目的元件之间进行交换，其应用示例如图 5-31 所示。图中，当 X0 为 ON 时，将 D1 和 D17 中的数据相互交换。

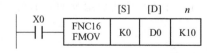

图 5-30　FMOV 指令应用示例

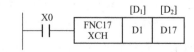

图 5-31　XCH 指令应用示例

9. BCD 指令

数据变换指令包括二进制数转换成 BCD 码并传送 BCD 码指令（BCD 指令），和 BCD 码转换为二进制数并传送二进制数指令（BIN 指令）。

1）指令格式 FNC18 BCD［S·］［D·］。

☺［S·］为源元件，［D·］为目的元件。

☺源元件有 KnX、KnY、KnM、KnS、T、C、D、V 和 Z。

☺目的元件有 KnY、KnM、KnS、T、C、D、V 和 Z。

2）指令用法 BCD 指令是将源元件中的二进制数据转换成 BCD 码并传送到目的元件中，其应用示例如图 5-32 所示。图中，当 X0 为 ON 时，将 D12 内的二进制数转换成 BCD 码并送到 Y0~Y7。BCD 指令将 PLC 内的二进制数变换成 BCD 码后，再译成七段码，就能输出驱动 LED 显示器。

10. BIN 指令

1）指令格式 FNC19 BIN［S·］［D·］。

☺［S·］为源元件，［D·］为目的元件。

☺源元件有 KnX、KnY、KnM、KnS、T、C、D、V 和 Z。

☺目的元件有 KnY、KnM、KnS、T、C、D、V 和 Z。

2）指令用法 BIN 指令将源元件中的 BCD 码转换成二进制数并送到指定的目的元件中，其应用示例如图 5-33 所示。图中，当 X0 为 ON 时，将 D12 内的 BCD 码转换成二进制数并送到 Y0~Y7。

图 5-32　BCD 指令应用示例　　　　　　图 5-33　BIN 指令应用示例

PLC 内的四则运算（+、−、×、÷）与增/减量等运算都用二进制数进行。

5.2.3　算术与逻辑运算指令

算数与逻辑运算指令是基本运算指令，通过算术及逻辑运算可实现数据的传送、变位及其他控制功能。

1. 加法指令

1）指令格式 FNC20 ADD［S$_1$·］［S$_2$·］［D·］。

☺［S$_1$·］、［S$_2$·］为两个作为加数的源元件，［D·］为存放相加结果的目的元件。

☺源操作数可取所有数据类型。

☺目的元件有 KnY、KnM、KnS、T、C、D、V 和 Z。

2）指令用法 ADD 指令将两个源操作数［S$_1$］、［S$_2$］相加，结果放到目的元件［D］中。

【实例 5-14】如图 5-34 所示，两个源数据进行二进制加法后传递到目的处，各数据的最高位是正（0）、负（1）的符号位，这些数据以代数形式进行加法运算，如 5+(-8)=-3。

ADD 指令有 4 个标志位，其中 M8020 为 0 标志位，M8021 为借位标志位，M8022 为进位标志位，M8023 为浮点标志位。

如果运算结果为 0，则零标志位 M8020 置 1；运算结果超过 32767（16 位运算）或 2147483647（32 位运算），则进位标志位 M8022 置 1；如果运算结果小于 -32767（16 位运算）或 -2147483647（32 位运算），则借位标志位 M8021 置 1。

在 32 位运算中，当用到字元件时，被指定的字元件是低 16 位元件，而下一个字元件默认为高 16 位元件。源和目的数据可以用相同的元件，若源和目的元件相同，而且采用连续执行的 ADD、DADD 指令时，加法的结果在每个扫描周期都会改变。如图 5-35 所示，操作的结果是 D0 内的数据加 1。

图 5-34　ADD 指令应用示例（一）　　　　图 5-35　ADD 指令应用示例（二）

2. 减法指令

1）指令格式　FNC21　SUB　[S₁·] [S₂·] [D·]。

☺ [S₁·]、[S₂·]分别为被减数和减数的源元件，[D·]为存放差的目的元件。
☺ 源操作数可取所有数据类型。
☺ 目的元件有 KnY、KnM、KnS、T、C、D、V 和 Z。

2）指令用法　SUB 指令的功能是将指定的两个源元件中的有符号数进行二进制代数减法运算，然后将相减的结果（差）送入指定的目的元件中。SUB 指令应用示例如图 5-36 所示，触点 X0 闭合后，执行 D10-D12=D14。

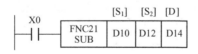

图 5-36　SUB 指令应用示例

减法指令的标志位、32 位运算元件指定方法与加法指令的相同，在此不再赘述。

3. 乘法指令

1）指令格式　FNC22　MUL　[S₁·][S₂·][D·]。

☺ [S₁·]、[S₂·]分别为被乘数和乘数的源元件，[D·]为存放积的目的元件首地址。
☺ 源操作数可取所有数据类型。
☺ 目的元件有 KnY、KnM、KnS、T、C、D、V 和 Z。

2）指令用法　MUL 指令的功能是将指定的 [S₁·]、[S₂·] 两个源元件中的数进行二进制代数乘法运算，然后将相乘结果（积）送入指定的目的元件中。

【实例 5-15】 MUL 指令应用示例如图 5-37 和图 5-38 所示。

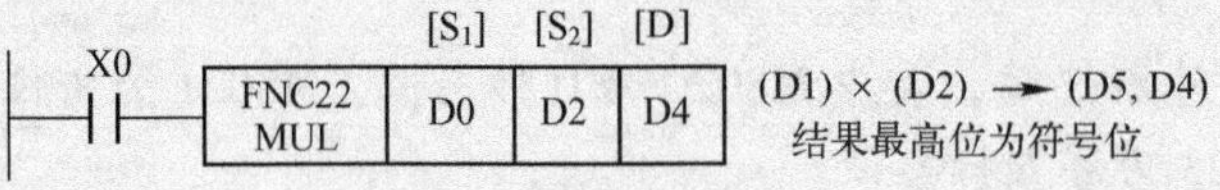

图 5-37　MUL 指令应用示例（一）

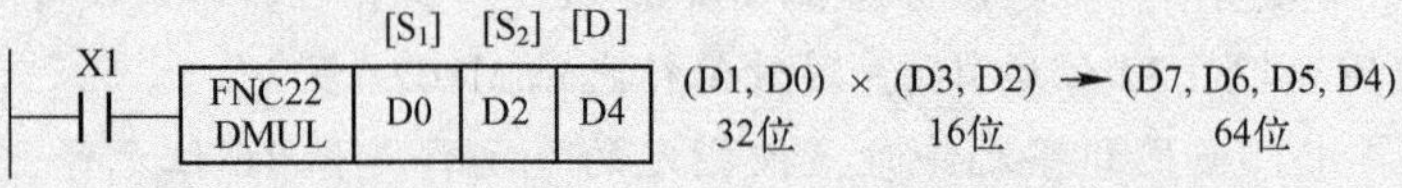

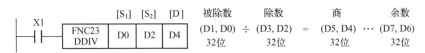

图 5-38　MUL 指令应用示例（二）

在 32 位乘法运算中，若目的元件使用位元件，只能得到低 32 位的结果，不能得到高 32 位的结果。这时应先向字元件传送一次，然后再进行计算。利用字元件作为目的元件时，不可能同时监视 64 位数据内容，只能通过监控运算结果的高 32 位和低 32 位，并利用下式计算 64 位数据内容。这种情况下，建议最好采用浮点运算。

$$64 位结果 = （高 32 位数据）\times 232 + 低 32 位数据$$

---

4. 除法指令

1）指令格式　FNC23　DIV　$[S_1 \cdot][S_2 \cdot][D \cdot]$。

☺ $[S_1 \cdot]$、$[S_2 \cdot]$分别为被除数和除数的源元件，$[D \cdot]$为商和余数的目的元件首个地址。

☺ 源操作数可取所有数据类型。

☺ 目的元件有 KnY、KnM、KnS、T、C、D、V 和 Z。

2）指令用法　DIV 指令的功能是将指定的两个源元件中的数进行二进制有符号除法运算，然后将相除的商和余数送入指定的目的元件中。DIV 指令应用示例如图 5-39 和图 5-40 所示。

图 5-39　DIV 指令应用示例（一）

图 5-40　DIV 指令应用示例（二）

---

5. 加 1 指令、减 1 指令

1）指令格式　加 1 指令 FNC24　INC$[D \cdot]$；减 1 指令 FNC25　DEC$[D \cdot]$。

☺ $[D \cdot]$是要加 1（或要减 1）的目的元件。

☺ 目的元件有 KnY、KnM、KnS、T、C、D、V 和 Z。

2) 指令用法　INC 指令的功能是将指定的目的元件的内容增加 1，DEC 指令的功能是将指定的目的元件的内容减 1。

【**实例 5-16**】 INC 指令和 DEC 指令应用示例如图 5-41 所示。

进行 16 位运算时，如果 +32767 加 1 变成 -32767，标志位不置位；进行 32 位运算时，如果 +2147483647 加 1 变成 -2147483647，标志位不置位。进行 16 位运算时，如果 -32767 再减 1，其值变为 +32767，标志位不置位；进行 32 位运算时，如果 -2147483647 再减 1，其值变为 +2147483647，标志位不置位。

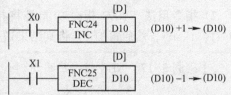

图 5-41　INC 指令和 DEC 指令应用示例

在连续执行指令中，每个扫描周期都将执行运算，这一点必须加以注意。所以一般采用输入信号的上升沿触发运算一次。

6. 逻辑与、或和异或指令

1) 指令格式　逻辑"与"指令 FNC26　WAND[$S_1 \cdot$][$S_2 \cdot$][D·]；逻辑"或"指令 FNC27　WOR[$S_1 \cdot$][$S_2 \cdot$][D·]；逻辑"异或"指令 FNC28　WXOR[$S_1 \cdot$][$S_2 \cdot$][D·]。

☺ [$S_1 \cdot$][$S_2 \cdot$] 为两个源元件。

☺ [D·] 为存放运算结果的目的元件。

2) 指令用法　WAND 指令功能是将指定的两个源元件 [$S_1 \cdot$] 和 [$S_2 \cdot$] 中的数进行二进制按位"与"，然后将相"与"的结果送入指定的目的元件中。WAND 指令应用示例如图 5-42 所示，存放在源元件（D10）和（D12）中的两个二进制数据，以位为单位作逻辑"与"运算，结果存放到目的元件（D14）中。

WOR 指令功能是将指定的两个源元件[S1·]和[S2·]中的数，进行二进制按位"或"，然后将相"或"的结果送入指定的目的元件中。其指令应用示例如图 5-43 所示，存放在源元件（D10）和（D12）中的两个二进制数据，以位为单位作逻辑"或"运算，结果存放到目的元件（D14）中。

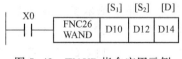

图 5-42　WAND 指令应用示例

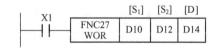

图 5-43　WOR 指令应用示例

WXOR 指令功能是将指定的两个源元件[S1·] 和 [S2·] 中的数进行二进制按位"异或"，然后将相"异或"的结果送入指定的目的元件中。WXOR 指令应用示例如图 5-44 所示，存放在源元件（D10）和（D12）中的两个二进制数据，以位为单位作逻辑"异或"运算，结果存放到目的元件（D14）中。

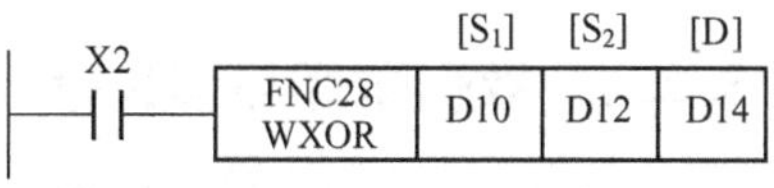

图 5-44　WXOR 指令应用示例

7. 求补指令

1）指令格式　FNC29　NEG［D·］。

☺［D·］为存放求补结果的目的元件。

☺目的元件有 KnY、KnM、KnS、T、C、D、V 和 Z。

2）指令用法　NEG 指令功能是将指定的目的元件［D·］的内容中的各位先取反（0→1，1→0），然后再加 1，将其结果送入原先的目的元件中。

【实例 5-17】NEG 指令应用示例如图 5-45 所示。

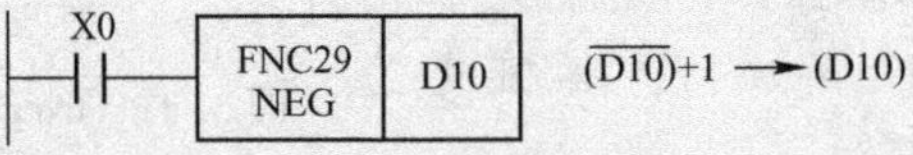

```
  X0       FNC29
──┤├──    ───── D10      (D10)+1 ──→ (D10)
          NEG
```

图 5-45　NEG 指令应用示例

☺如果 X0 断开，则不执行这条 NEG 指令。

☺如果 X0 接通，则执行求补运算，即将 D10 中的二进制数进行"连同符号位求反加 1"，再将结果送入 D10 中。

☺求补指令示意图如图 5-46 所示。假设 D10 中的数为十六进制的 000C，执行这条求补指令时，就要对它进行"连同符号位求反加 1"，求补结果为 HFFF4，再将其存入 D10 中。

☺求补指令可以用 32 位操作方式，也可以用脉冲操作方式。

☺求补指令的 32 位脉冲操作格式为 DNEGP［D·］。同样，［D·］为目的元件首地址。

☺求补指令一般使用脉冲执行方式，否则每个扫描周期都将执行一次求补操作。

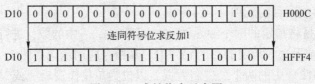

图 5-46　求补指令示意图

【注意】求补与求补码是不同的。求补码的规则是"符号位不变，数值位求反加 1"，对 H000C 求补码结果将是 H7FF4，二者的结果不一样。求补指令是绝对值不变的变号运算，求补前 H000C 的真值是十进制的 +12，而求补后 HFFF4 的真值是十进制的 −12。

5.2.4　数据循环与移位指令

FX2N 系列 PLC 循环与移位指令是使位数据或字数据向指定方向循环、移位的指令。

1. 左/右循环指令

1）指令格式　循环右移指令 FNC30　ROR［D·］n；循环左移指令 FNC31　ROL［D·］n。

☺［D·］为要移位的目的元件，n 为每次移动的位数。

☺ 目的元件有 KnY、KnM、KnS、T、C、D、V 和 Z。移动位数 n 为 K 和 H 指定的整数。

2）指令用法　ROR 指令的功能是将指定的目的元件中的二进制数按照指令中 n 规定的移动的位数由高位向低位移动，最后移出的那一位将进入进位标志位 M8022。ROR 指令应用示例如图 5-47 所示。

执行一次 ROR 指令，n 位的状态量向右移一次，最右端的 n 位状态循环移位到最左端 n 位处，特殊辅助继电器 M8022 表示最右端的 n 位中向右移出的最后一位的状态。

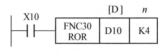

图 5-47　ROR 指令应用示例

假设 D10 中的数据为 HFF00，执行这条 ROR 指令的示意图如图 5-48 所示。由于指令中 K4 指示每次循环右移 4 位，最低 4 位被移出，并循环回补进入高 4 位中。所以循环右移 4 位 D10 中的内容将变为 H0FF0。最后移出的是第 3 位的 0，它除了回补进入最高位，也进入进位标志位 M8022 中。

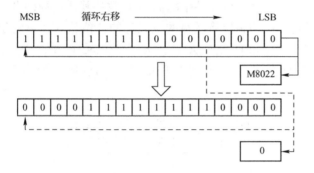

图 5-48　ROR 指令示意图

ROL 指令功能是将指定的目的元件中的二进制数按照指令规定的每次移动的位数由低位向高位移动，最后移出的那一位将进入进位标志位 M8022。ROL 指令应用示例如图 5-49 所示。ROL 指令的执行类似于 ROR，只是移位方向相反。

图 5-49　ROL 指令应用示例

2. 带进位的左/右循环指令

1）指令格式　带进位的循环右移指令 FNC32　RCR[D·]n；带进位的循环左移指令 FNC33　RCL[D·]n。

☺ [D·]为要移位的目的元件；n 为每次移动的位数。

☺ 目的元件有 KnY、KnM、KnS、T、C、D、V 和 Z。

☺ 移动位数 n 为 K 和 H 指定的整数。

2）指令用法　RCR 指令功能是将指定的目的元件中的二进制数按照指令规定的每次移动的位数由高位向低位移动，最低位移动到进位标志位 M8022 中，M8022 中的内容则移动到最高位。

RCL 指令功能是将指定的目的元件中的二进制数按照指令规定的每次移动的位数由低位向高位移动，最高位移动到进位标志位 M8022 中，M8022 中的内容则移动到最低位。

这两条指令的执行基本上与 ROL 指令和 ROR 指令相同，只是在执行 RCL 指令、RCR

指令时，标志位 M8022 不再表示向左或向右移出的最后一位的状态，而是作为循环移位单元中的一位处理。

3. 位元件右/左移指令

1) 指令格式　位元件右移指令 FNC34　$SFTR[S\cdot][D\cdot]n_1 n_2$；位元件左移指令 FNC35　$SFTL[S\cdot][D\cdot]n_1 n_2$。

☺ $[S\cdot]$ 为移位的源位元件首地址；$[D\cdot]$ 为移位的目的位元件首地址。

☺ n_1 为目的位元件个数；n_2 为源位元件移位个数。

☺ 源元件有 Y、X、M、S，目的元件有 Y、M、S。

☺ n_1 和 n_2 为整数 K 和 H。

2) 指令用法　SFTR 指令是指源位元件的低位将从目的位元件的高位移入，目的位元件向右移 n_2 位，源位元件中的数据保持不变。SFTR 指令执行后，n_2 个源位元件中的数被传送到了目的位元件高 n_2 位中，目的位元件中的低 n_2 位数从其低位端移出。

SFTL 指令是指源位元件的高位将从目的位元件的低位移入，目的位元件向左移 n_2 位，源位元件中的数据保持不变。SFTL 指令执行后，n_2 个源位元件中的数被传送到了目的位元件低 n_2 位中，目的位元件中的高 n_2 位数从其高位端移出。两条指令的应用示例如图 5-50 和图 5-51 所示。

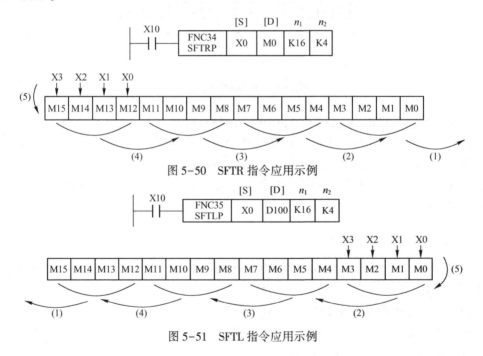

图 5-50　SFTR 指令应用示例

图 5-51　SFTL 指令应用示例

对于图 5-50，当 X10 接通时，将执行位元件的右移操作，即源位元件中的 4 位数据 X3～X0 将被传送到目的位元件中的 M15～M12。目的位元件中的 16 位数据 M15～M0 将右移 4 位，M3～M0 等 4 位数据从目的位元件低位端移出，所以 M3～M0 中原来的数据将丢失，但源位元件中 X3～X0 的数据保持不变。图 5-51 所示的 SFTL 指令与 SFTR 指令类似，由读者自行分析，在此不再赘述。

4. 字元件右/左移指令

1）指令格式　字右移指令 FNC36　WSFR $[S\cdot][D\cdot]\,n_1\,n_2$；字左移指令 FNC37 WSFL $[S\cdot][D\cdot]\,n_1\,n_2$。

☺ $[S\cdot]$ 为移位的源字元件首地址；$[D\cdot]$ 为移位的目的字元件首地址。

☺ n_1 为目的字元件个数；n_2 为源字元件移位个数。

☺ 源字元件有 KnX、KnY、KnM、KnS、T、C 和 D。

☺ 目的字元件有 KnY、KnM、KnS、T、C 和 D。

☺ n_1、n_2 为整数 K、H。

2）指令用法　WSFR 指令和 WSFL 指令以字为单位，其工作过程与位元件移位相似，是将 n_1 个字右移或左移 n_2 个字。WSFR 指令和 WSFL 指令的应用示例如图 5-52 和图 5-53 所示。

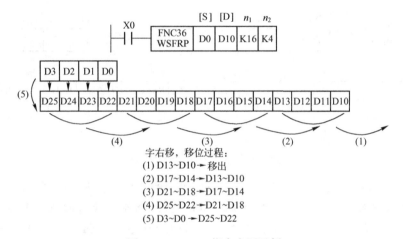

图 5-52　WSFR 指令应用示例

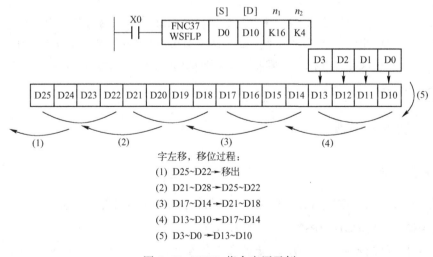

图 5-53　WSFL 指令应用示例

5. 移位寄存器写入与读出指令

移位寄存器又称先入先出（First in First out，FIFO）堆栈，堆栈的长度范围为 2~512 个字。移位寄存器写入与读出包括两条指令。

1）指令格式　写入指令 FNC38　SFWR [S·][D·] n；读出指令 FNC39　SFRD[S·][D·] n。

☺[S·]为源元件，[D·]为目的元件，n 为堆栈长度。

☺源元件有 KnX、KnY、KnM、KnS、T、C 和 D。

☺目的元件有 KnY、KnM、KnS、T、C 和 D。

当移位寄存器写入与读出指令用于 FIFO 堆栈的读/写操作时，先写入的数据先读出。

2）指令用法

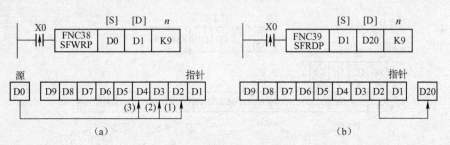

【实例 5-18】 FIFO 指令应用示例如图 5-54 所示。

图 5-54　FIFO 指令应用示例

在图 5-54（a）中，目的元件 D1 是 FIFO 堆栈的首地址，也是堆栈的指针，移位寄存器未装入数据时应将 D1 清 0。当 X0 由 OFF 变为 ON 时，指针的值加 1 后写入数据。第一次写入时，源元件 D0 中的数据写入 D2。如果 X0 再次由 OFF 变为 ON，D1 中的数变为 2，D0 中的数据写入 D3。依此类推，源元件 D0 中的数据依次写入堆栈。当 D1 中的数据等于 n-1（n 为堆栈长度）时，不再执行上述操作，进位标志位 M8022 置 1。

在图 5-54（b）中，当 X0 由 OFF 变为 ON 时，D2 中的数据送到 D20，同时指针 D1 的值减 1，D3~D9 中的数据依次右移。数据总是从 D2 中读出，当指针 D1 为 0 时，FIFO 堆栈被读空，不再执行上述操作，零标志位 M8020 为 ON。执行本指令的过程中，D9 中的数据保持不变。

5.2.5　数据处理指令

1. 区间复位指令

区间复位指令（ZRST）将 $D_1 \sim D_2$ 指定的元件号范围内的同类元件成批复位。

1）指令格式　FNC40　ZRST [D_1·][D_2·]。

☺[D_1·]为起始元件号，[D_2·]为结束元件号。

☺如果 D_1 的元件号大于 D_2 的元件号，则只有 D_1 指定的元件被复位。

☺单个位元件和字元件也可以用 ZRST 指令复位。

2）指令用法

【实例 5-19】ZRST 指令应用示例如图 5-55 所示。当 M8002 为 ON 时,执行 ZRST 指令。

图中,位元件 M500～M599 成批复位,字元件 C235～C255 成批复位,状态元件 S0～S127 成批复位。

虽然 ZRST 指令是 16 位指令,D₁ 和 D₂ 也可以指定 32 位计数器。

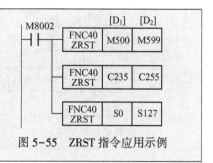

图 5-55　ZRST 指令应用示例

2. 解码指令与编码指令

1）指令格式　解码指令 FNC41　DECO[S·][D·]n;编码指令 FNC42　ENCO[S·][D·]n。

☺ [S·]为源元件,[D·]为目的元件,n 为目的元件个数。

☺ 解码指令 DECO 的位源元件有 X、Y、M 和 S,位目的元件有 Y、M 和 S。字源元件有 K、H、T、C、D、V 和 Z,字目的元件有 T、C 和 D,n＝1～8,只有 16 位运算。

☺ 编码指令 ENCO 只有 16 位运算。

2）指令用法

【实例 5-20】DECO 指令与 ENCO 指令应用示例如图 5-56 所示。

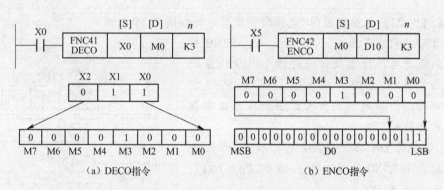

（a）DECO 指令　　　　　　　（b）ENCO 指令

图 5-56　DECO 指令与 ENCO 指令应用示例

在图 5-56（a）中,X2～X0 组成的 3 位（n＝3）二进制数为 011,相当于十进制数 3,由目的元件 M7～M0 组成的 8 位二进制数的第 3 位（M0 为第 0 位）M3 被置 1,其余各位为 0。如果源数据全为零,则 M0 置 1。

在图 5-56（b）中,n＝3,ENCO 指令将源元件 M7～M0 中为"1"的 M3 的位数 3 编码为二进制数 011,并送到目的元件 D10 的低 3 位。

3. 求置 ON 位总和与 ON 位判别指令

位元件的值为 1 时称之为 ON,求置 ON 位总和指令（SUM）统计源操作数中为 ON 的位的个数,并将它送入目的元件。

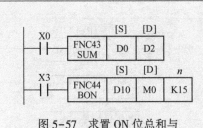

图 5-57　求置 ON 位总和与
ON 位判别指令应用示例

【实例 5-21】 求置 ON 位总和与 ON 位判别指令应用示例如图 5-57 所示。

☺ 当 X0 为 ON 时，将 D0 中置 1 的总和存入目的元件 D2 中，若 D0 为 0，则零标志位 M8020 动作。

☺ 当 X3 为 ON 时，判别 D10 中第 15 位，若为 1，则 M0 为 ON，反之为 OFF。

☺ 当 X0 变为 OFF 时，M0 状态不变化。

4. 平均值指令

平均值指令 MEAN 是将［S］中指定的 n 个源操作数的平均值存入目的元件中，舍去余数，其应用示例如图 5-58 所示。

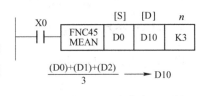

$$\frac{(D0)+(D1)+(D2)}{3} \longrightarrow D10$$

图 5-58　MEAN 指令应用示例

在图 5-58 中，当 X0 闭合时，进行平均值计算。当 n 超出元件规定地址号范围时，n 值自动减小。当 n 在 1~64 范围外时，会发生错误。

5. 报警器置位/复位指令

报警器置位指令 ANS 的源元件为 T0~T199，目的元件为 S900~S999，$n = 1~32767$（定时器以 100ms 为单位设定）。报警器复位指令（ANR）无操作数。

【实例 5-22】 报警器置位/复位指令应用示例如图 5-59 所示。

☺ M8000 的常开触点一直接通，使 M8049 的线圈通电，特殊数据寄存器 D8049 的监视功能有效，D8049 用于存放 S900~S999 中处于活动状态且元件号最小的状态继电器的元件号。

☺ Y0 变为 ON 后，100ms 定时器 T0 开始定时，如果 X0 在 10s 内未动作（$n = 100$），S900 变为 ON。

☺ X3 为 ON 后，100ms 定时器 T1 开始定时，如果在 20s 内 X4 未动作，S901 将会动作。

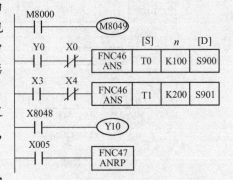

图 5-59　报警器置位/复位指令应用示例

☺ 故障复位按钮 X5 和 ANR 指令将用于故障诊断的状态继电器复位。

5.2.6　高速处理指令

高速处理指令可以按最新的 I/O 信息进行程序控制，并能有效利用数据高速处理能力进行中断处理。

1. I/O 刷新指令

I/O 刷新指令（REF）可用于对指定的 I/O 端口立即刷新，其应用示例如图 5-60 所示。图中：当 X0 为 ON 时，X10~X17 这 8 个输入端口（$n = 8$）被立即刷新；当 X1 为 ON 时，

Y0~Y27 共 24 个输出端口 （$n=24$）被立即刷新。

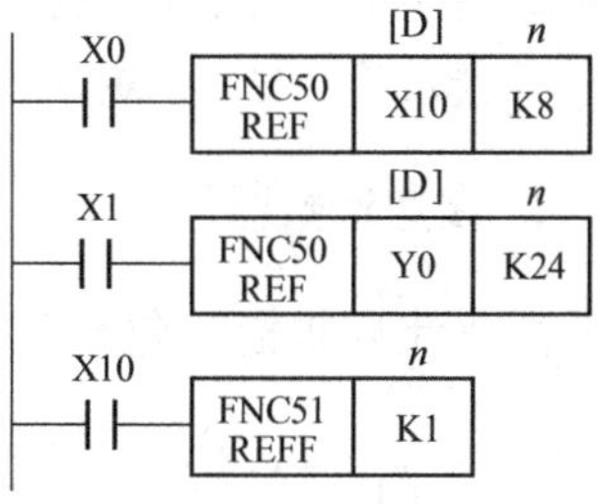

2. 刷新和滤波时间常数调整指令

刷新和滤波时间常数调整指令 （REFF）用于刷新输入端口 X0~X17，并指定它们的输入滤波时间常数 n。在图 5-60 中，当 X10 为 ON 时，X0~X17 的输入映像寄存器被刷新，它们的输入滤波时间常数被设定为 1ms （$n=1$）。

图 5-60　REF 指令和 REFF 指令应用示例

3. 矩阵输入指令

矩阵输入指令 （MTR）可以将 8 个输入与 n 个输出构成 8 行 n 列的输入矩阵，从输入端快速、批量接收数据。矩阵输入占用由 ［S］指定的输入号开始的 8 个输入点，并占用由 ［D_1］指定的输出号开始的 n 个晶体管输出点。MTR 指令应用示例如图 5-61 所示。

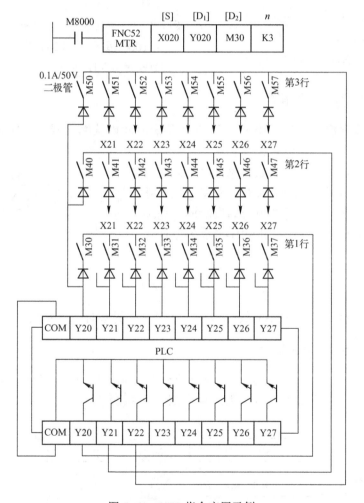

图 5-61　MTR 指令应用示例

☺ $n=3$，说明是一个有 8 个输入、3 个输出的可以存储 24 点输入的矩阵电路。3 个输出点 Y20~Y22 依次反复顺序接通。

☺ 当 Y20 为 ON 时，读入第 1 行输入的状态，并将其存于 M30~M37 中；当 Y21 为 ON 时，读入第 2 行输入的状态，并将其存于 M40~M47 中；其余依此类推，如此反复执行。

4. 高速计数器指令

高速计数器指令包括高速计数器比较置位指令（HSCS）、高速计数器比较复位指令（HSCR）和高速计数器区间比较指令（HSZ），它们均为 32 位指令。其应用示例如图 5-62 所示。

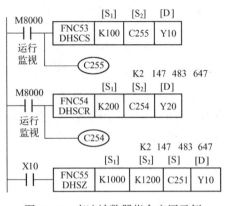

图 5-62　高速计数器指令应用示例

☺ C255 的设定值为 100（S_1 = 100），其当前值由 99 或 101 变为 100 时，Y10 立即置 1，不受扫描时间的影响。

☺ C254 的设定值为 200（S_1 = 200），其当前值由 199 或 201 变为 200 时，Y20 立即复位。

☺ C251 的当前值小于 1000 时，Y10 置 1；大于 1000 且小于 1200 时，Y11 置 1；大于 1200 时，Y12 置 1。

5. 脉冲密度/速度检测指令

脉冲密度/速度检测指令（SPD）用于检测给定时间内从编码器输入的脉冲个数，并计算出速度，其应用示例如图 5-63 所示。

用 D1 对 X0 输入的脉冲个数计数，100ms 后计数结果送到 D0，D1 中的当前值复位，重新开始对脉冲计数。计数结束后，D2 用来测量剩余时间。如果将旋转编码器接至轴侧，则利用 SPD 指令可以计算出转速 n 为

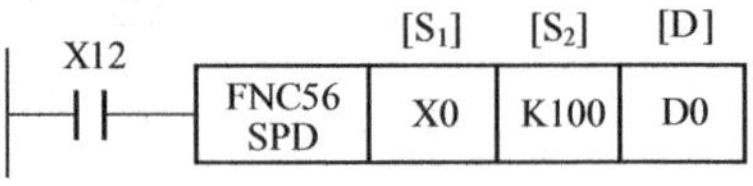

图 5-63　SPD 指令应用示例

$$n = \frac{60 \times (D0)}{n_0 t} \times 10^3$$

式中：n 为转速；（D0）为 D0 中的数；t 为 $[S_2]$ 指定的计数时间（ms）；n_0 为每转的脉冲数。

6. 脉冲输出与脉宽调制指令

脉冲输出指令（PLSY）用于产生指定数量和频率的脉冲，脉宽调制指令（PWM）用于产生指定脉冲宽度和周期的脉冲串。其应用示例如图 5-64 所示。

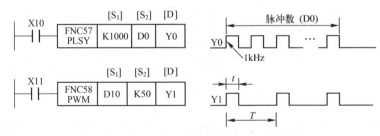

图 5-64　PLSY 指令与 PWM 指令应用示例

☺ 当 X10 为 OFF 时，M8029 复位，脉冲输出停止。

☺ 当 X10 为 ON 时，开始输出脉冲，脉冲频率为 1000，脉冲数为 D0。在输出脉冲期间，若 X10 变为 OFF，Y0 也变为 OFF。

☺ 当 X11 为 OFF 时，脉冲输出停止。

☺ 当 X11 为 ON 时，Y1 输出脉冲。周期为 50，若 D10 的值在 0~50 之间变化，Y1 输出的脉冲的占空比在 0~1 之间变化。

7. 可调速脉冲输出指令

可调速脉冲输出指令（PLSR）的源元件和目的元件的类型与 PLSY 指令的相同，只能用于晶体管输出型 PLC 的 Y0 或 Y1，该指令只能使用一次。

5.2.7　方便类指令

设置方便类指令是为了利用最简单的顺控程序来实现复杂的控制。

1. 状态初始化指令

状态初始化指令（IST）与步进梯形指令（STL）一起使用，用于自动设置多种工作方式的控制系统的初始状态，以及设置有关的特殊辅助继电器的状态。

2. 凸轮顺控指令

凸轮顺控指令包含两条指令，即绝对值式凸轮顺控指令（ABSD）和增量式凸轮顺控指令（INCD）。

ABSD 指令可以产生一组对应于计数值变化的输出波形，用于控制最多 64 个输出变量（Y、M 和 S）的 ON/OFF。

【实例 5-23】ABSD 指令应用示例如图 5-65 所示。

☺ X0 为凸轮执行条件。

☺ 凸轮平台旋转一周，每度产生一个脉冲，从 X1 输入。

☺ 有 4 个输出点（$n=4$），用 M0~M3 来控制。

☺ 从 D300 开始的 8 个（$2n=8$）数据寄存器用于存放 M0~M3 的开通点和关断点的位置值。

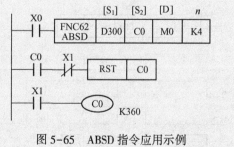

图 5-65　ABSD 指令应用示例

INCD 指令根据计数器对位置脉冲的计数值，实现对最多 64 个输出变量的循环顺序控制，使它们依次为 ON，并且同时只有一个输出变量为 ON。它可用于产生一组对应于计数值变化的输出波形。

【实例 5-24】 INCD 指令应用示例如图 5-66 所示。

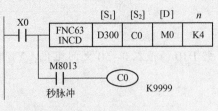

图 5-66   INCD 指令应用示例

☺ 4 个输出点（$n=4$）用 M0~M3 来控制。

☺ 从 D300 开始的 4 个（$n=4$）数据寄存器用于存放使 M0~M3 处于 ON 状态的脉冲个数，可以用 MOV 指令将它们写入 D300~D303。

☺ C0 的当前值依次达到 D300~D303 中的设定值时自动复位，然后又开始重新计数，M0~M3 按 C1 的值依次动作。

☺ 由 n 指定的最后一过程完成后，标志位 M8029 置 1，以后又重复上述过程。

3. 定时器指令

定时器指令包括两条指令，即示教定时器指令（TTMR）和特殊定时器指令（STMR）。TTMR 指令可以通过按钮按下的时间调整定时器的设定值。

【实例 5-25】 TTMR 指令应用示例如图 5-67 所示。

☺ 示教定时器将按下按钮 X10 的时间乘以系数 10^n 后作为定时器的预置值。

☺ 按下按钮的时间由 D301 记录，该时间乘以 10^n 后存入 D300。

☺ 当 X10 为 OFF 时，D301 复位，D300 保持不变。

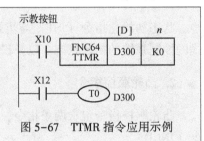

图 5-67   TTMR 指令应用示例

STMR 指令用于产生延时断开定时器、单脉冲定时器和闪动定时器。n 用于指定定时器设定值。

【实例 5-26】 STMR 指令应用示例如图 5-68 所示。

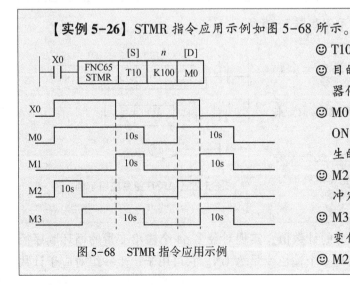

图 5-68   STMR 指令应用示例

☺ T10 的设定值为 10s（$n=100$）。

☺ 目的元件中指定起始号为 M0 的 4 个器件作为特殊定时器。

☺ M0 是延时断开定时器，M1 是 X0 由 ON 变为 OFF 后的单脉冲定时器，产生的脉宽为 10s。

☺ M2 是 X0 由 OFF 变为 ON 后的单脉冲定时器，产生的脉宽也为 10s。

☺ M3 为滞后输入信号 10s 向相反方向变化的脉冲定时器。

☺ M2 和 M3 是为闪动而设置的。

4. 交替输出指令

交替输出指令（ALT）在每次执行条件由 OFF 变为 ON 时，目的元件中的输出状态向相反方向变化。

5. 斜坡信号输出指令

斜坡信号输出指令（RAMP）可以产生不同斜率的斜坡信号。

6. 旋转工作台控制指令

旋转工作台控制指令（ROTC）可以使工作台上指定位置的工件以最短的路径转到出口位置。

7. 数据排序指令

数据排序指令（SORT）将数据编号，按指定的内容重新排列。该指令只能用一次。

5.2.8　外部设备 I/O 应用指令

外部设备 I/O 应用指令具有与上述方便类指令近似的性质，通过最小量的程序及外部接线实现从外部设备接收数据或输出控制外部设备。

1. 十键输入指令

十键输入指令（TKY）是用 10 个按键输入十进制数的应用指令。

【**实例 5-27**】TKY 指令应用示例。

图 5-69 所示为十键输入梯形图程序，以及与本梯形图配合的输入按键与 PLC 的连接情况，其功能为由接在 X0~X11 端口上的 10 个按键输入 4 位十进制数据，并将其存入数据寄存器 D0 中。

按键输入动作时序如图 5-70 所示。

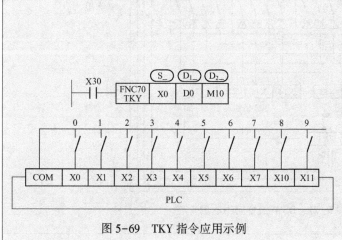

图 5-69　TKY 指令应用示例

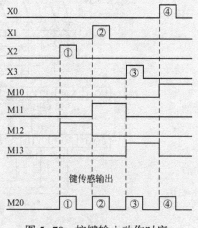

图 5-70　按键输入动作时序

若按键的顺序为①、②、③、④时，则 D0 中存储的数据为用二进制码表示的十进制数 2130。若输入的数据大于 9999，则高位溢出并丢失。

图 5-70 中给出了与 X0～X11 一一对应的辅助继电器 M10～M19，以及辅助继电器 M20 的动作情况，具体过程如下所述。

☺ 当 X2 被按下后，M12 置 1 并保持至 X1 被按下；X1 被按下后，M11 置 1 并保持到 X3 被按下；X3 被按下后，M13 置 1 并保持到 X0 被按下；X0 被按下后，M10 置 1 并保持到下一键被按下。

☺ M20 为键输入脉冲，可用于记录键被按下的次数。当有两个或多个键被按下时，先按下的键有效。

☺ 当 X30 变为 OFF 时，D0 中的数据保持不变，但 M10～M19 全部变为 OFF。

2. 十六键输入指令

十六键输入指令（HKY）是使用 16 键键盘输入数字及功能信号的应用指令。

3. 数字开关指令

数字开关指令（DSW）是输入 BCD 码开关数据的专用指令，用于读入 1 组或 2 组 4 位数字开关的设置值，其应用示例如图 5-71 所示。

【实例 5-28】 DSW 指令应用示例。

图 5-71 所示为数字开关梯形图程序以及与本梯形图配合的数字开关与 PLC 的连接情况。其时序图如图 5-72 所示，具体动作过程如下所述。

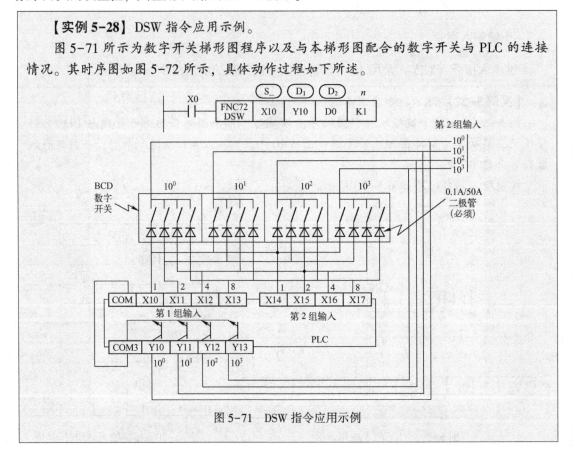

图 5-71　DSW 指令应用示例

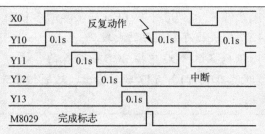

图 5-72　DSW 指令应用示例时序图

☺ 每组开关由 4 个 BCD 数字开关组成，第 1 组 BCD 数字开关接到 X10 ~ X13，由 Y10 ~ Y13 顺次选通读入，数据以 BIN 码形式存储在 D0 中。

☺ 若 n = 2，则表示有两组 BCD 码数字开关，第 2 组数字开关接到 X14 ~ X17 上，由 Y10 ~ Y13 顺次选通读入，数据以 BIN 码形式存储在 D1 中。

☺ 当 X0 为 ON 时，Y10 ~ Y13 依次为 ON，一个周期完成后标志位 M8029 置 1。

☺ DSW 指令在操作中被中止后，若重新开始工作，是从头开始的而不是从中止处开始的。

☺ 在同一个程序中，DSW 指令最多只能使用两次。

4. 七段码译码指令

七段码译码指令（SEGD）是驱动七段显示器的指令，可以显示 1 位十六进制数。

5. 带锁存七段码显示指令

带锁存七段码显示指令（SEGL）是驱动 4 位组成的 1 组或 2 组带锁存七段码显示器的指令。

【实例 5-29】SEGL 指令应用示例。

图 5-73 所示为带锁存七段码显示梯形图程序示例，以及带锁存七段码显示器与 PLC 的连接情况。

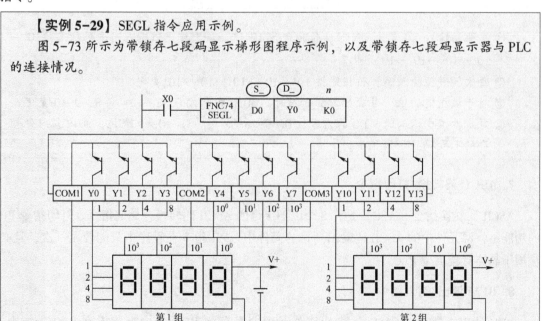

图 5-73　SEGL 指令应用示例

☺ 4 位 1 组带锁存七段码显示，D0 中按 BCD 码换算的各位向 Y0~Y3 顺序输出，选通信号脉冲 Y4~Y7 依次锁存带锁存的七段码。

☺ 4 位 2 组带锁存七段码显示，D0 中按 BCD 码换算的各位向 Y0~Y3 顺序输出，D1 中按 BCD 码换算的各位向 Y10~Y13 顺序输出，选通信号脉冲 Y4~Y7 依次锁存 2 组带锁存的七段码。

6. 方向开关指令

方向开关指令（ARWS）用于方向开关的输入和显示。

【实例 5-30】ARWS 指令应用示例。

图 5-74 所示为方向开关梯形图程序，以及与本梯形图配合的带锁存七段码显示器与 PLC 的连接和箭头开关确定的情况。在每位的选通输出上并联一个指示灯，用于指示当前被选中的位。

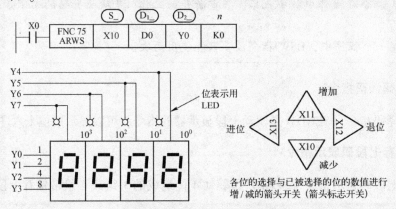

图 5-74   ARWS 指令应用示例

☺ 当驱动输入 X0 置为 ON 时，位指定为 10^3 位，每次按退位输入时，位指定按 $10^3 \rightarrow 10^2 \rightarrow 10^1 \rightarrow 10^0 \rightarrow 10^3$ 变化。

☺ 每次按进位输入时，位指定按 $10^3 \rightarrow 10^0 \rightarrow 10^1 \rightarrow 10^2 \rightarrow 10^3$ 变化。

☺ 对于被指定的位，每次按增加输入时，D0 的内容按 $0 \rightarrow 1 \rightarrow \cdots\cdots \rightarrow 8 \rightarrow 9 \rightarrow 0$ 变化。

☺ 每次按减少输入时，D0 的内容按 $0 \rightarrow 9 \rightarrow 8 \rightarrow \cdots\cdots \rightarrow 1 \rightarrow 0 \rightarrow 9$ 变化，其内容用带锁存的七段码显示器显示。

7. ASCII 码转换/打印指令

ASCII 码转换指令（ASC）是将 8 个以下字母的 ASCII 码转换存储的指令。打印指令 PR 的功能是将源元件中的 ASCII 码输出到目的元件中。PR 指令在程序中只能使用一次，且必须用于晶体管输出型 PLC。

8. BFM 读出/写入指令

BFM 读出指令（FROM）是将特殊单元缓冲寄存器 BFM 的内容读出到 PLC 的指令，BFM 写入指令（TO）是由 PLC 向特殊单元缓冲寄存器 BFM 写入数据的指令。

5.3　其他应用指令

【外围设备 SER 应用指令】 主要是对连接串联接口的特殊附件进行控制的指令。此外，PID 运算指令也包括在该类指令中。

【串行通信传送指令】 串行通信传送指令（RS）为使用 RS-232C、RS-485 功能扩展板及特殊适配器发送、接收串行数据的指令。

【八进制位传送指令】 八进制位传送指令（PRUN）是根据位指定的源元件与目的元件，以八进制数处理和传送数据。

【ASCII 与 HEX 变换指令】 包括 HEX→ASCII 变换与 ASCII→HEX 变换两条指令。HEX→ASCII 变换指令（ASCI）将源元件中的十六进制数据的各位转换成 ASCII 码向目的元件传送。

【电位器读出指令】 电位器读出指令（VRRD）将源元件指定的模拟电位器的模拟值转换为 8 位 BIN 数据传送到目的元件中。

【PID 运算指令】 用于闭环模拟量控制。在使用它之前，应该使用 MOV 指令设定有关参数。

【PLC 浮点运算应用指令】 能实现浮点数的转换、比较、四则运算、开方运算、三角函数等功能，浮点运算应用指令大都为 32 位指令。

【二进制浮点比较指令】 二进制浮点比较指令（ECMP）比较源元件 S_1 与源元件 S_2 内的 32 位二进制浮点数，根据比较结果，对应输出驱动目的元件指定首地址开始的连续 3 个位元件的状态。

【二进制浮点数与十进制浮点数转换指令】 二进制浮点数与十进制浮点数转换指令（EBCD）将源元件指定地址内的二进制浮点数值转换为十进制浮点数值，并将其存入目的元件指定的地址内。

【二进制浮点数四则运算指令】 二进制浮点数加指令（EADD）将两个源元件 S_1 和 S_2 内的二进制浮点值进行四则运算后，作为二进制浮点值存入目的元件中。同样，ESUB 指令为二进制减法指令，EMUL 指令为二进制乘法指令，EDIV 指令为二进制除法指令。

【二进制浮点数开方指令与整数变换指令】 二进制浮点数开方运算指令（ESQR）将源元件指定地址内的二进制浮点值进行开平方运算，运算结果作为二进制浮点值存入目的元件中。整数变换指令（INT）将源元件内的二进制浮点值转换为二进制整数存入目的元件中。

【二进制浮点数三角函数运算指令】 包括浮点 SIN 运算、浮点 COS 运算及浮点 TAN 运算指令，其功能分别为求源元件指定的角度（弧度值）的正弦值、余弦值及正切值，并将运算结果传送到目的元件中。

【上下字节变换指令】 上下字节变换指令（SWAP）实现源元件上下字节交换。16 位指令将源元件低 8 位与高 8 位交换；32 位指令时，分别将高、低 16 位中的 8 位字节交换。

【时钟运算应用指令】 是对时钟数据进行运算和比较的指令，另外还能对 PLC 内置实时时钟进行时间校准和时钟数据格式化操作。

【时钟数据比较指令与区间比较指令】 时钟数据比较（TCMP）指令将源操作数 S_1、S_2、S_3 构成的时间与源操作数 S 起始的 3 个时间数据相比较，根据大、小、一致，输出驱动目的操作数起始的 3 个 ON/OFF 状态。区间比较指令（TZCP）将源操作数 S₁ 与 S₂、S₃ 构成的时间区间数据相比较，根据大、小、一致，输出驱动目的操作数起始的 3 个 ON/OFF 状态。

【时钟数据加法指令与减法指令】 时钟数据加法指令（TADD）将保存于源操作数 S₁ 起始的 3 个时钟数据同 S₂ 起始的 3 个时钟数据相加，并将其结果保存于以目的操作数起始的 3 个元件内。时钟数据减法指令（TSUB）将保存于源操作数 S₁ 起始的 3 个时钟数据同 S₂ 起始的 3 个时钟数据相减，并将其结果保存于以目的操作数起始的 3 个元件内。

【时钟数据读取/写入指令】 时钟数据读取指令（TRD）将 PLC 实时时钟的时钟数据按年（公历）、月、日、时、分、秒、星期顺序读入目的操作数起始的 7 个数据寄存器中，读取源为保存时钟数据的特殊数据寄存器 D8019~D8013；时钟数据写入指令（TWR）的操作与其相反。

【格雷码变换应用指令】 包括格雷码转换指令与格雷码逆转换指令。格雷码转换指令（GRY）将源元件指定的二进制 BIN 数据转换为格雷码，并传送到目的元件中。格雷码逆转换指令（GBIN）将源元件指定的格雷码转换为二进制 BIN 数据，并传送到目的元件中。

【触点比较应用指令】 包括触点比较取指令、与指令及或指令。

5.4 应用指令实例

5.4.1 应用转移指令对分支程序 A 和 B 进行控制

1. 控制要求

A 程序段为每 2s 一次方波输出，而 B 程序段为每 4s 一次方波输出。要求按钮 X1 导通时执行 A 程序段，否则执行 B 程序段。

2. 程序设计

根据控制要求编制 PLC I/O 地址表，见表 5-1。
参考程序（梯形图）如图 5-75 所示。

表 5-1　应用转移指令对分支程序 A 和 B 进行控制的 PLC I/O 编址表

输　　　入		输　　　出	
X1	输入控制信号	Y6	输出信号 1
		Y7	输出信号 2

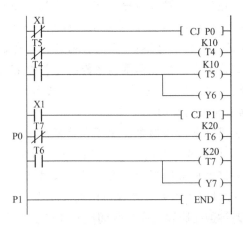

图 5-75　应用转移指令对分支程序 A 和 B 进行控制的梯形图

3. 程序分析

当 X1 接通时，程序直接跳到 END 处，再从头开始执行，定时器 T4、T5 被扫描，Y6 的波形为周期 2s、占空比 50% 的方波；此时定时器 T6、T7 未被扫描，保持原有状态。

当 X1 断开时，程序直接跳到语句标号 P0 处，定时器 T6、T7 被扫描，Y7 的波形为周期 4s、占空比 50% 的方波；此时定时器 T4、T5 未被扫描，保持原有状态。

5.4.2　分频器控制程序

1. 控制要求

利用一个外接按钮控制一分频电路，使其指示灯 Y0 按照亮 1s、灭 3s 的规律循环指示，并可监控灯灭的时间。

2. 程序设计

根据控制要求编制 PLC I/O 地址表，见表 5-2。分频器控制梯形图如图 5-76 所示。

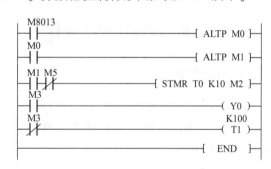

表 5-2　分频器控制程序编程 PLC I/O 编址表

输　入		输　出	
X0	分频电路启/停信号	Y0	信号灯控制信号

图 5-76　分频器控制梯形图

具体分析由读者自行完成。

5.4.3　十键输入指令编程

1. 控制要求

数据 0~9 通过按键输入，通过输出进行二进制数显示；监控数据单元可知当前输入的十进制数；通过不同的按键可输入多个不同的十进制数。

2. 程序设计

根据控制要求编制 PLC I/O 地址表，见表 5-3。

表 5-3　十键输入指令编程 I/O 编址表

输　入		输　出	
X0~X11	数据输入按键（0~9）	Y0~Y17	二进制显示数据
X12	将输入数据传送至 D3	Y20	显示按键输入确认
X13	将输入数据传送至 D1		
X14	将输入数据传送至 D2		

十键输入指令编程梯形图如图 5-77 所示。

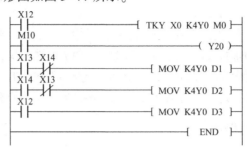

图 5-77 十键输入指令编程梯形图

3. 程序分析

☺ 当驱动输入 X12=ON 时，启动 TKY 指令。

☺ 按照输入数据的要求，按 X0~X11（对应 0~9）相应的按键。

☺ 通过 X13 或 X14 存储输入数据至指定的数据单元 D1 或 D2 中。

☺ M10 为 X0~X11 按键输入确认信号，通过 Y20 显示。

5.4.4 BCD 码显示指令编程

1. 控制要求

应用 BCD 码显示指令编制高速计数器当前计数值的显示程序（采用定时中断方式 I6△△编程），要求 A-B 相脉冲从 X 输入端输入，数据寄存器存储高速计数器当前值，Y 输出供数码管显示。

2. 程序设计

根据控制要求编制 PLC I/O 地址表，见表 5-4。应用 BCD 码显示指令编程梯形图如图 5-78 所示。

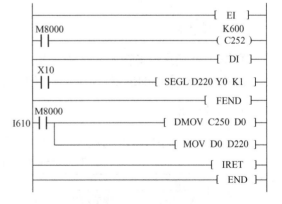

表 5-4 应用 BCD 码显示指令编程 I/O 编址表

输	入	输	出
X0	A 相脉冲（旋转编码器）	Y0~Y3	BCD 码数据输出
X1	B 相脉冲（旋转编码器）	Y4~Y7	七段锁存器选通信号
X10	允许 SECL 指令执行		

图 5-78 应用 BCD 码显示指令编程梯形图

3. 程序分析

从 X0、X1 输入 A-B 相脉冲（可利用旋转编码器产生，也可手动输入）；C252 为 32 位 A-B 相高速计数器，当 A 相计数脉冲信号处于高电平时，若 B 相信号出现上升沿

（或下降沿），则计数器 C252 进行加计数（或减计数）；仔细观察数码管显示数据，或者监控 D220 的值，分析其变化规律。数码管的接线可参考相关资料。

5.4.5　应用高速计数器控制变频电动机

1. 控制要求

某车间一零部件运送小车由变频电动机拖动，其速度可调；小车轨道左右两端分别安装有行车限位开关，当小车到达限位位置时，必须立即停车。小车行走过程中，可根据生产工位需要由操作人员停车和再起动；小车左行时，白色指示灯点亮。小车行走机构带有一个旋转编码器（A-B 相），其行走距离可根据旋转编码器发出的脉冲数进行计算（以左限位为计算起点）。当小车行走的区间对应的计数值小于 400 时，使绿色信号灯点亮，指示左段低速区；当 500≤计数值≤1000 时，使红色信号灯按 2s 周期闪光，指示中段高速区；当计数值大于 1000 时，使黄色信号灯点亮，指示右段低速区。这些信号灯用于提示操作人员注意小车的行走安全。小车的停车制动由连接到电动机进线端子上的制动器自动完成，小车起动升速斜率通过对变频器参数的整定来实现。

2. 程序设计

根据控制要求编制 PLC I/O 地址表，见表 5-5。

表 5-5　应用高速计数器指令编程控制某行走机构的 PLC I/O 编址表

输　　入		输　　出	
X0	A 相计数脉冲	Y0	左段低速区绿色信号灯 HL0
X1	B 相计数脉冲	Y1	中段高速区红色信号灯 HL1
X10	变频电动机电源起/停控制按钮	Y2	右段低速区黄色信号灯 HL2
X11	输出信号人工复位按钮	Y3	左行白色指示灯 HL3
X12	高速计数器复位按钮	Y4	右行蓝色指示灯 HL4
X13	小车右行起动按钮	Y5	变频电动机电源
X14	小车左行起动按钮	Y6	变频电动机高速给定
X15	小车停车按钮	Y7	变频电动机低速给定
X16	小车行走右限位	Y10	小车右行控制
X17	小车行走左限位	Y11	小车左行控制

参考程序如图 5-79 所示。

3. 程序分析

☺ 点动 X10 接通变频电动机的电源（Y5=ON），接通 X12 使高速计数器处于复位状态，点动 X14 使小车左行到左极限点停止。

☺ 点动 X13 发出小车右行走命令。此时可以人工顺时针转动旋转编码器的传动轴（模

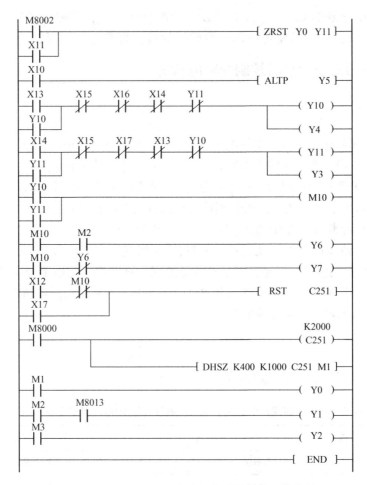

图 5-79 应用高速计数器指令编程控制某行走机构的梯形图

拟行车），观察小车行车方向指示灯的指示是否与行走方向一致，观察小车行车速度区间指示灯的指示是否与计数器 C251 的计数值的区段划分一致。

☺ 接通行车限位开关，观察小车的运行状态和相关指示灯的变化。

5.4.6 数据传送指令编程

1. 控制要求

采用两个外接按钮分别控制块传送指令和多点传送指令的执行，通过 PLC 的输出位元件来表示数据并显示传送指令执行结果。由一个外接按钮控制，以外输入的方式输入两个 2 位十进制数，并通过移位传送指令的执行构成一个 4 位十进制数。

2. 程序设计

根据控制要求编制 PLC I/O 地址表，见表 5-6。数据传送指令编程梯形图如图 5-80 所示。

表 5-6　应用数据传送指令编程的 PLC I/O 编址表

输　入		输　出	
X3	块传送指令控制信号	Y0~Y3	第 1 组输出信号
X5	多点传送指令控制信号	Y4~Y7	第 2 组输出信号
X7	移位传送指令控制信号	Y10~Y13	第 3 组输出信号
X10~X27	数据输入		

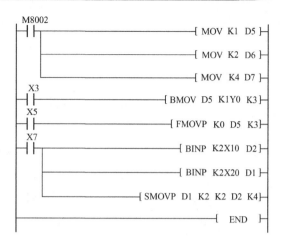

图 5-80　数据传送指令编程梯形图

3. 程序分析

☺ 数据块传送执行结果：X3 = ON，Y0 = ON，Y5 = ON，Y12 = ON。

☺ 多点传送执行结果：X5 = ON，将 D5~D7 清零。

☺ 移位传送组成新数：从 X10~X17 输入十进制数 12，从 X20~X27 输入十进制数 56，然后使 X7 = ON，则组成的新数（D2）= 5612。

5.4.7　应用子程序调用指令编程

1. 控制要求

利用子程序调用指令对不同闪光频率的闪光程序进行调用，改变其子程序的调用方式和修改子程序中定时器的参数，观察程序运行结果，解释其现象，总结其运行规律。

2. 程序设计

根据控制要求编制 PLC I/O 地址表，见表 5-7。应用子程序调用指令编程梯形图如图 5-81 所示。

3. 程序分析

（1）不调用子程序时，X0 = OFF，X1 = OFF，X2 = OFF，则 Y0 按 1s 闪光，Y1 = OFF，Y2 = OFF，Y5 = OFF，Y6 = OFF。

（2）使 X1 = ON，X2 = OFF，并点动 X0 = ON（第 1 次调用子程序 P1），则 Y0 仍按 1s 闪光，Y1 = ON；再使 X1 = OFF，再观察 Y1 的状态，Y1 仍为 ON；再点动 X0 = ON，则 Y0 仍按 1s 闪光，而 Y1 = OFF。

（3）使 X2 = ON，再使 X0 = ON，则输出 Y0 按 1s 闪光，Y2 按 2s 闪光。

（4）将"CALL P1"指令改为"CALLP P1"指令，然后使 X2 = ON，反复点动 X0 = ON，观察 Y2 状态的变化，并注意定时器 T192（或 T193）的定时与 X0 = ON 的关系。

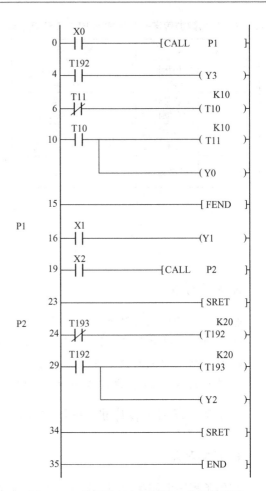

图 5-81　应用子程序调用指令编程梯形图

表 5-7　应用子程序调用指令编程的 PLC I/O 编址表

输　入		输　出	
X0	输入控制信号 1	Y0	输出信号 1
X1	输入控制信号 2	Y1	输出信号 2
X2	输入控制信号 3	Y2	输出信号 3
		Y3	输出信号 4

4. 三菱 FX 系列子程序运行规律

子程序被调用后，线圈的状态将被锁存，直到下一次调用时才能改变。

定时器 T192 一旦定时起动，即使 X0 = OFF，仍然继续定时，直到达到设定值为止，但其触点接通对子程序外的梯形图立即起控制作用，对本子程序内的梯形图只有再次被调用时才能起控制作用。

5.4.8　实践拓展：程序安全锁设计

在软件设计中，为了使开发的程序不易被别人改动，可在程序中设置安全锁。这种安全锁可以用定时器来实现。图 5-82 所示的是用 2 个按钮开启的安全锁控制梯形图。

在图 5-82 中，PLC 的 I/O 端功能分别为：X30 接起动按钮；X31 接停止按钮；X32 接复位按钮；X33、X34 接可按按钮 SB1、SB2；X35 接不可按按钮 SB3、SB4（SB3 与 SB4 并联）；Y30 为安全锁信号；Y31 为报警信号。

由梯形图可知：只有先按下 SB1 按钮 3 次，再持续按下 SB2 按钮 3s 后，安全锁才能被打开。而按下 SB3、SB4 中任意一个后，将产生报警信号。

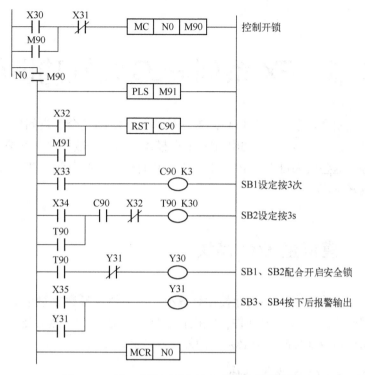

图 5-82　用 2 个按钮开启的安全锁控制梯形图

 思考与练习

（1）什么是应用指令？它有何作用？

（2）什么是位元件？什么是字元件？两者有什么区别？

（3）32 位数据寄存器如何组成？

（4）什么是变址寄存器？它有什么作用？试举例说明。

（5）指针为何种类型元件？它有什么作用？试举例说明。

（6）位元件如何组成字元件？试举例说明。

（7）应用指令有哪些使用要素？试叙述使用它们的意义。

（8）三个电动机相隔 5s 起动，各运行 10s 停止，循环往复。使用传送比较指令完成此控制要求。

（9）试用比较指令设计一个密码锁控制电路。密码锁为 4 键，若按 H65，2s 后开照明（Y0 驱动）；按 H87，3s 后开空调（Y1 驱动）。

（10）用传送与比较指令设计简易 4 层升降机的自动控制程序。控制要求如下所述。

☺ 只有在升降机停止时，才能呼叫升降机。

☺ 只能接受一层呼叫信号，先按者优先，后按者无效。

☺ 自动判别上升、下降或停止。

第6章 FX 系列 PLC 特殊功能模块

在现代工程控制项目中，仅用 PLC 的 I/O 模块并不能够完全解决问题，因此 PLC 的生产厂商开发了许多特殊功能模块，如模拟量 I/O 模块、高速计数模块、可编程凸轮控制器模块、通信模块等。这些模块可以与 PLC 主机单元共同构成控制系统，使 PLC 的功能越来越强，应用范围越来越广。

 ## 6.1 模拟量 I/O 模块

由于 PLC 本质上仍然是一种工业控制计算机，只能够处理数字量信息，无法直接处理模拟量信息，因此必须通过外设硬件，将模拟量转换成数字量，然后送入 PLC 进行处理；同样，需要输出模拟量信号时，也必须借助外设硬件进行转换。

6.1.1 FX2N-4AD 输入模块

1. 概述

FX2N-4AD 输入模块为 4 通道 12 位 A/D 转换模块，其技术指标见表 6-1。

表 6-1 FX2N-4AD 输入模块技术指标

输入信号类型	输入范围	输出范围	分 辨 率	总体精度
电压（DC）	−10~+10V	−2048~+2047 带符号位的 16 位二进制数 （有效数值 11 位）	5mV	±1%FS
电流（DC）	−20~+20mA		20μA	
输入信号类型	每通道转换速度	隔 离 方 式	电 源	占用 I/O 点数
电压（DC）	15ms，高速转换时为 6ms	模拟量与数字量之间用光隔离，从基本单元来的电源经 DC/DC 转换器隔离，各输入端子之间不隔离	24V±2.4V 55mA	8
电流（DC）				

2. 接线方式

FX2N-4AD 输入模块接线图如图 6-1 所示。

☺ FX2N-4AD 输入模块通过双绞屏蔽电缆来连接输入模拟量。电缆应远离电源线或其他可能产生电气干扰的电线。

☺ 如果输入有电压波动或在外部接线中有电气干扰，可以接一个滤波电容器（0.1~0.47μF/25V）。

☺ 如果使用电流输入方式，必须连接 V+ 和 I+ 端子。

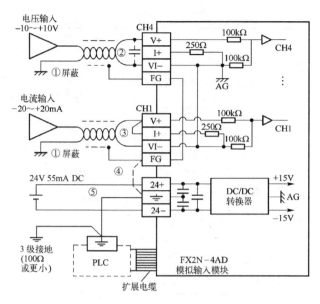

图 6-1　FX2N-4AD 输入模块接线图

☺ 如果存在过多的电气干扰，应将电缆屏蔽层与 FG 端连接，并连接到 FX2N-4AD 输入
模块的接地端。

☺ FX2N-4AD 输入模块的接地端应与主单元的接地端连接。建议在主单元使用 3 级
接地。

3. 缓冲寄存器及设置

FX2N-4AD 输入模块共有 32 个缓冲寄存器（BFM），每个 BFM 均为 16 位。FX2N-4AD
输入模块 BFM 分配表见表 6-2。

表 6-2　FX2N-4AD 输入模块 BFM 分配表

BFM 编号	内　　容	
*0	通道初始化，默认值＝H0000	
*1	通道 1	平均值采样次数（1～4096），用于得到平均结果，默认值为 8（正常速度，高速操作可选择 1）
*2	通道 2	
*3	通道 3	
*4	通道 4	
5	通道 1	这些缓冲区为输入的平均值
6	通道 2	
7	通道 3	
8	通道 4	
9	通道 1	这些缓冲区为输入的当前值
10	通道 2	
11	通道 3	
12	通道 4	

续表

BFM 编号	内　　容								
13~14	保留								
15	选择 A/D 转换速度，参见注释	若设为 0，则为正常速度，15ms/通道（默认）							
		若设为 1，则为高速，6ms/通道							
16~19	保留								
*20	复位到默认值和预设值。默认值=0								
*21	调整增益、偏移量选择。（bit1，bit0）为（0，1），允许；为（1，0），禁止								
*22	增益、偏移值调整	G4	O4	G3	O3	G2	O2	G1	O1
*23	偏移量，默认值=0								
*24	增益，默认值=5000（mV）								
25~29	保留								
29	错误状态								
30	识别码 K2010								
31	禁用								

【说明】

☺ 带"＊"的缓冲寄存器（BFM）可以使用 TO 指令由 PLC 写入。不带"＊"的缓冲寄存器的数据可以使用 FROM 指令读入 PLC。

☺ 在从 FX2N-4AD 输入模块读出数据前，确保这些设置已经送入 FX2N-4AD 输入模块中，否则，将使用模块中以前保存的数值。BFM 提供了利用软件调整偏移量和增益的手段。

☺ 偏移（截距）：当数字输出为 0 时的模拟输入值。

☺ 增益（斜率）：当数字输出为+1000 时的模拟输入值。

【实例 6-1】 FX2N-4AD 输入模块基本设定。

要求：FX2N-4AD 输入模块连接在特殊功能模块的 0 号位置，通道 CH1 和 CH2 用作电压输入。平均采样次数设为 4，并且用 PLC 的数据寄存器 D0 和 D1 接收输入的数字值。其基本设定示例如图 6-2 所示。

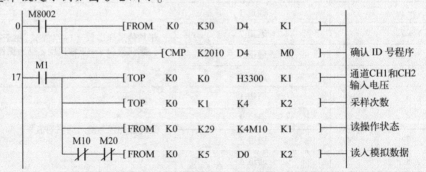

图 6-2　FX2N-4AD 输入模块基本设定示例

PLC 上电运行后，辅助继电器 M8002 动作，将 FX2N-4AD 输入模块信息读入数据寄存器 D4。辅助继电器 M1 闭合后，将系统工作需要的信息写入输入模块。

6.1.2　FX2N-4AD-PT 温度输入模块

1. 概述

FX2N-4AD-PT 为 4 通道温度输入模块，其技术指标见表 6-3。

表 6-3　FX2N-4AD-PT 温度输入模块技术指标

项　　目	指　　标
模拟量输入信号	Pt100 传感器（100W），3 线，4 通道
传感器电流	Pt100 传感器 100W 时，1mA
补偿范围	−100～+600℃ 或 −148～+1112 ℉
数字输出	−1000～+6000 或 −1480～+11120
	12 位转换（1 个符号位+11 个数据位）
最小分辨率	0.2～0.3℃ 或 0.36～0.54 ℉
总体精度	±1% FS
转换速度	15ms
电源	主单元提供 5V/30mA DC，外部提供 24V/50mA DC
占用 I/O 点数	占用 8 个点，可分配为输入或输出
适用 PLC	FX1N，FX2N，FX2NC

2. 接线方式

FX2N-4AD-PT 温度输入模块接线图如图 6-3 所示。

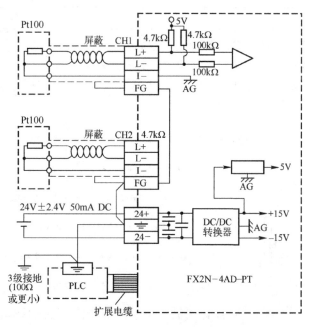

图 6-3　FX2N-4AD-PT 温度输入模块接线图

☺ FX2N-4AD-PT 温度输入模块使用 Pt100 传感器的电缆或双绞屏蔽电缆作为模拟输入电缆，并且与电源线或其他可能产生电气干扰的电线隔离开。

☺ 可以采用压降补偿的方式来提高传感器的精度。如果存在电气干扰，应将电缆屏蔽层与外壳地线端子（FG）连接到 FX2N-4AD-PT 温度输入模块的接地端和主单元的接地端。建议在主单元使用 3 级接地。

☺ FX2N-4AD-PT 温度输入模块可以使用 PLC 的外部或内部的 24V 电源。

3. 缓冲寄存器设置

FX2N-4AD-PT 温度输入模块 BFM 分配表见表 6-4。

表 6-4　FX2N-4AD-PT 温度输入模块 BFM 分配表

BFM 编号	内　容
*1~4	CH1~CH4 的平均温度值的采样次数（1~4096），默认值＝8
*5~8	CH1~CH4 的平均温度（以 0.1℃ 为单位）
*9~12	CH1~CH4 的当前温度（以 0.1℃ 为单位）
*13~16	CH1~CH4 的平均温度（以 0.1℉ 为单位）
*17~20	CH1~CH4 的当前温度（以 0.1℉ 为单位）
*21~27	保留
*28	数字范围错误锁存
29	错误状态
30	识别号 K2040
31	保留

【实例 6-2】FX2N-4AD-PT 温度输入模块设置示例如图 6-4 所示。

要求：FX2N-4AD-PT 温度输入模块占用特殊模块 0 的位置（即紧靠 PLC），平均采样次数是 4，输入通道 CH1~CH4 以℃表示的平均温度值，并分别保存在数据寄存器 D10~D13 中。

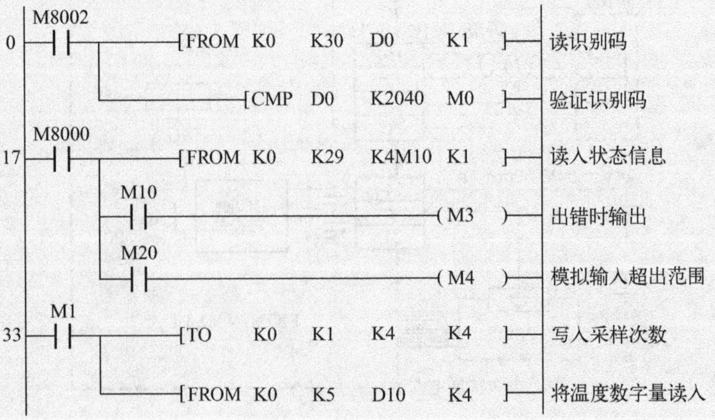

图 6-4　FX2N-4AD-PT 温度输入模块设置示例

PLC 上电运行后，辅助继电器 M8002 动作，将 FX2N-4AD-PT 温度输入模块信息读入数据寄存器 D0。当辅助继电器 M8000 闭合时，校验错误信息。辅助继电器 M1 闭合后，将系统工作需要的信息写入模块。

6.1.3　FX2N-2DA 输出模块

1. 概述

FX2N-2D 输出模块技术指标见表 6-5。

表 6-5　FX2N-2DA 输出模块技术指标

输出信号类型	输出范围	数字输入	分　辨　率	总 体 精 度
电压（DC）	0~10V 或 0~5V	12 位二进制数	5mV	±1%FS
电流（DC）	4~20mA		20μA	
输入信号类型	每通道转换速度	适用的 PLC	电　源	占用 I/O 点数
电压（DC）	4ms	FX1N、FX2N、FX2NC	25V 30mA 或 24V 85mA	8
电流（DC）				

2. 接线方式

FX2N-2DA 输出模块接线图如图 6-5 所示。

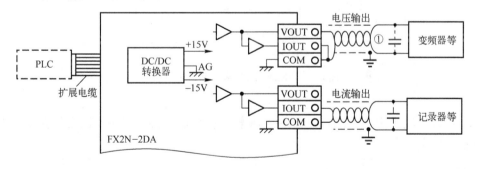

图 6-5　FX2N-2DA 输出模块接线图

☺ 当电压输出存在波动或有大量噪声时，应在图 6-5 中位置①处连接 0.1~0.47mF/25V 的电容。

☺ 对于电压输出，必须将 IOUT 和 COM 短路。

3. 缓冲寄存器设置

FX2N-2DA 输出模块 BFM 分配表见表 6-6。

表 6-6　FX2N-2DA 输出模块 BFM 分配表

BFM 编号	bit 15～bit 8	bit 7～bit 3	bit 2	bit 1	bit 0
0～15	保留				
16	保留	输出数据的当前值（8 位数据）			
17	保留		D/A 低 8 位数据保持	通道 1 的 D/A 转换开始	通道 2 的 D/A 转换开始
≥18	保留				

【实例 6-3】FX2N-2DA 输出模块应用示例。

　　要求：若 FX2N-2DA 输出模块接在 2 号模块位置，CH1 设定为电压输出，CH2 设定为电流输出，并要求当 PLC 从运行状态变为停止状态后，最后的输出值保持不变，试编写程序。

　　根据题目要求编写程序，如图 6-6 所示。

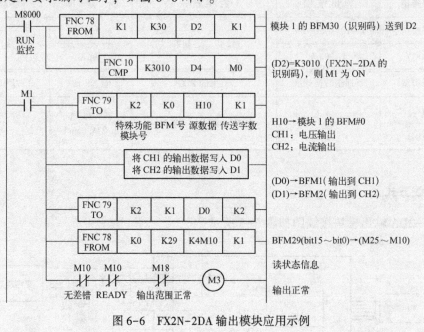

图 6-6　FX2N-2DA 输出模块应用示例

　　FX2N-4DA 输出模块性能与 FX2N-2DA 输出模块的相同，唯一不同之处在于前者的输出通道数变成了 4 个。

【实例 6-4】FX2N-4DA 输出模块应用示例。

　　要求：FX2N-4DA 输出模块编号为 1 号。现要将 FX2N-48MR 中数据寄存器 D10～D13 中的数据通过 FX2N-4DA 的 4 个通道输出，并要求 CH1、CH2 设定为电压输出（-10～+10V），CH3、CH4 通道设定为电流输出（0～+20mA），并且 FX2N-48MR 从运行状态变为停止状态后，CH1、CH2 输出值保持不变，CH3、CH4 的输出值归零。试编写实现这一要求的 PLC 程序。

　　根据题目要求得到的梯形图如图 6-7 所示。其中，为通道 CH1、CH2 传送数据的寄存器 D10、D11 的取值范围是 -2000～+2000；为通道 CH3、CH4 传送数据的寄存器 D12、D13 的取值范围是 0～+1000。

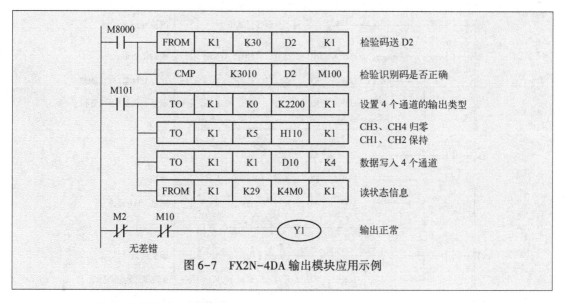

图 6-7　FX2N-4DA 输出模块应用示例

6.1.4　设定增益和偏移量

在使用 D/A 和 A/D 转换模块时，一般采用系统默认设定值。当设定值无法满足需要时，才进行增益和偏移量的设定。

1. 增益设定

增益是指进行 D/A 和 A/D 转换时，模拟量与数字量之间的对应关系。增益的大小决定了校准线的斜率，由数字值 1000 标志，如图 6-8 所示。通常，零增益默认对应 5V 或 20mA。

2. 偏移量设定

偏移量是指数字量为 0 时，所对应的模拟量的情况，如图 6-9 所示。

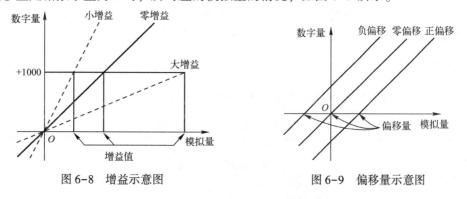

图 6-8　增益示意图　　　　　　　图 6-9　偏移量示意图

偏移量和增益可以单独设置，也可以一起设置。合理的偏移量范围是 −5~+5V 或 −20~+20mA，而合理的增益范围是 1~15V 或 4~32mA。增益和偏移量都可以用 PLC 的程序调整。图 6-10 所示为偏移量调整示例。

调整增益或偏移量时，应该将 BFM21 的 bit1 和 bit0 设置为 0 和 1，以允许调整。一旦调整完毕，BFM21 的 bit1 和 bit0 应该设为 1 和 0，从而禁止调整。

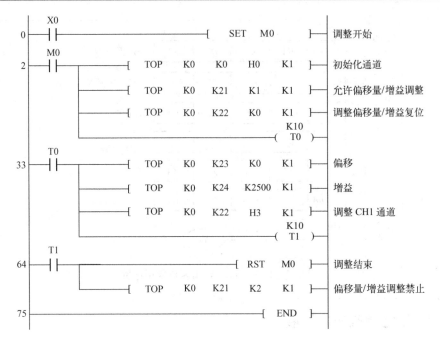

图 6-10　偏移量调整示例

 ## 6.2　高速计数模块

PLC 梯形图中的计数器的最高工作频率受到扫描周期的限制，一般仅有数十赫兹。在工业控制中，有时需要 PLC 具有快速计数功能。高速计数模块可以对数十千赫兹甚至上百千赫兹的脉冲进行计数，它们大多有一个或多个开关量输出点，当计数器的当前值等于或大于预设值时，可以通过中断程序及时改变开关量输出状态。这一过程与 PLC 扫描过程无关，从而保证了负载被及时驱动。下面以 FX2N-1HC 为例进行介绍。

1. 技术指标

FX2N-1HC 高速计数模块技术指标见表 6-7。

表 6-7　FX2N-1HC 高速计数模块技术指标

项　　目	描　　述
信号等级	5V、12V 或 24V。线驱动器输出型连接到 5V 端子上
频率	单相单输入：不超过 50kHz 单相双输入：每个不超过 50kHz 双相双输入：不超过 50kHz（1 倍频）；不超过 25kHz（2 倍频）；不超过 12.5kHz（4 倍频）
计数范围	32 位二进制计数器：−2147483648～+2147483647 16 位二进制计数器：0～65535
计数方式	自动方式时，可递增/递减（单相双输入或双相双输入）计数；当工作在单相单输入方式时，递增/递减由一个 PLC 或外部输入端子确定

项　目	描　述
比较类型	YH：直接输出，通过硬件比较器处理 YS：软件比较器处理后输出，最大延迟时间为 300ms
输出类型	NPN，开路，输出 2 点，5~24V DC，每点 0.5A
辅助功能	可以通过 PLC 的参数来设置模式和比较结果 可以监测当前值、比较结果和误差状态
占用 I/O 点数	8 个
基本单元提供的电源	5V、90mA DC（主单元提供的内部电源或电源扩展单元）
适用的控制器	FX1N，FX2N，FX2NC（需要 FX2NC-CNV-IF）
尺寸（宽×厚×高）	55mm×87mm×90mm（2.71in×3.43in×3.54in）
质量	0.3kg

2. 输入与输出

FX2N-1HC 高速计数模块输入的计数脉冲信号可以是单相的，也可以是双相的。单相单输入和单相双输入时频率小于 50kHz，双相输入时可以设置 1 倍频、2 倍频和 4 倍频模式。脉冲信号的幅值可以是 5V、12V 或 24V（分别连接到不同的输入端）。

计数器的输出有两种类型 4 种方式。

☺ 由该模块内的硬件比较器输出比较结果：一旦当前计数值等于设定值时，立即将输出端置"1"；其输出方式有两种，即输出端 YHP 采用 PNP 型晶体管输出方式，输出端 YHN 采用 NPN 型晶体管输出方式。

☺ 通过该模块内的软件输出比较结果：由于软件进行数据处理需要一定的时间，因此在当前计数值等于设定值时，要经过 $200\mu s$ 的延迟才能将输出端置"1"；其输出方式也有两种，即输出端 YSP 采用 PNP 型晶体管输出方式，输出端 YSN 采用 NPN 型晶体管输出方式。

3. 数据缓冲存储区

FX2N-1HC 高速计数模块数据缓冲存储区见表 6-8。

表 6-8　FX2N-1HC 高速计数模块数据缓冲存储区

BMF 编号	功能用途	BMF 编号	功能用途
0	存放计数器方式字	16	未使用
1	存放单相单输入方式时软件控制的递增/递减命令	17	未使用
2	存放最大计数限定值的低 16 位	18	未使用
3	存放最大计数限定值的高 16 位	19	未使用
4	存放计数模块 I/O 控制字	20	存放计数模块当前计数值的低 16 位
5	未使用	21	存放计数模块当前计数值的高 16 位

续表

BMF 编号	功 能 用 途	BMF 编号	功 能 用 途
6	未使用	22	存放计数模块最大当前计数值的低 16 位
7	未使用	23	存放计数模块最大当前计数值的高 16 位
8	未使用	24	存放计数模块最小当前计数值的低 16 位
9	未使用	25	存放计数模块最小当前计数值的高 16 位
10	存放计数模块计数起始值的低 16 位	26	存放比较结果
11	存放计数模块计数起始值的高 16 位	27	存放端口状态
12	硬件比较时，存放计数模块设定值的低 16 位	28	未使用
13	硬件比较时，存放计数模块设定值的高 16 位	29	存放故障代码
14	软件比较时，存放计数模块设定值的低 16 位	30	存放模块识别代码
15	软件比较时，存放计数模块设定值的高 16 位	31	未使用

4. 计数方式

FX2N-1HC 高速计数模块计数方式见表 6-9。

表 6-9　FX2N-1HC 高速计数模块计数方式表

计 数 方 式		32 位计数器类型 BFM0 内的数据	16 位计数器类型 BFM0 内的数据
A-D 相输入	1 边沿计数	K0	K1
	2 边沿计数	K2	K3
	4 边沿计数	K4	K5
单相双输入	由脉冲控制递增/递减	K6	K7
单相单输入	由硬件控制递增/递减	K8	K9
	由软件控制递增/递减	K10	K11

5. I/O 控制字

FX2N-1HC 高速计数模块 I/O 控制字 BFM4 各位的功能见表 6-10。

表 6-10　BFM4 各位的功能

位 号	"0" 状态	"1" 状态
bit0	禁止计数	允许计数
bit1	禁止硬件比较	允许硬件比较
bit2	禁止软件比较	允许软件比较
bit3	硬件输出端和软件输出端单独工作	硬件输出端和软件输出端互为复位
bit4	输入 PRESET 无效	输入 PRESET 有效
bit5 ~ bit7	未定义	
bit8	不起作用	出错标志复位
bit9	不起作用	硬件比较输出复位

续表

位　号	"0" 状态	"1" 状态
bit10	不起作用	软件比较输出复位
bit11	不起作用	选用硬件比较
bit12	不起作用	选用软件比较
bit13~bit15	未定义	

【实例 6-5】 FX2N-1HC 高速计数模块应用示例。

某 FX2N 系列 PLC 控制系统的各模块的连接图如图 6-11 所示。其中，高速计数模块 FX2N-1HC 的序号为 2。将该模块内的计数器设置为由软件控制递增/递减的单相单输入 16 位计数器，并将其最大计数限定值设定为 K4444，采用硬件比较的方法，其设定值为 K4000。编制的梯形图程序如图 6-12 所示。

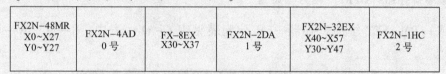

图 6-11　FX2N 系列 PLC 控制系统的各模块的连接图

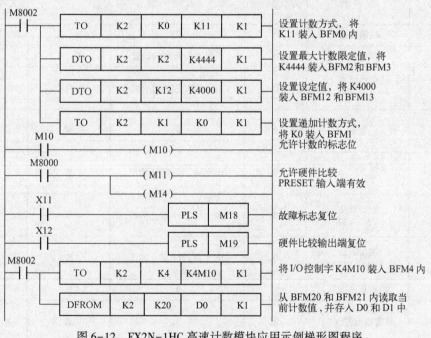

图 6-12　FX2N-1HC 高速计数模块应用示例梯形图程序

6.3　可编程凸轮控制模块

在机电控制系统中，通常需要通过检测角度位置来接通或断开外部负载，以前多用机械式凸轮开关来完成这种任务。机械式凸轮开关加工精度高，易磨损；可编程凸轮控制模块 FX2N-1RM-SET 可以实现高精度的角度位置检测，它可以与 FX2N 系列 PLC 联用，也可以单独使用。

6.3.1　缓冲寄存器及其设置

1. 联机运行

FX2N-1RM-SET 联机时，通过 PLC 的 FROM/TO 指令，对 FX2N-1RM-SET 中的缓冲寄存器 BFM 进行读/写操作。当 PLC 同时连接两台或三台 FX2N-1RM-SET 时，PLC 发出的 FROM/TO 指令只对连接距离最近的 FX2N-1RM-SET 有效，另外两台 FX2N-1RM-SET 与 PLC 的读/写操作必须通过第一台 FX2N-1RM-SET 进行。

2. 缓冲寄存器（BFM）编号与设置

FX2N-1RM-SET 缓冲寄存器 BFM 分配表见表 6-11（表中：R—读，W—写，K—保持）。

表 6-11　FX2N-1RM-SET 缓冲寄存器 BFM 分配表（部分）

BFM 编号	名　称	初始值	说　明		文本寄存器号
0	初值设置	0	无	W、K	D7144
1	参考角度	0	机械参考角度的设置	W、K	D7145
2、8002、9002	程序库号（0~7）	0	当与 PLC 连接时有效	W	无
3、8003、9003	命令	0	无	W	无
4	输出禁止（Y0~Y17）	0	0=允许，1=禁止输出	W	无
5	输出禁止（Y20~Y37）	0	0=允许，1=禁止输出	W	无
6	输出禁止（Y40~Y57）	0	0=允许，1=禁止输出	W	无
7	执行程序库号	无	无	W	无
8、8008、9008	角度当前值（°）	无	无	R	无
9、8009、9009	旋转速度（r/min）	无	无	R	无
10、8010、9010	输出状态（Y0~Y17）	无	0，输出为 OFF；1，输出为 ON	R	无
11、8011、9011	输出状态（Y20~Y37）	无	0，输出为 OFF；1，输出为 ON	R	无

续表

BFM 编号	名　称	初　始　值	说　明		文本寄存器号
12、8012、9012	输出状态 (Y40~Y57)	无	0，输出为 OFF；1，输出为 ON	R	无
28、8028、9028	状态	0	监视工作状态	R	无
29	错误代码	0	无	R	无
100	写入为 ON 的角度	无	无	W	无
101	写入为 OFF 的角度	无	无	W	无
102	写入 BFM 编号	无	无	W	无
103	读出为 ON 的角度	无	无	R	无
104	读出为 OFF 的角度	无	无	R	无
105	读出 BFM 编号	无	无	R	无
1000	写入程序库 0，步号 0 中 Y0=ON 的角度	FFFF	写入控制角度	W、K	D1000
1001	写入程序库 0，步号 0 中 Y0=OFF 的角度	FFFF	写入控制角度	W、K	D1001
……	……	……	……	……	……
7142	写入程序库 0，步号 7 中 Y0=ON 的角度	FFFF	写入控制角度	W、K	D7142
7143	写入程序库 0，步号 7 中 Y0=OFF 的角度	FFFF	写入控制角度	W、K	D7143

☺ 当 PLC 同时连接两个或三个 FX2N-1RM-SET 时，PLC 通过读/写最近一台 FX2N-1RM-SET 的缓冲寄存器编号 BFM8000~BFM8999（对应第 2 台 FX2N-1RM-SET）、BFM9000~BFM9999（对应第 3 台 FX2N-1RM-SET）的相关数据，实现与第 2 台和第 3 台 FX2N-1RM-SET 的通信。

☺ FX2N-1RM-SET 缓冲寄存器内的数据均为 16 位二进制数。

☺ 当角度采用单倍值表示时，分辨率为 1°；当采用 2 倍值表示时，分辨率为 0.5°。

FX2N-1RM-SET 的编号为 0、3、28、29 的缓冲寄存器中，16 位二进制数中每一位（bit）代表的具体含义见表 6-12~表 6-15。

表 6-12　初始设置缓冲寄存器（BFM0）

bit15~bit7	bit6	bit5	bit4	bit3	bit2	bit1	bit0
未使用	禁止键盘 RUN 到 PRG 操作	局部自动角校正	自动角校正	程序库规格	EEPROM 写保护	旋转方向	分辨率
未使用	0：允许 1：不允许	0：不使用 1：Y0~Y3 使用	0：不使用 1：Y0~Y17 使用	0：外部输入 1：与 PLC 连接	0：允许写入 1：不允许	0：时钟方向 1：计数器方向	0：0.5° 1：1°

表 6-13　命令缓冲寄存器（BFM3）

bit15~bit7	bit6	bit5	bit4	bit3	bit2	bit1	bit0
未使用	在 BFM 保持区域写指令	初始化 BFM 保持区域	运行方式下写指令	复位	选择参考角	编程（PRG）方式	运行方式
未使用	0：允许 1：不允许	0：不使用 1：Y0~Y3 使用	上升沿有效	上升沿有效	上升沿有效	上升沿有效	上升沿有效

表 6-14　工作状态显示缓冲寄存器（BFM28）

bit15~bit9	bit8	bit7	bit6	bit5	bit4	bit3	bit2	bit1	bit0
未使用	通信错误	FX2N-1RM-SET（3 台）与 PLC 连接	FX2N-1RM-SET（2 台）与 PLC 连接	初始化 BFM 保持区域显示	运行方式下写显示	错误报警	旋转为计数器方向	旋转为时钟方向	运行显示
未使用	1：出错	bit7=1 bit6=1	bit7=0 bit6=1	bit5=1	bit4=1	bit3=1	bit2=1	bit1=1	bit0=1

表 6-15　错误报警缓冲寄存器（BFM29）

23	22	21	20
旋转角传感器未连接	EEPROM 不能写入	程序库号超范围	数据超范围

6.3.2　应用实例

图 6-13 所示为 FX2N-80MT 及其扩展单元 FX2N-16EYT 与 FX2N-1RM-SET 的连接图。要求设计由 FX2N-80MT 读取 FX2N-1RM-SET 的输出状态信息，并通过 FX2N-80MT 的输出端输出控制信号的程序，同时 FX2N-80MT 能够对 FX2N-1RM-SET 发出运行、编程和复位的命令。

当 PLC 与 FX2N-1RM-SET 联机工作时，可以通过 FROM/TO 指令实现对其进行控制，如图 6-14 所示。

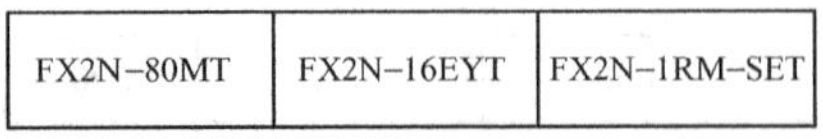

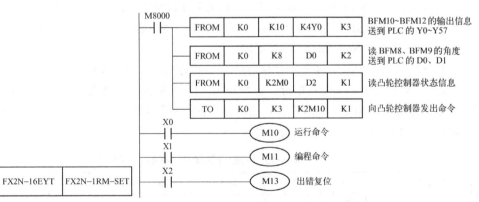

图 6-13　FX2N-80MT 及其扩展单元
FX2N-16EYT 与 FX2N-1RM-SET
的连接图

图 6-14　FX2N-1RM-SET 与 PLC
联机工作时的 PLC 控制程序

6.4　通信模块

由 PLC、变频器及触摸屏等设备组合的控制系统，一般采用 RS-232C、RS-422、RS-485 等方式进行通信。三菱常用的通信扩展单元有：用于 RS-232C 通信的 FX1N-232-BD、FX2N-232-BD、FX0N-232ADP、FX2NC-232ADP、FX2N-232IF；用于 RS-485 通信的 FX1N-485-BD、FX2N-485-BD、FX0N-485ADP、FX2NC-485ADP；用于 RS-422 通信的 FX1N-422-BD、FX2N-422-BD。

6.4.1　FX2N-232-BD

1. 功能

FX2N-232-BD 是用于 RS-232C 通信的特殊功能模块。

2. 通信格式

FX2N-232-BD 的通信格式由特殊寄存器 D8120 来设定。D8120 位信息见表 6-16。

表 6-16　D8120 位信息

位　号	设定信息	取值含义
bit0	数据长度	0：7 位　　1：8 位
bit2 bit1	奇偶性	00：无　　01：奇　　11：偶
bit3	停止位长度	0：1 位　　1：2 位
bit7 bit6 bit5 bit4	波特率	0011：300bit/s　　　　0111：4800bit/s 0100：600bit/s　　　　1000：9600bit/s 0101：1200bit/s　　　1001：19200bit/s 0110：2400bit/s
bit8	头字符	0：无　　1：D8124
bit9	结束字符	0：无　　1：D8124
bit10	—	保留
bit11	DTR 检测	0：发送和接收　　1：接收
bit12	控制线	0：无　　1：H/W
bit13	和校验	0：无和校验码　　1：自动加上和校验码
bit14	协议	0：无协议　　1：专用协议
bit15	传输控制协议	0：协议格式 1　　1：协议格式 4

3. 应用实例

1）连接打印机　打印机通过 FX2N-232-BD 与 PLC 连接，可以打印出由 PLC 发送来的数据。打印机通信格式见表 6-17，打印机通信程序如图 6-15 所示。

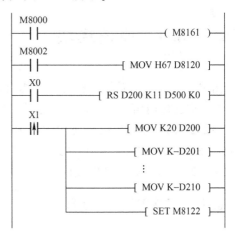

图 6-15　打印机通信程序

表 6-17　打印机通信格式

数 据 长 度	8 位
奇偶性	偶
停止位	1 位
波特率	2400bit/s

2）连接 PC　PC 通过 FX2N-232-BD 与 PLC 连接，使 PC 与 PLC 交换数据。PC 通信格式见表 6-18，PC 通信程序如图 6-16 所示。

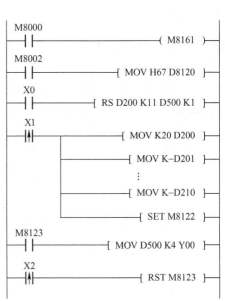

图 6-16　PC 通信程序

表 6-18　PC 通信格式

数 据 长 度	8 位
奇偶性	偶
停止位	1 位
波特率	2400bit/s

6.4.2　FX2N-485-BD

FX2N-485-BD 是用于 RS-485 通信的特殊功能模块，可用于下述应用中。

☺ 无协议的数据传送。

☺ 专用协议的数据传送，并行连接，如图 6-17 所示。

☺ 使用 1:N 链接通信网络的数据传送，如图 6-18 所示。

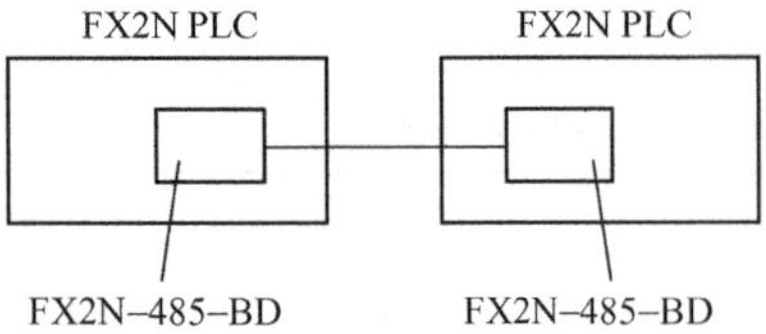

FX2N-485-BD 的具体应用见通信章节相关内容，在此不再赘述。

图 6-17　并行连接

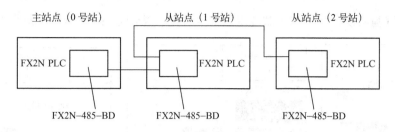

图 6-18　1:N 链接通信网络

6.5　应用实例

模拟量控制属于 PLC 控制的高级应用，在工业控制中应用广泛。下面结合恒压供水系统和工业洗衣机控制系统，讲述如何实现模拟量控制。

6.5.1　恒压供水系统

要求：设计一个 PID 控制的恒压供水系统。

1. 控制要求

☺ 共有两台水泵，一台运行，一台备用。自动运行时，泵运行累计 100h 轮换一次，手动时不切换。

☺ 两台水泵分别由 M1、M2 电动机拖动，电动机同步转速为 3000r/min，由 KM1、KM2 控制。

☺ 切换后起动和停电后起动，须在 5s 内报警；若运行异常，可自动切换到备用泵，并报警。

☺ PLC 采用 PID 调节指令。

☺ 变频器（使用三菱 FR-A540）利用 PLC 特殊功能单元 FX0N-3A 的模拟输出来调节电动机的转速。

☺ 水压在 0~10kg 范围内可调，通过触摸屏（使用三菱 F940）输入调节范围。

☺ 触摸屏可以显示设定水压、实际水压、水泵的运行时间、转速、报警信号等。

☺ 变频器的其余参数自行设定。

2. 软件设计

1) I/O 分配

☺ 触摸屏输入：M500—自动起动；M100—手动起动 1 号泵；M101—手动起动 2 号泵；M102—停止运行；M103—运行时间复位；M104—清除报警；D500—水压设定。

☺ 触摸屏输出：Y0—1 号泵运行指示；Y1—2 号泵运行指示；T20—1 号泵故障；T21—2 号泵故障；D101—当前水压；D502—泵累计运行时间；D102—电动机转速。

☺ PLC 输入：X1—1 号泵水流开关；X2—2 号泵水流开关；X3—过压保护。

☺ PLC 输出：Y0—KM1；Y1—KM2；Y4—报警器；Y10—变频器 STF。

2）触摸屏画面设计　根据控制要求及 I/O 分配，按图 6-19 所示制作触摸屏画面。

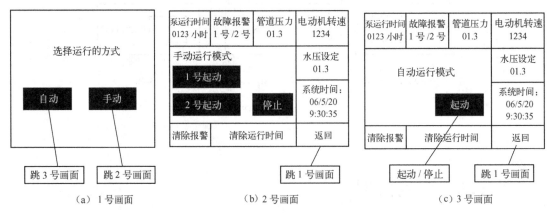

图 6-19　触摸屏画面设计图示

3）PLC 程序　根据控制要求设计 PLC 程序，如图 6-20 所示。

4）变频器设置

☺ 上限频率 Pr1 = 50Hz；

☺ 下限频率 Pr2 = 30Hz；

☺ 基底频率 Pr3 = 50Hz；

☺ 加速时间 Pr7 = 3s；

☺ 减速时间 Pr8 = 3s；

☺ 电子过电流保护 Pr9 = 电动机的额定电流；

☺ 起动频率 Pr13 = 10Hz；

☺ 变频器的输出功率 Pr5 = 14；

☺ 智能模式选择为节能模式，Pr60 = 4；

☺ 将端子 2~5 间的频率设定为电压信号 0~10V，Pr73 = 0；

☺ 允许所有参数的读/写，Pr160 = 0；

☺ 操作模式选择外部运行，Pr79 = 2；

☺ 其他设置为默认值。

3. 系统接线

根据控制要求及 I/O 分配，其系统接线图如图 6-21 所示。

4. 系统调试

（1）将触摸屏 RS-232 接口与计算机连接，将触摸屏 RS-422 接口与 PLC 编程接口连接，编写好 FX0N-3A 偏移/增益调整程序，连接好 FX0N-3A I/O 电路，通过 GAIN 和 OFF-SET 调整偏移/增益。

（2）按图 6-19 所示设计好触摸屏画面，并设置好各控件的属性。按图 6-20 所示编写好 PLC 程序，并传送到触摸屏和 PLC。

（3）将 PLC 运行开关保持为 OFF，将程序设定为监视状态，按触摸屏上的按钮，观察程序触点动作情况，如果动作不正确，检查触摸屏属性设置与程序中的设定是否对应。

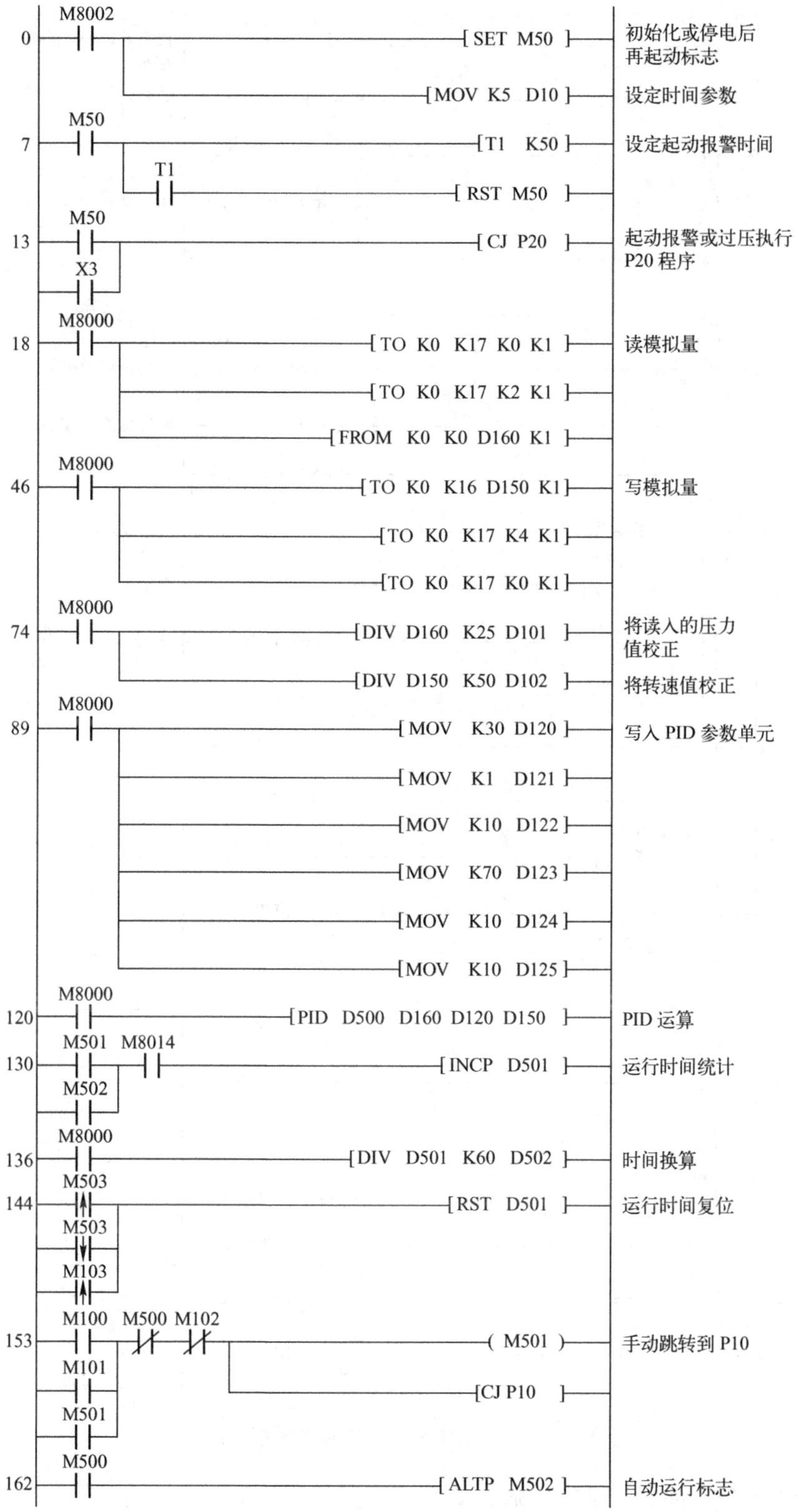

```
        M8002
0       ─┤├──────────────────────────────────[ SET  M50 ]     初始化或停电后
                                                              再起动标志
                     ────────────────────────[ MOV  K5  D10 ]  设定时间参数
        M50
7       ─┤├──────────────────────────────────[ T1   K50 ]     设定起动报警时间
             T1
             ─┤├─────────────────────────────[ RST  M50 ]
        M50
13      ─┤├──────────────────────────────────[ CJ   P20 ]     起动报警或过压执行
        X3                                                    P20 程序
        ─┤├
        M8000
18      ─┤├────────────────────────────[ TO  K0  K17  K0  K1 ]  读模拟量
                                        [ TO  K0  K17  K2  K1 ]
                                        [ FROM K0  K0  D160 K1 ]
        M8000
46      ─┤├────────────────────────────[ TO  K0  K16  D150 K1 ]  写模拟量
                                        [ TO  K0  K17  K4  K1 ]
                                        [ TO  K0  K17  K0  K1 ]
        M8000
74      ─┤├──────────────────────────[ DIV  D160  K25  D101 ]   将读入的压力
                                                               值校正
                                      [ DIV  D150  K50  D102 ]   将转速值校正
        M8000
89      ─┤├──────────────────────────[ MOV  K30  D120 ]         写入 PID 参数单元
                                      [ MOV  K1   D121 ]
                                      [ MOV  K10  D122 ]
                                      [ MOV  K70  D123 ]
                                      [ MOV  K10  D124 ]
                                      [ MOV  K10  D125 ]
        M8000
120     ─┤├──────────────────[ PID  D500  D160  D120  D150 ]    PID 运算
        M501  M8014
130     ─┤├───┤├─────────────────────────[ INCP  D501 ]         运行时间统计
        M502
        ─┤├
        M8000
136     ─┤├──────────────────────────[ DIV  D501  K60  D502 ]   时间换算
        M503
144     ─┤↑├─────────────────────────────[ RST  D501 ]          运行时间复位
        M503
        ─┤↓├
        M103
        ─┤↑├
        M100  M500  M102
153     ─┤├───┤/├──┤/├──────────────────────( M501 )            手动跳转到 P10
        M101
        ─┤├───────────────────────────────[ CJ P10 ]
        M501
        ─┤├
        M500
162     ─┤├───────────────────────────[ ALTP  M502 ]            自动运行标志
```

图 6-20　恒压供水系统控制梯形图

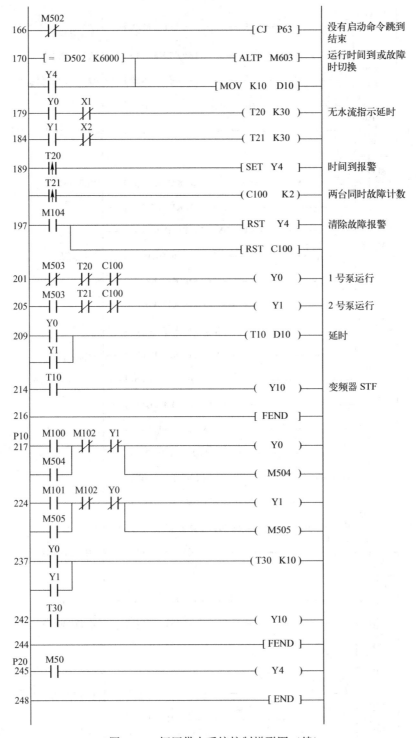

图 6-20　恒压供水系统控制梯形图（续）

（4）检查系统时间显示是否正确。

（5）改变触摸屏输入寄存器值，观察程序对应寄存器的值的变化。

（6）按图 6-21 所示连接好 PLC 的 I/O 线路、变频器的控制电路及主电路。

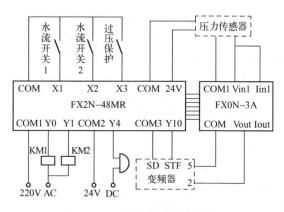

图 6-21　恒压供水系统接线图

（7）将 PLC 运行开关保持为 ON，将设定水压调整为 3kg。

（8）选择手动起动，设备应正常起动，观察各设备运行是否正常，变频器输出频率是否平稳，实际水压与设定值的偏差是否在合理范围内。

（9）如果水压在设定值上下有剧烈的波动，则应该调节 PID 指令的微分参数，将其设定得小一些，同时适当增加积分参数值。如果调整过于缓慢，水压的上下偏差很大，则系统比例常数太大，应适当减小。

（10）测试其他功能，检查是否与控制要求相符。

6.5.2　工业洗衣机控制系统

工业洗衣机的控制流程如图 6-22 所示。系统在初始状态下，按起动按钮则开始进水。当水位达到高水位时，停止进水，并开始洗涤正转。洗涤正转 15s、暂停 3s，洗涤反转 15s、暂停 3s，此为一个小循环。

若小循环未满 3 次，则返回洗涤正转，开始下一个小循环；若小循环满 3 次，则结束小循环，开始排水。当水位下降到低水位时，开始脱水并继续排水，脱水 10s，从而完成一个大循环。

若大循环未满 3 次，则返回进水进入下一次大循环；若完成 3 次大循环，则进行洗完报警，报警 10s 后结束全部过程，自动停机，其要求如下所述。

☺ 洗衣机完成"洗涤正转 15s → 暂停 3s → 洗涤反转 15s → 暂停 3s"的工作流程，要求使用 FR-A540 变频器的程序运行功能来实现。

☺ 用变频器驱动电动机，洗涤和脱水时的变频器输出频率为 50Hz，其加/减速时间根据实际情况设定。

1. 变频器设计

Pr201～Pr230 为程序运行参数，每 10 个参数为一

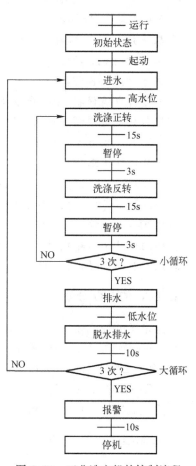

图 6-22　工业洗衣机的控制流程

组，即 Pr201~Pr210 为第 1 组，Pr211~Pr220 为第 2 组，Pr221~Pr230 为第 3 组。每个参数必须设定旋转方向（0 表示停止，1 表示正转，2 表示反转）、运行频率（0~400，9999）、开始时间（00~99：00~59）。Pr231 用于设定开始程序运行的基准时钟，其设定范围见表 6-19。

表 6-19　Pr200 的功能

设 定 值	功　　能	Pr231 的设定范围
0	选择 min 和 s 时间单位，电压监视	最大 99min59s
1	选择 h 和 min 时间单位，电压监视	最大 99h59min
2	选择 min 和 s 时间单位，基准时间监视	最大 99min59s
3	选择 h 和 min 时间单位，基准时间监视	最大 99h59min

变频器程序运行时，除了设定上述参数，还必须通过变频器的控制端子来控制。如 RH 用于选择第 1 组程序运行参数，RM 用于选择第 2 组程序运行参数，RL 用于选择第 3 组程序运行参数；STR 用于复位基准时钟，即基准时钟置 0；STF 用于选择程序运行开始信号。

若设定 Pr76=3，则 SU 为所选择的程序运行组运行完成时输出信号，IPF 为第 3 组运行时输出信号，OL 为第 2 组运行时输出信号，FU 为第 1 组运行时输出信号。

根据控制要求，变频器的具体设定参数如下所述。

☺ 上限频率 Pr1=50Hz；

☺ 下限频率 Pr2=0Hz；

☺ 基底频率 Pr3=50Hz；

☺ 加速时间 Pr7=3s；

☺ 减速时间 Pr8=3s；

☺ 电子过电流保护 Pr9=电动机的额定电流；

☺ 操作模式选择程序运行，Pr79=5；

☺ Pr200=2（选择 min 和 s 为时间单位，基准时间监视）；

☺ Pr201=1（正转），50（运行频率），0：00（0min0s 开始正转运行）；

☺ Pr202=0（停止），00（运行频率），0：15（0min15s 开始停）；

☺ Pr203=2（反转），50（运行频率），0：18（0min18s 开始反转运行）；

☺ Pr204=0（停止），00（运行频率），0：33（0min33s 开始停）；

☺ Pr211=1（正转），50（运行频率），0：00（0min0s 开始正转运行）；

☺ Pr212=0（停止），00（运行频率），0：07（0min7s 开始停）。

2. PLC 的 I/O 分配

根据系统的控制要求、设计思路和变频器的设定参数，对 PLC 的 I/O 进行如下分配。

☺ X0—起动按钮；X1—停止，X2—高水位；X3—低水位。

☺ Y0—进水电磁阀；Y1—排水电磁阀；Y2—脱水电磁阀；Y3—报警指示；Y4—STF（变频器运行）；Y5—RH（选择第 1 组程序）；Y6—RM（选择第 2 组程序）。

工业洗衣机控制系统接线图如图 6-23 所示。

3. 控制程序

工业洗衣机控制程序如图 6-24 所示。具体工作过程由读者参照说明自行分析。

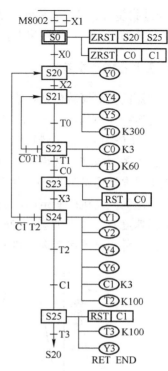

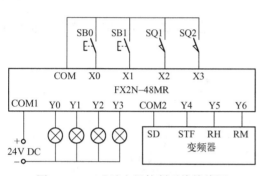

图 6-23　工业洗衣机控制系统接线图

图 6-24　工业洗衣机控制程序图

6.5.3　拓展知识：变频器介绍

1. 变频器的基本构成

现在常用的变频器基本都是"交-直-交"变频器，即先将交流电通过整流器转换成直流电，然后再通过逆变器变换成需要的不同频率的交流电。"交-直-交"变频器的基本构成如图 6-25 所示。

2. 变频器调速原理

三相异步电动机的转速公式为

$$n = \frac{60f}{p}(1-s)$$

式中：f 为电源频率，单位为 Hz；p 为电动机极对数；s 为电动机转差率。

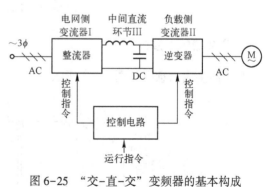

图 6-25　"交-直-交"变频器的基本构成

由上式可知，改变电源频率即可实现调速。

对异步电动机进行变频调速时，必须按照一定的规律同时改变其定子电压和频率，即必须通过变频器获得电压和频率均可调节的供电电源。

3. 变频器的额定值和频率指标

（1）输入侧的额定值：包括输入电压 U_{1N} 和输入电流 I_{1N}。

（2）输出侧的额定值：包括输出电压 U_{2N}、输出电流 I_{2N}、输出容量 S_N、配用电动机容

量 P_N 和过载能力。其中：$S_N = U_{2N}I_{2N}$。

（3）频率指标：包括频率范围、频率精度和频率分辨率。

4. 变频器的基本参数

变频器的基本参数包括：输出频率范围（Pr. 1、Pr. 2、Pr. 18），其中 Pr. 1 为上限频率；多段速度运行（Pr. 4~Pr. 6、Pr. 24~Pr. 27）；加/减速时间（Pr. 7、Pr. 8、Pr. 20）；电子过电流保护（Pr. 9）；起动频率（Pr. 13）；适用负荷选择（Pr. 14）；点动运行（Pr. 15、Pr. 16）；参数写入禁止选择（Pr. 77）；操作模式选择（Pr. 79）。

电子过电流保护（Pr. 9）用于设定电子过电流保护的电流值，以防止电动机过热，通常将其设定为电动机的额定电流值。

七段速度对应端子如图 6-26 所示。由图可见，通过 RH、RM、RL 三个端子的输入电平信号的高低组合可以实现七段速度的设定。

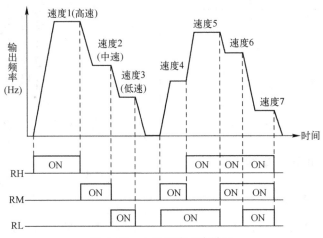

图 6-26　七段速度对应端子

5. 变频器的主接线

变频器接线示意图如图 6-27 所示。

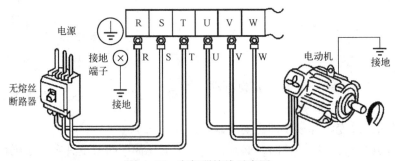

图 6-27　变频器接线示意图

6. 变频器的操作面板

以 FR-A540 型变频器为例，它一般通过 FR-DU04 操作面板或 FR-PU04 参数单元来操作（总称为 PU 操作）。FR-DU04 操作面板按键功能见表 6-20。

表 6-20　FR-DU04 操作面板按键功能

按　键	说　明
MODE	用于选择操作模式或设定模式
SET	用于确定频率和设定参数
⬆/⬇	用于连续增加或降低运行频率。在设定模式中按下此键，则可连续设定参数
FWD	用于给出正转指令
REV	用于给出反转指令
STOP RESET	用于停止运行或保护功能动作输出停止时复位变频器（用于主要故障）

7. 变频器的基本操作

（1）PU 显示模式：在 PU 模式下，按 MODE 键可改变 PU 显示模式，如图 6-28 所示。

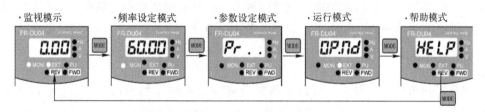

图 6-28　PU 显示模式

（2）监视模式：在监视模式下，按 SET 键可改变监视类型，如图 6-29 所示。

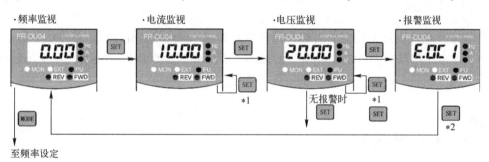

图 6-29　监视模式

> 【说明】按下标有"＊1"的 SET 键超过 1.5s 时，可以将当前监视模式改为上电模式；按下标有"＊2"的 SET 键超过 1.5s 时，可以显示最近 4 次错误的信息。

（3）频率设定模式：在频率设定模式下，可改变设定频率，如图 6-30 所示（图中的操作是将目前频率 60Hz 更改为 50Hz）。

6.5.4　实践拓展：设置 PID 参数

利用 PID 参数自整定程序，可以自动计算 PID 参数，其自整定成功率约为 95%。对于少数自整定不成功的系统，可以按以下方法设置 PID 参数。

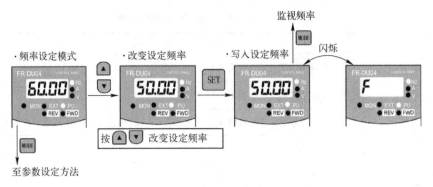

图 6-30　频率设定模式

1. P 参数设置

若比例调节参数 P 不确定，可以先将其设置得大一些（如 30%），以避免开机时出现超调和振荡，待系统运行后再视响应情况逐渐调小，以增强比例作用的效果，提高系统响应的快速性，以既能快速响应，又不出现超调或振荡为最佳。

2. I 参数设置

若积分时间参数 I 不确定，可以先将其设置得大一些（如 1800s，当其大于 3600s 时，积分作用去除），待系统运行后，在参数 P 确定的基础上再把参数 I 逐渐调小，观察系统响应，以系统能快速消除静差进入稳态，且不出现超调、振荡为最佳。

3. D 参数设置

若微分时间参数 D 不确定，可以先将其设置为 0，即去除微分作用，待系统运行后，在参数 P 和 I 确定的基础上，再逐渐增加参数 D，以增强微分作用，改善系统响应的快速性，以系统不出现振荡为最佳，多数系统可不加微分作用。

 思考与练习

（1）FX 系列 PLC 常用的模拟量控制设备有哪些？

（2）FX2N-4AD 输入模块 BFM 有哪些设定？

（3）FX2N-4DA 输出模块 BFM 有哪些设定？

（4）FX2N -2DA 模拟量输出模块接在 1 号模块位置，CH1 设定为电流输出，CH2 设定为电压输出，并要求当 PLC 从运行状态转为停止状态后，最后的输出值保持不变。试编写 PLC 程序。

（5）FX2N-4AD 模块连接在特殊功能模块的 1 号位置，通道 CH1 和 CH2 用作电流输入，平均采样次数设为 5，并且用 PLC 的数据寄存器 D0 和 D1 接收输入的数字值。试编写 PLC 程序。

（6）FX2N-4AD-PT 模块占用特殊功能模块 2 的位置，平均采样次数为 6，由通道CH1~CH4 输入的平均温度值（单位为℃）分别保存在数据寄存器 D1~D4 中。试编写 PLC 程序。

第 7 章　PLC 通信

PLC 除了用于单机控制系统，还能与其他 PLC、计算机或可编程设备（如变频器、打印机、机器人等）连接，构成数据交换的通信网络，实现网络控制与管理。

7.1　基本知识

7.1.1　通信系统构成

PLC 网络中的任何设备之间的通信，都是使数据由一台设备的端口（信息发送设备）发出，经过信息传输通道（信道）传输，然后由另一台设备的端口（信息接收设备）进行接收。一般通信系统由信息发送设备、信息接收设备和通信信道构成，依靠通信协议和通信软件指挥、协调和运作该通信系统硬件的信息传送、交换和处理。通信系统的基本构成如图 7-1 所示。

为了确保信息发送和接收的正确性和一致性，控制设备必须按照通信协议和通信软件的要求，对信息发送和接收过程进行协调。

信息通道是数据传输的通道。选用何种信道媒介应视通信系统的设备构成不同，以及在速度、安全、抗干扰性等方面要求的不同而确定。PLC 数据通信系统一般采用有线信道。

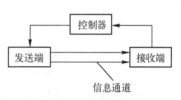

图 7-1　通信系统的基本构成

通信软件是人与通信系统之间的一个接口，使用者可以通过通信软件了解整个通信系统的运行情况，进而对通信系统进行各种控制和管理。

7.1.2　通信方式及传输速率

1. 并行通信

并行通信是指以字节或字为单位，同时将多个数据在多个并行信道上进行传输的方式。8 位数据并行通信示意图如图 7-2 所示。

并行通信传输的特点是传输速率较高，但硬件成本也较高。

2. 串行通信

串行通信是指以二进制的位（bit）为单位，对数据逐位顺序成串传送的通信传输方式。图 7-3 所示的是 8 位数据串行通信示意图。

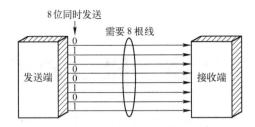

图 7-2　8 位数据并行通信示意图

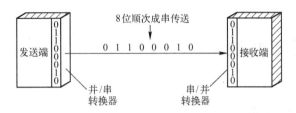

图 7-3　8 位数据串行通信示意图

　　串行通信时，无论传送多少位的数据，仅需一根传输线即可，硬件成本较低，但是需要与并/串转换器配合工作。

　　串行通信按照传送方式的不同，又可以分成异步串行通信、同步串行通信两种。

　　1）异步串行通信　是指数据传送以字符为单位，字符与字符间的传送是完全异步的，位与位之间的传送基本上是同步的。异步串行通信的特点如下所述。

　　☺ 以字符为单位传送信息。

　　☺ 相邻两个字符间的间隔是任意长。

　　☺ 因为一个字符中的位长度有限，所以需要的接收时钟和发送时钟只要相近就可以。

　　异步串行通信的数据传送格式如图 7-4 所示。每个字符（每帧信息）由以下 4 个部分组成。

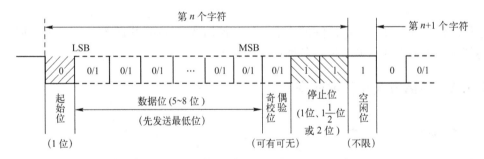

图 7-4　异步串行通信的数据传送格式

　　☺ 第 1 位为起始位，规定为低电位 0。

　　☺ 第 5~8 位为数据位，即要传送的有效信息。

　　☺ 奇偶校验位：1 位逻辑 0 或 1，可以约定采用奇校验、偶校验或无校验位。

　　☺ 停止位：用 1 位、$1\frac{1}{2}$ 位或 2 位逻辑 1 表示字符的结束，停止位的宽度也是预先约定的。

2）同步串行通信　是指数据传送是以数据块（一组字符）为单位，字符与字符之间、字符内部的位与位之间均同步。同步串行通信的特点如下所述。

☺ 以数据块为单位传送信息。

☺ 在一个数据块（信息帧）内，字符与字符之间无间隔。

☺ 因为一次传输的数据块中包含的数据较多，所以接收时钟与发送时钟要严格同步，通常要有同步时钟。

同步串行通信的数据传送格式如图 7-5 所示，每个数据块（信息帧）由如下 3 个部分组成。

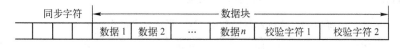

同步字符				数据块					
			数据 1	数据 2	…	数据 n	校验字符 1	校验字符 2	

图 7-5　同步串行通信的数据传送格式

☺ 2 个同步字符作为一个数据块（信息帧）的起始标志。

☺ n 个连续传送的数据。

☺ 2B 循环冗余校验码（CRC）。

3. 单工通信与双工通信

按照信息在设备间的传输方向，串行通信还可分为单工通信与双工通信。双工通信又分为半双工和全双工两种方式。在双工通信方式下，信息可以双向传送，每个站既可发送数据，也可接收数据。半双工方式用同一组线接收和发送数据，通信的双方在同一时刻只能发送或接收数据。而在全双工方式中，数据的发送和接收分别由两根或两组不同的数据线传送，通信的双方都能在同一时刻接收和发送信息。

4. 传输速率

在串行通信中，用"波特率"来描述数据的传输速率。波特率即每秒传送的二进制位数，其单位为 bit/s。常用的标准传输速率为 300～38400bit/s 等。不同的串行通信网络的传输速率差别极大，有的只有数百 bit/s，而高速串行通信网络的传输速率可达 1Gbit/s 以上。

7.1.3　串行通信接口标准

1. RS-232C

1）RS-232C 的电气特性　RS-232C 采用负逻辑，典型的 RS-232 信号在正、负电平之间摆动。发送数据时，发送端驱动器输出的正电平在 +5～+15V 之间，负电平在 -5～-15V 之间。当无数据传输时，线上为 TTL 电平，从开始传送数据到结束，线上电平从 TTL 电平变为 RS-232C 电平，再返回 TTL 电平。RS-232C 的最大传送距离约为 15m，最高速率为 20kbit/s，只能进行一对一的通信。

2）RS-232C 的标准接口　RS-232C 的标准接口如图 7-6 所示。共有 25 根线，包括 4 根数据线、12 根控制线、3 根定时线、6 根备用或未定义线。

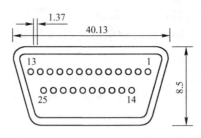

图 7-6　RS-232C 的标准接口

RS-232C 25 针"D"形连接器的引脚定义见表 7-1。

表 7-1　RS-232C 25 针"D"形连接器的引脚定义

引脚号	引脚定义	引脚号	引脚定义	引脚号	引脚定义
1	保护地	10	未定义	19	请求发送 2
2	发送数据	11	未定义	20	数据终端就绪
3	接收数据	12	接收信号检测 2	21	未定义
4	请求发送	13	允许发送 2	22	振铃指示
5	允许发送	14	发送数据 2	23	同步速率选择
6	数据终端就绪	15	发送方定时	24	发送方定时
7	信号地	16	接收数据 2	25	未定义
8	载波信号检测	17	接收方定时	—	—
9	未定义	18	未定义	—	—

2. RS-422A

RS-422A 采用平衡驱动、差分接收电路，取消了信号地线。它的引脚数为 37 个，因而比 RS-232C 多了 10 种新功能。与 RS-232C 的单端收发方式相比，RS-422A 的抗干扰性得到了明显的增强。RS-422A 在最大传输速率（10Mbit/s）时，允许的最大通信距离为 12m；当传输速率为 100kbit/s 时，最大通信距离为 1.2km。每个 RS-422A 驱动器可以连接 10 个接收器。

3. RS-485

RS-485 与 RS-422A 的区别仅在于 RS-485 的工作方式是半双工的，而 RS-422A 为全双工的。RS-422A 有两对平衡差分信号线，分别用于发送和接收；而 RS-485 只有一对平衡差分信号线，不能同时发送和接收。

RS-485 与 RS-422A 一样，都是采用差动收发方式，输出阻抗低，无接地回路，所以它的抗干扰性好，传输速率可以达到 10Mbit/s。

7.2　PLC 之间的通信

按照传输方式，PLC 之间的通信可以分成 1:N 链接通信和双机并行链接通信两种。

7.2.1 1:N 链接通信

1:N 链接通信协议用于最多 8 台 FX 系列 PLC 的辅助继电器和数据寄存器之间的数据的自动交换，其中一个为主站，其余的为从站（从站数为 N）。

1:N 链接通信网络中的每个 PLC 都在其辅助继电器区和数据寄存器区分配一块用于共享的数据区，这些辅助继电器和数据寄存器见表 7-2 和表 7-3。

表 7-2   1:N 链接通信网络的相关辅助继电器

动作	特殊辅助继电器	名　称	说　明	响应形式
只写	M8038	1:N 网络参数设定	用于 1:N 网络参数设定	主站，从站
只读	M8063	网络参数错误	若主站参数错误，置 ON	主站，从站
只读	M8183	主站通信错误	主站通信错误，置 ON[①]	从站
只读	M8184~M8019[②]	从站通信错误	从站通信错误，置 ON[①]	主站，从站
只读	M8191	数据通信	若与其他站通信，置 ON	主站，从站

注：① 表示在本站中出现的通信错误数，不能在 CPU 出错状态、程序出错状态和停止状态下记录。

② 表示与从站号一致，如 1 号站为 M8184、2 号站为 M8185、3 号站为 M8186。

表 7-3   1:N 链接通信时的相关数据寄存器

动作	特殊数据寄存器	名　称	说　明	响应形式
只读	D8173	站号	存储从站的站号	主站，从站
只读	D8174	从站总数	存储从站总数	主站，从站
只读	D8175	刷新范围	存储刷新范围	主站，从站
只写	D8176	设定站号	设定本站号	主站，从站
只写	D8177	设定总从站数	设定从站总数	主站
只写	D8178	设定刷新范围	设定刷新范围	主站
只写	D8179	设定重试次数	设定重试次数	主站
只写	D8180	超时设定	设定命令超时	主站
只读	D8201	当前网络扫描时间	存储当前网络扫描时间	主站，从站
只读	D8202	最大网络扫描时间	存储最大网络扫描时间	主站，从站
只读	D8203	主站通信错误数	主站中通信错误数[①]	从站
只读	D8204~D8210[②]	从站通信错误数	从站中通信错误数[①]	主站，从站
只读	D8211	主站通信错误码	主站中通信错误码	从站
只读	D8212~D8218[②]	从站通信错误码	从站中通信错误码	主站，从站

注：① 表示在本站中出现的通信错误数，不能在 CPU 出错状态、程序出错状态和停止状态下记录。

② 表示与从站号一致，如 1 号从站为 D8204、D8212，2 号从站为 D8205、D8213，3 号从站为 D8206、D8214。

1:N 链接通信网络示意图如图 7-7 所示。

1. 1:N 链接通信设置

【工作站号设置（D8176）】 D8176 的设置范围为 0~7，主站应设置为 0，从站设置为 1~7。

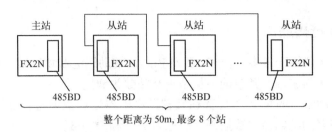

图 7-7　1:N 链接通信网络示意图

【**从站个数设置（D8177）**】D8177 用于在主站中设置从站总数，在从站中无须设置，设定范围为 0~7 之间的值，默认值为 7。

【**刷新范围（模式）设置（D8178）**】刷新范围是指在设定的模式下，主站与从站共享的辅助继电器和数据寄存器的范围。1:N 链接通信刷新模式见表 7-4。

表 7-4　1:N 链接通信刷新模式

刷新模式	刷新元件		适用系列
	位元件（M）	字元件（D）	
模式 0	—	4 点	FX0N、FX1S、FX1N、FX2N 和 FX2NC
模式 1	32 点	4 点	FX1N、FX2N 和 FX2NC
模式 2	64 点	8 点	FX1N、FX2N 和 FX2NC

表 7-5 所列为 3 种刷新模式对应的辅助继电器和数据寄存器刷新范围，这些辅助继电器和数据寄存器供各站的 PLC 共享。

表 7-5　3 种刷新模式对应的辅助继电器和数据寄存器

从站号	模式 0		模式 1		模式 2	
	位元件	字元件	位元件	字元件	位元件	字元件
1	—	D10~D13	M1064~M1095	D10~D13	M1064~M1127	D10~D17
2		D20~D23	M1128~M1159	D20~D23	M1128~M1191	D20~D27
3		D30~D33	M1192~M1223	D30~D33	M1192~M1255	D30~D37
4		D40~D43	M1256~M1287	D40~D43	M1256~M1319	D40~D47
5		D50~D53	M1320~M1351	D50~D53	M1320~M1383	D50~D57
6		D60~D63	M1384~M1415	D60~D63	M1384~M1447	D60~D67
7		D70~D73	M1448~M1479	D70~D73	M1448~M1511	D70~D77

【**重试次数设置（D8179）**】D8179 用以设置重试次数，设定范围为 0~10（默认值为 3）。该设置仅用于主站。当通信出错时，主站就会根据设置的次数自动重试通信。

【**通信超时时间设置（D8180）**】D8180 用以设置通信超时时间，设定范围为 5~255（默认值为 5），该值乘以 10ms 就是通信超时时间。该设置限定了主站与从站之间的通信时间。

2. 1:N 链接通信实例

【**实例 7-1**】编制 1:N 链接通信网络参数的主站设定程序。

　　设定要求：将 PLC 设定为主站，从站数目设定为 2 个，采用刷新模式 1，通信重试次数设定为 3 次，通信超时设定为 50ms。

　　按照设定要求编制的 1:N 链接通信网络参数的主站设定程序如图 7-8 所示。

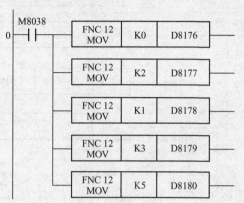

图 7-8　1:N 链接通信网络参数的主站设定程序

　　【实例 7-2】 如图 7-9 所示，有 3 台 FX2N 系列 PLC，通过 1:N 链接通信网络交换数据，请设计其通信程序。

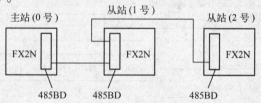

图 7-9　1:2 链接通信网络

　　该网络的初始化设定程序要求如下所述。

　　☺ 刷新范围：32 点位元件和 4 点字元件（模式 1）。

　　☺ 重试次数：3 次。

　　☺ 通信超时：50ms。

　　为设计满足上述通信要求的通信程序，首先应对主站和从站的通信参数进行设置（见表 7-6），其主站的通信参数设定程序见图 7-8。

表 7-6　主站和从站的通信参数设置

元 件 号	通信参数			说　　明
	主站	从站 1	从站 2	
D8176	K0	K1	K2	站号
D8177	K2	—	—	从站总数：2
D8178	K1	—	—	刷新模式 1
D8179	K3	—	—	重试次数：3
D8180	K5	—	—	通信超时：50ms

图 7-10 至图 7-12 所示的分别是主站、从站 1 和从站 2 的通信程序。

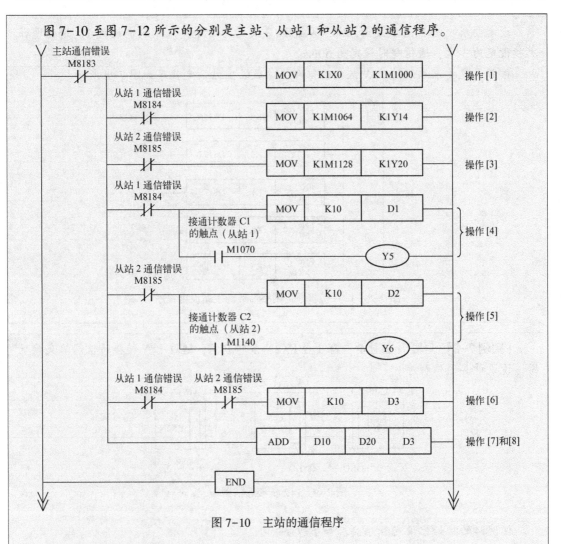

图 7-10　主站的通信程序

该网络的通信操作分析所述。

[1] 通过 M1000~M1003，用主站的 X0~X3 来控制 1 号从站的 Y10~Y13。

[2] 通过 M1064~M1067，用从站 1 的 X0~X3 来控制 2 号从站的 Y14~Y17。

[3] 通过 M1128~M1131，用从站 2 的 X0~X3 来控制主站的 Y20~Y23。

[4] 主站的数据寄存器 D1 为从站 1 的计数器 C1 提供设定值。C1 的触点状态由 M1070 映射到主站的输出点 Y5。

[5] 主站中的数据寄存器 D2 为从站 2 的计数器 C2 提供设定值。C2 的触点状态由 M1140 映射到主站的输出点 Y6。

[6] 从站 1 的 D10 值和从站 2 的 D20 值在主站相加，运算结果存放到主站的 D3 中。

[7] 主站中的 D0 值和从站 2 中的 D20 值在从站 1 中相加，运算结果存入从站 1 的 D11 中。

[8] 主站中的 D0 值和从站 1 中的 D10 值在从站 2 中相加，运算结果存入从站 2 的 D21 中。

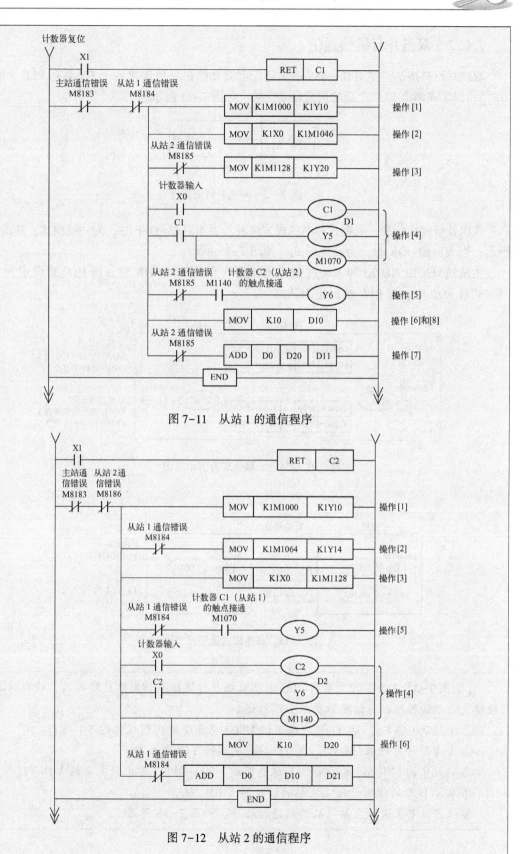

图 7-11 从站 1 的通信程序

图 7-12 从站 2 的通信程序

7.2.2　双机并行链接通信

双机并行链接是指使用 RS-485 通信适配器或功能扩展板连接两个 FX 系列 PLC（即 1:1 方式），以实现两个 PLC 之间的信息自动交换，如图 7-13 所示。

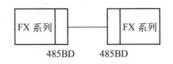

图 7-13　双机并行链接

双机并行链接分为一般模式和高速模式两种：当 M8162=OFF 时，为一般模式，如图 7-14 所示；当 M8162=ON 时，为高速模式，如图 7-15 所示。

主从站分别由 M8070 和 M8071 继电器设定：当 M8070=ON 时，该 PLC 被设定为主站；当 M8071=ON 时，该 PLC 被设定为从站。

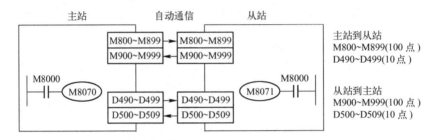

图 7-14　一般模式通信示意图

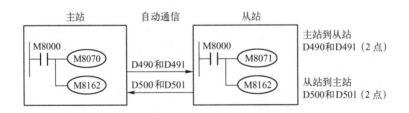

图 7-15　高速模式通信示意图

【实例 7-3】 2 个 FX2N 系列 PLC 通过双机并行链接通信网络交换数据，请设计其一般模式的通信程序。通信操作要求如下所述。

☺ 主站 X0~X7 的 ON/OFF 状态通过 M800~M807 输出到从站的 Y0~Y7。

☺ 当主站计算结果（D0+D2）≤100 时，从站的 Y10 变为 ON。

☺ 从站中的 M0~M7 的 ON/OFF 状态通过 M000~M007 输出到主站的 Y0~Y7。

☺ 从站 D10 的值用于设定主站的计时器（T0）值。

按照题目要求设计主站与从站的通信程序，如图 7-16 所示。

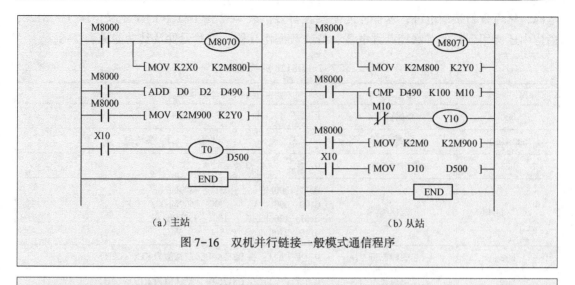

图 7-16　双机并行链接一般模式通信程序

【**实例 7-4**】2 个 FX2N 系列 PLC 通过双机并行链接通信网络交换数据，请设计其高速模式的通信程序。通信操作要求如下所述。

☺ 当主站的计算结果≤100 时，从站 Y10 变为 ON。

☺ 从站的 D10 的值用于设定主站的计时器（T0）值。

按照题目要求设计主站与从站的通信程序，如图 7-17 所示。

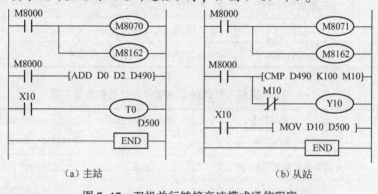

图 7-17　双机并行链接高速模式通信程序

7.3　计算机链接与无协议数据传输

通信格式决定了计算机链接和无协议通信方式的通信设置（如数据长度、奇偶校验形式、波特率和协议方式等）。在 PLC 与计算机之间进行通信时，为了保证发送和接收数据完全正确，必须按规定的通信协议格式进行处理。

7.3.1　串行通信协议的格式

PLC 程序在 16 位的特殊数据寄存器 D8120 中设置通信格式，如数据长度、奇偶校验形式、波特率和协议方式等，其中 bit0 为最低位，bit15 为最高位。设置好后，必须关闭 PLC

电源，然后重新接通电源，这样才能使设置有效。表 7-7 是 D8120 的位定义。除了 D8120，通信中还会用到其他特殊辅助继电器和特殊数据寄存器，这些元件及其功能见表 7-8。

表 7-7　D8120 的位定义

位　号	意　义	取　值　含　义
bit0	数据长度	0：7 位 1：8 位
bit2 ~ bit1	奇偶校验	00：无校验　　01：奇校验　　11：偶校验
bit3	停止位长度	0：1 位　　　1：2 位
bit7 ~ bit4	波特率	0011：300bit/s　　0111：4800bit/s 0100：600bit/s　　1000：9600bit/s 0101：1200bit/s　　1001：19200bit/s 0110：2400bit/s
bit8	起始标志符	0：无　　1：在 D8124 中，默认值为 STX（02H）
bit9	结束标志符	0：无　　1：在 D8125 中，默认值为 ETX（03H）
bit12 ~ bit10	控制线	000：无应用（RS-232C） 001：终端适配器（RS-232C） 010：转换适配器（RS-232C） 011：普通格式 1（RS-232C，RS-485，RS-422A） 101：普通格式 2（RS-232C）
bit13	是否附加和检查码	0：不附加　　　1：自动附加
bit14	协议	0：无协议　　　1：专用协议
bit15	传送控制协议	0：协议格式 1　　1：协议格式 4

表 7-8　PLC 通信用特殊辅助继电器和特殊数据寄存器

特殊辅助继电器	功能描述	特殊数据寄存器	功能描述
M8121	数据发送延时（RS 命令）	D8120	通信格式（RS 命令，计算机链接）
M8122	数据发送标志（RS 命令）	D8121	站号设置（计算机链接）
M8123	完成接收标志（RS 命令）	D8122	未发送数据数（RS 命令）
M8124	载波检测标志（RS 命令）	D8123	接收的数据数（RS 命令）
M8126	全局标志（计算机链接）	D8124	起始标志符 （默认值为 STX，RS 命令）
M8127	请求式握手标志（计算机链接）	D8125	结束标志符 （默认值为 EXT，RS 命令）
M8128	请求式出错标志（计算机链接）	D8127	请求式起始元件号寄存器 （计算机链接）
M8129	请求式字/字节转换 （计算机链接）， 超时判断标志（RS 命令）	D8128	请求式数据长度寄存器 （计算机链接）
M8161	8/16 位转换标志（RS 命令）	D8129	数据网络的超时定时器设定值 （RS 命令和计算机链接，单位为 10ms，为 0 时表示 100ms）

【**实例 7-5**】根据 7-9 表所列参数，对特殊数据寄存器 D8120 进行设置，并编写参数设定程序。

表 7-9　需设置的参数

数据长度	奇偶性	停止位	波特率	协议	起始标志字符	结束标志字符	DTR 检查	控制线
7 位	偶	2 位	9600bit/s	无协议	无	无	无	普通格式 1

按照题目要求编写的参数设定程序如图 7-18 所示。

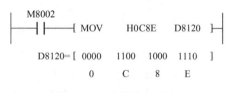

图 7-18　参数设定程序

7.3.2　计算机链接通信协议

计算机链接可以用于一台计算机与一个配有 RS-232C 通信接口的 PLC 之间的通信，如图 7-19 所示。

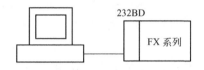

图 7-19　一台计算机与一个 PLC 之间的通信（RS-232C）

计算机也可以通过 RS-485 通信网络与多个（最多 16 个）PLC 实现通信，如图 7-20 所示。

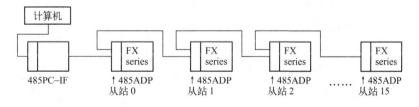

图 7-20　计算机与多个 PLC 链接通信

在 RS-485 网络与计算机的 RS-232C 通信接口之间需要使用 FX-485PC-IF 转换器。

1. 计算机与 PLC 链接数据流的传输格式

计算机与 PLC 之间数据交换和传输（又称数据流）有 3 种形式，即计算机从 PLC 中读数据、计算机向 PLC 写数据和 PLC 向计算机写数据。数据传输格式见表 7-10。

表 7-10　数据传输格式

控制代码	PLC 站号	PLC 标志号	命令	报文等待时间	数据字符	校验和代码	控制代码 CR/LF

【控制代码】控制代码格式见表 7-11。

表 7-11　控制代码格式

信　号	代　码	功能描述	信　号	代　码	功能描述
STX	02H	报文开始	LF	0AH	换行
ETX	03H	报文结束	CL	0CH	清除
EOT	04H	发送结束	CR	0DH	回车
ENQ	05H	请求	NAK	15H	不能确认
ACK	06H	确认			

PLC 接收到单独的控制代码 EOT（发送结束）和 CL（清除）时，将初始化传输过程，此时 PLC 不会响应。在以下 5 种情况下，PLC 将初始化传输过程。

☺ 电源接通。

☺ 数据通信正常完成。

☺ 接收到发送结束信号（EOT）或清除信号（CL）。

☺ 接收到控制代码 NAK。

☺ 计算机发送命令报文后，超过了超时检测时间。

【PLC 站号】用于决定计算机访问哪一个 PLC，同一网络中各 PLC 的站号不能重复。但不要求网络中各站的站号是连续的数字。在 FX 系列中，用特殊数据寄存器 D8121 来设定站号，设定范围为 00H~0FH。

【PLC 标志号】用于识别 MELSECNET（Ⅱ）或 MELSECNET/B 网络中的 CPU，用两个 ASCII 字符来表示。

【命令】计算机链接中的命令见表 7-12。

表 7-12　计算机链接中的命令

命　令	功　能	FX1N、FX2N、FX2NC
BR	以点为单位读位元件（X、Y、M、S、T、C）组	256 点
WR	以 16 点为单位读位元件组或读字元件组	32 字, 512 点
BW	以点为单位写位元件（Y、M、S、T、C）组	160 点
WW	以 16 点为单位写位元件组	10 字, 160 点
	写字元件（D、T、C）组	64 点
BT	对多个位元件分别置位/复位（强制 ON/ OFF）	20 点
WT	以 16 点为单位对位元件置位/复位（强制 ON/OFF）	10 字, 160 点
	以字元件为单位，向 D、T、C 写入数据	10 字
RR	远程控制 PLC 启动	
RS	远程控制 PLC 停机	
PC	读 PLC 的型号代码	
GW	置位/复位所有链接的 PLC 的全局标志	1 点

续表

命　令	功　　能	FX1N、FX2N、FX2NC
——	PLC 发送请求式报文，无命令，只能用于 1∶1 系统	最多 64 字
TT	返回式测试功能，字符从计算机发出，又直接返回到计算机	254 个字符

【报文等待时间】用于决定当 PLC 接收到从计算机发送过来的数据后，需要等待的最少时间，然后才能向计算机发送数据。

【数据字符】即所需发送的数据报文信息，其字符个数由实际情况决定。

【校验和代码】用于校验接收到的信息中的数据是否正确。

【控制代码 CR/LF】当 D8120 的第 15 位设置为 1 时，选择控制协议格式 4，PLC 在报文末尾加上控制代码 CR/LF（回车、换行符）。

2. 计算机从 PLC 读取数据

计算机从 PLC 读取数据的过程分为 A、B、C 三部分，如图 7-21 所示。

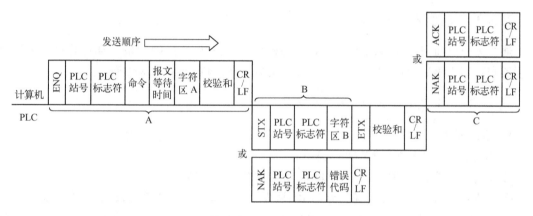

图 7-21　计算机读取 PLC 数据的数据传输格式

（1）计算机向 PLC 发送读数据命令报文（A 部分），以控制代码 ENQ（请求）开始，紧跟其后的是计算机要发送的数据，数据按从左至右的顺序发送。

（2）PLC 接收到计算机的命令后，向计算机发送计算机要求读取的数据，该报文以控制代码 STX 开始（B 部分）。

（3）计算机接收到从 PLC 中读取的数据后，向 PLC 发送确认报文，该报文以 ACK 开始（C 部分），表示数据已收到。

（4）当计算机向 PLC 发送读数据的命令有错误（如命令格式不正确或 PLC 站号不符等），或者在通信过程中产生错误时，PLC 将向计算机发送有错误代码的报文，即 B 部分以 NAK 开始的报文，通过错误代码告诉计算机产生通信错误的可能原因。计算机接收到 PLC 发来的有错误的报文时，向 PLC 发送无法确认的报文，即 C 部分以 NAK 开始的报文。

3. 计算机向 PLC 写数据

计算机向 PLC 写数据的过程分为 A、B 两部分，如图 7-22 所示。

（1）计算机首先向 PLC 发送写数据命令，如图 7-22 中的 A 部分所示。

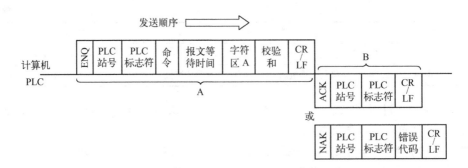

图 7-22　计算机向 PLC 写数据的数据传输格式

（2）PLC 接收到写数据命令后，执行相应的操作，执行完成后，向计算机发送确认信号（B 部分以 ACK 开头的报文），表示写数据操作已完成。

（3）若计算机发送的写命令有错误，或者在通信过程中出现了错误，PLC 将向计算机发送 B 部分中以 NAK 开头的报文，通过错误代码告诉计算机产生通信错误的可能原因。

7.3.3　无协议数据传输

通过无协议通信方式可以实现 PLC 与各种有 RS-232C 接口的设备（如计算机、条形码阅读器和打印机等）之间的通信，也可采用无协议 RS-485 转换器来实现。

【实例 7-6】PLC 与三菱变频器的无协议通信应用实例。

1）系统配置

☺ 三菱 PLC：FX2N + FX2N-485-BD。

☺ 三菱变频器：A500 系列、E500 系列、F500 系列、F700 系列。

☺ 二者之间通过网线连接（网线的 RJ 插头和变频器的 PU 插座连接），将变频器的 SDA 与 PLC 通信板（FX2N + FX2N-485-BD）的 RDA 连接，变频器的 SDB 与 PLC 通信板（FX2N + FX2N-485-BD）的 RDB 连接，变频器的 RDA 与 PLC 通信板（FX2N + FX2N-485-BD）的 SDA 连接，变频器的 RDB 与 PLC 通信板（FX2N + FX2N-485-BD）的 SDB 连接，变频器的 SG 与 PLC 通信板（FX2N + FX2N-485-BD）的 SG 连接。

2）变频器的设置　见表 7-13。

表 7-13　变频器的设置

参　数　号	名　　称	设　定　值	说　　明
117	站号	0	设定变频器站号为 0
118	通信速率	96	设定波特率为 9600bit/s
119	停止位长/数据位长	11	设定停止位为 2 位，数据位为 7 位
120	有/无奇偶校验	2	设定为偶校验
121	通信再试次数	9999	即使发生通信错误，变频器也不停止
122	通信校验时间间隔	9999	通信校验终止
123	等待时间设定	9999	用通信数据设定
124	有/无 CR/LF	0	选择无 CR/LF

【说明】122 号参数一定要设置成 9999，否则当通信结束后且通信校验互锁时间到时，变频器会产生报警并且停止（E. PUE）。每次参数初始化设定完成后，应复位变频器。如果改变与通信相关的参数，而变频器没有复位，通信将不能进行。

3）**PLC 的设置**　见表 7-14。

表 7-14　PLC 与变频器无协议通信格式设置

参　　数	设　　置
数据长度	7 位
奇偶校验	偶校验
停止位长度	2 位
波特率	9600bit/s
起始标志字符	无
结束标志字符	无
和校验码	无
协议	无协议

4）**控制要求**

- M10 接通后，变频器进入正转状态。
- M11 接通后，变频器进入停止状态。
- M12 接通后，变频器进入反转状态。
- M13 接通后，读取变频器的运行频率（D700）。
- M14 接通后，写入变频器的运行频率（D700）。

5）**PLC 程序**　PLC 与变频器通信程序如下：

```
0      LD       M8002
1      MOV      H0C8E      D8120
6      FMOV     K0         D500       K10
13     BMOV     D500       D600       K10
20     ZRST     D203       D211
25     SET      M8161
27     LD       M8000
28     MOV      H05        D200
33     MOV      H30        D201
38     MOV      H30        D202
43     AND<=    Z0         D20
48     ADD      D21        D201Z0     D21
55     INC      Z0
58     LD       M8000
59     ASCI     D21        D206Z1     K2
66     LD       M8000
67     RS       D200       K12        D500       K10
76     LD       PM10
```

78	ORP	M11		
80	ORP	M12		
82	MOV	H46	D203	
87	MOV	H41	D204	
92	MOV	H30	D205	
97	MOV	H30	D206	
102	RST	Z0		
105	MOV	K6	D20	
110	MOV	K2	Z1	
115	RST	D21		
118	LDP	M10		
120	MOV	H32	D207	
125	LDP	M11		
127	MOV	H30	D207	
132	LDP	M12		
134	MOV	H34	D207	
139	LDP	M13		
141	MOV	H36	D203	
146	MOV	H46	D204	
151	MOV	H30	D205	
156	RST	Z0		
159	MOV	K4	D20	
164	MOV	K0	Z1	
169	RST	D21		
172	LDP	M14		
174	MOV	H45	D203	
179	MOV	H44	D204	
184	MOV	H30	D205	
189	ASCI	D400	D206	K4
196	RST	Z0		
199	MOV	K8	D20	
204	MOV	K4	Z1	
209	RST	D21		
212	LDF	M10		
214	ORF	M11		
216	ORF	M12		
218	ORF	M13		
220	ORF	M14		
222	FMOV	K0	D500	K10
229	BMOV	D500	D600	K10
236	SET	M8122		
238	LD	M8123		
239	BMOV	D500	D600	K10
246	RST	M8123		

248	LDM	8000		
249	HEX	D603	D700	K4
256	END			

7.4　实例：PLC 与变频器之间的 RS-485 通信

PLC 与变频器通过 RS-485 通信，其控制要求如下所述。

（1）利用变频器数据代码表（见表 7-15）进行通信操作。

（2）使用触摸屏，通过 PLC 的 RS-485 总线控制变频器正转、反转、停止。

（3）使用触摸屏，通过 PLC 的 RS-485 总线在运行中直接修改变频器的运行频率。

表 7-15　变频器数据代码表

操 作 指 令	指 令 代 码	数 据 内 容
正转	HFA	H02
反转	HFA	H04
停止	HFA	H00
运行频率写入	HED	H0000~H2EE0

需要的器材如下所述。

☺ PLC 1 个（FX2N-48MR）；

☺ 变频器 1 个（FR-A540-1.5K）；

☺ FX2N-485-BD 通信板 1 个（配通信线若干）；

☺ 触摸屏（F940）；

☺ 三相笼型异步电动机 1 个（Y-112-0.55）；

☺ 控制台 1 个；

☺ 按钮开关 5 个；

☺ 指示灯 3 个；

☺ 电工常用工具 1 套；

☺ 连接导线若干。

1. 软件设计

1）数据传输格式　一般按照通信请求→站号→指令代码→数据内容→校验码的格式进行传输，其中数据内容可多可少，也可以没有；校验码是求站号、指令代码、数据内容的 ASCII 码的总和，然后取其低 2 位的 ASCII 码。

2）通信格式设置　通信格式是通过特殊数据寄存器 D8120 来设置的。根据控制要求，其通信格式设置如下所述。

☺ 设数据长度为 8 位，即 D8120 的 bit0=1；

☺ 奇偶校验设为偶校验，即 D8120 的 bit1=1，bit2=1；

☺ 停止位设为 2 位，即 D8120 的 bit3=1；

☺ 通信速率设为 19200bit/s，即 D8120 的 bit4＝bit7＝1，bit5＝bit6＝0；

☺ D8120 的其他各位均设为 0

因此，通信格式设置为 D8120＝9FH。

3）变频器参数设置　根据上述通信设置，变频器必须设置如下参数：

☺ 操作模式选择（PU 运行）Pr79＝1；

☺ 站号设定 Pr117＝0（设定范围为 0～31 号站，共 32 个站）；

☺ 通信速率 Pr118＝192（即 19200bit/s，要与 PLC 的通信速率保持一致）；

☺ 数据长度及停止位长 Pr119＝1（即数据长度为 8 位，停止位长度为 2 位，要与 PLC 的设置保持一致）；

☺ 奇偶校验设定 Pr120＝2（即偶校验，要与 PLC 的设置保持一致）；

☺ 通信再试次数 Pr121＝1（数据接收错误后允许再试的次数，设定范围为 0～10，9999）；

☺ 通信校验时间间隔 Pr122＝9999（即无通信时，不报警，设定范围为 0，0.1～999.8s，9999）；

☺ 等待时间设定 Pr123＝20（设定数据传输到变频器的响应时间，设定范围为 0～150ms，9999）；

☺ 换行、按"Enter"键有无选择 Pr124＝0（即无换行、按"Enter"键）；

☺ 其他参数按出厂值设置。

【注意】 变频器参数设置完后或改变与通信有关的参数后，变频器必须停机复位，否则无法正确运行。

图 7-23　触摸屏画面

4）PLC 的 I/O 分配　M0—正转按钮，M1—反转按钮，M2—停止按钮，M3—手动加速，M4—手动减速；Y0—正转指示，Y1—反转指示，Y2—停止指示。

5）触摸屏画面制作　按图 7-23 所示设计触摸屏画面。

6）程序设计　根据通信及控制要求，其梯形图程序由以下 5 部分组成。

☺ 手动加/减速程序如图 7-24 所示。

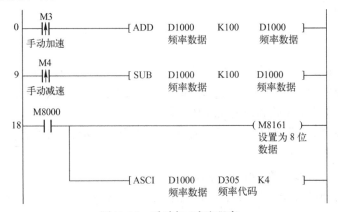

图 7-24　手动加/减速程序

☺ 通信初始化设置程序如图 7-25 所示。

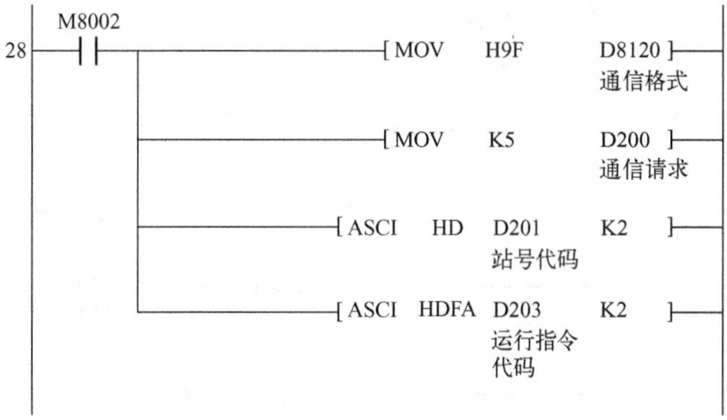

```
        M8002
  28 ───┤├───────────────────┤ MOV    H9F     D8120 ├─
                                              通信格式

                              ┤ MOV    K5      D200 ├─
                                              通信请求

                              ┤ ASCI   HD  D201    K2 ├─
                                      站号代码

                              ┤ ASCI  HDFA D203    K2 ├─
                                      运行指令
                                      代码
```

图 7-25　通信初始化设置程序

☺ 变频器运行程序如图 7-26 所示。

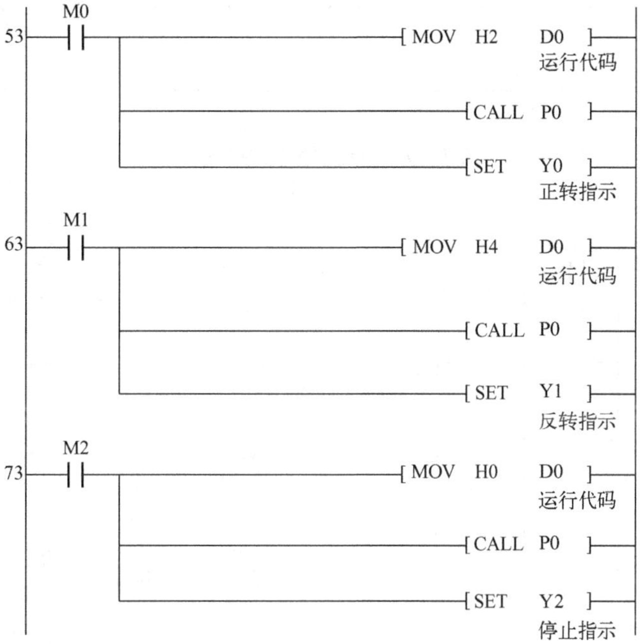

```
       M0
  53 ──┤├──────────────────┤ MOV  H2   D0 ├─
                                     运行代码

                           ┤ CALL  P0 ├─

                           ┤ SET   Y0 ├─
                                  正转指示
       M1
  63 ──┤├──────────────────┤ MOV  H4   D0 ├─
                                     运行代码

                           ┤ CALL  P0 ├─

                           ┤ SET   Y1 ├─
                                  反转指示
       M2
  73 ──┤├──────────────────┤ MOV  H0   D0 ├─
                                     运行代码

                           ┤ CALL  P0 ├─

                           ┤ SET   Y2 ├─
                                  停止指示
```

图 7-26　变频器运行程序

☺ 发送频率代码的程序如图 7-27 所示。

☺ 子程序如图 7-28 所示。

2. 系统接线

根据系统控制要求，系统接线图如图 7-29 所示。

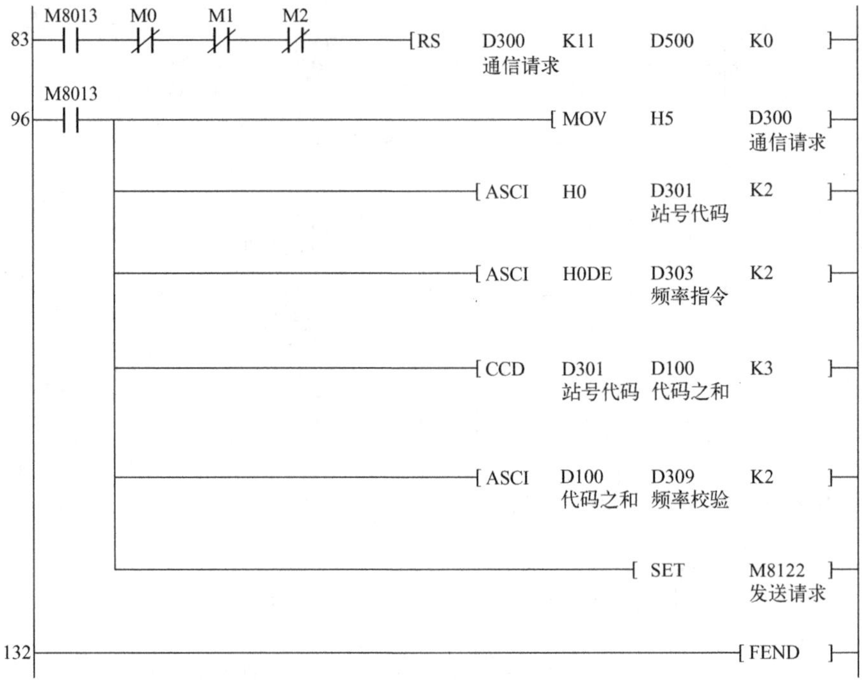

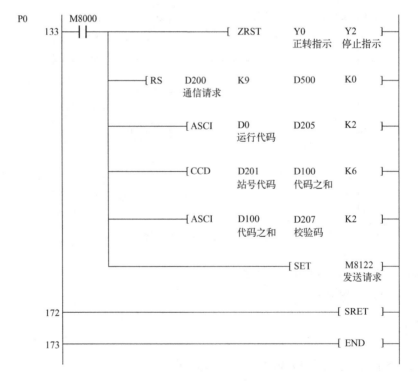

图 7-27　发送频率代码的程序

图 7-28　子程序

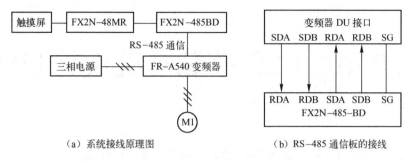

（a）系统接线原理图　　　　（b）RS-485 通信板的接线

图 7-29　系统接线图

 思考与练习

（1）通信分为几种形式？

（2）常用的串口通信标准有哪几种？

（3）用 1:N 链接通信方式将 PLC 设定为主站，从站数目设定为 3 个，采用刷新模式 2，通信重试次数设定为 4 次，通信超时设定为 50ms。

（4）2 台 FX2N 系列 PLC 通过双机并行链接通信网络交换数据，设计其高速模式的通信程序。要求如下所述。

☺ 当主站的计算结果≤50 时，从站 Y1 变为 ON。

☺ 从站的 D10 的值用于设定主站的计时器（T0）值。

第 8 章 PLC 控制系统设计方法

 ## 8.1 PLC 控制系统设计的内容和步骤

PLC 控制系统是由 PLC 作为控制器来构成的电气控制系统。PLC 的控制系统设计就是根据控制对象的控制要求设计电控方案，选择 PLC 机型，进行 PLC 外围电气电路设计，以及 PLC 程序设计和调试。要完成好 PLC 控制系统的设计任务，除了掌握必要的电气设计基础知识，还应经过反复实践，深入生产现场，将不断积累的经验应用到设计中来。

8.1.1 系统设计的基本原则和主要内容

1. PLC 控制系统设计的基本原则

☺ 要满足被控设备的全部控制要求，包括功能要求、性能要求等。
☺ 在满足控制系统要求的基础上，应考虑实用性、经济性、可维护性等。
☺ 控制系统应确保控制设备性能的稳定性，以及工作的安全性和可靠性。
☺ 控制系统应具有可扩展性，能满足生产设备的改良和系统升级的需求。
☺ 要注意控制系统 I/O 设备的标准化原则和多供应商原则，设备易于采购和替换。
☺ 控制系统易于操作，符合人机工程学的要求和用户的操作习惯。

2. PLC 控制系统设计的主要内容

☺ 拟定控制系统设计的技术条件。技术条件一般以设计任务书的形式来确定，它是整个设计的依据。
☺ 选择电气传动形式，以及电动机、电磁阀等执行机构。
☺ 选定 PLC 型号。
☺ 编制 PLC 的 I/O 分配表或绘制 I/O 端子接线图。
☺ 根据系统设计的要求编写软件规格说明书，然后再用相应的编程语言（常用梯形图）进行程序设计。
☺ 了解并遵循用户认知心理学，重视人机界面的设计，增强人与机器之间的友善关系。
☺ 设计操作台、电气柜及非标准电气元件或部件。
☺ 编写设计说明书和使用说明书。

8.1.2 PLC 控制系统设计步骤

1) 深入了解和分析被控对象的工艺条件和控制要求 被控对象就是受控的机械、电气设备、生产线或生产过程。控制要求主要是指控制的基本方式，应完成的动作，自动工作循环的组成，必要的保护和联锁等。对较复杂的控制系统，还可将控制任务分成多个独立部分，这有利于编程和调试。

2）确定 I/O 设备　根据被控对象对 PLC 控制系统的功能要求，确定系统所需的 I/O 设备。常用的输入设备有按钮、选择开关、行程开关、传感器等，常用的输出设备有继电器、接触器、指示灯、电磁阀等。

3）选择合适的 PLC 类型　根据已确定的 I/O 设备，统计所需的输入信号和输出信号的点数，选择合适的 PLC 类型，包括机型、容量、I/O 模块、电源模块等。

4）分配 I/O 点　分配 PLC 的 I/O 点，编制出 I/O 分配表或绘制出 I/O 端子接线图。接着就可以进行 PLC 程序设计，也可进行控制柜或操作台的设计和现场施工。

5）设计应用系统梯形图程序　根据工作功能图表或状态流程图等设计出梯形图（即编程）。这一步是整个应用系统设计最核心的工作，也是比较困难的一步。要设计好梯形图，首先要十分熟悉控制要求，同时还要有一定的电气设计实践经验。

6）将程序输入 PLC　当使用简易编程器将程序输入 PLC 时，应先将梯形图转换成指令助记符，以便输入。当使用 PLC 的辅助编程软件在计算机上编程时，可通过上/下位机的连接电缆将程序下载到 PLC 中去。

7）进行软件测试　将程序输入 PLC 后，应先进行测试工作。因为在程序设计过程中，难免会有疏漏的地方。因此，在将 PLC 连接到现场设备上之前，必须进行软件测试，以排除程序中的错误，同时也为整体调试打好基础，以便缩短整体调试的周期。

8）应用系统整体调试　在 PLC 软硬件设计和控制柜及现场施工完成后，就可以进行整个系统的联机调试。如果控制系统是由多个部分组成的，则应先进行局部调试，然后再进行整体调试；如果控制程序的步序较多，则可先进行分段调试，然后再连接起来总调。对调试中发现的问题，要逐一排除，直至调试成功为止。

9）编制技术文件　系统技术文件包括说明书、电气原理图、电器布置图、电气元件明细表和 PLC 梯形图。

8.2　PLC 控制系统的硬件设计

8.2.1　PLC 机型的选择

随着 PLC 控制的普及与应用，PLC 产品的种类和数量越来越多，而且功能也日趋完善，结构形式、性能、容量、指令系统、编程方法、价格等各有其特点，适用场合也各有侧重。一般选择机型要以满足系统功能需要为宗旨，不要盲目贪大求全，以免造成投资和设备资源的浪费。机型的选择可从以下 7 个方面来考虑。

1. 对 I/O 点的选择

PLC 控制系统是一种工业控制系统，它的控制对象是工业生产设备或工业生产过程，工作环境是工业生产现场。它与工业生产过程的联系是通过 I/O 模块来实现的。

通过 I/O 模块可以检测被控生产过程的各种参数，并以这些现场数据作为控制信息对被控对象进行控制。同时，通过 I/O 模块将控制器的处理结果送给被控设备或工业生产过程，从而驱动各种执行机构来实现控制。PLC 从现场收集的信息及输出给外部设备的控制信号都需经过一定距离，为了确保这些信息的正确无误，PLC 的 I/O 模块都具有较好的抗干扰能力。根据实际需要，一般情况下，PLC 都有许多 I/O 模块，包括开关量输入模块、开关量输出模块、模拟量输入模块、模拟量输出模块及其他特殊模块，使用时应根据它们的特点进行选择。

PLC 的 I/O 点的价格还是比较高的，因此应该合理选用 PLC 的 I/O 点数量，在满足控制要求的前提下，力争使用的 I/O 点最少，但必须留有一定的裕量。

通常，I/O 点数是根据被控对象的 I/O 信号的实际需要，再加上 10%～15% 的裕量来确定的。

PLC 的输出点可分为共点式、分组式和隔离式 3 种。隔离式的各组输出点之间可以采用不同的电压种类和电压等级，但这种 PLC 平均每点的价格较高。如果输出信号之间无须隔离，则应选择前两种输出方式的 PLC。

2. 对存储容量的选择

用户程序所需的存储容量不仅与 PLC 系统的功能有关，而且还与功能实现的方法、程序编写水平有关。

PLC 系统所用的存储器一般分为 ROM、E-PROM 及 EEPROM 3 种类型；存储容量与机型相关，一般小型机的最大存储能力低于 6KB，中型机的最大存储能力可达 64KB，大型机的最大存储能力可达数兆字节。使用时，可以根据程序及数据的存储需要来选用合适的机型，必要时也可专门进行存储器的扩充设计。

PLC 的存储器容量选择和计算方法有两种：一是根据编程使用的点数精确计算存储器的实际使用容量；二是估算法，用户可根据控制规模和应用目的进行设定，为了使用方便，一般应留有 25%～30% 的裕量。获取存储容量的最佳方法是生成程序，根据程序容量的大小便可确定准确的存储容量。

PLC 的 I/O 点数的多少，在很大程度上反映了 PLC 系统的功能要求，因此可在 I/O 点数确定的基础上，按下式估算存储容量后，再加 20%～30% 的裕量。

存储容量(字节)＝ 开关量 I/O 点数×10 ＋ 模拟量 I/O 通道数×100

另外，在选择存储容量时，还要注意对存储器类型的选择。

3. 对 I/O 响应时间的选择

PLC 的 I/O 响应时间包括输入电路延迟、输出电路延迟和扫描工作方式引起的时间延迟（一般为 2～3 个扫描周期）等。对开关量控制的系统，PLC 和 I/O 响应时间一般都能满足实际工程的要求，不必考虑 I/O 响应问题。但对模拟量控制系统（特别是闭环系统），就要考虑这个问题。

4. 根据输出负载的特点选型

不同的负载对 PLC 的输出方式有相应的要求。例如，对于频繁通/断的感性负载，应选择晶体管或晶闸管输出型 PLC，而不应选用继电器输出型 PLC。但继电器输出型 PLC 有许多优点，如导通压降小，有隔离作用，价格相对便宜，承受瞬时过电压和过电流的能力较强，其负载电压灵活（可交流、可直流）且电压等级范围大等。因此，对于动作不频繁的交/直流负载，可以选择继电器输出型 PLC。

5. 对在线和离线编程的选择

离线编程是指主机和编程器共用一个 CPU，通过编程器的方式选择开关来选择 PLC 的编程、监视和运行工作状态。在编程状态下，CPU 只为编程器服务，而不对现场进行控制。在线编程是指主机和编程器各有一个 CPU，主机的 CPU 完成对现场的控制，在每个扫描周期末尾与编程器通信，编程器把修改的程序发给主机，在下一个扫描周期主机将按新的程序对现场进行控制。计算机辅助编程既能实现离线编程，也能实现在线编程。采用哪种编程方法应根据需要来决定。

6. 依据是否联网通信选型

若 PLC 控制系统需要联入工厂自动化网络，则 PLC 须有通信联网功能，即要求 PLC 具有连接其他 PLC、上位计算机及 CRT 等的接口。

7. 对 PLC 结构形式的选择

在相同功能和相同 I/O 点数的情况下，整体式 PLC 比模块式 PLC 价格低。但模块式 PLC 具有功能扩展灵活，维修方便（换模块），容易判断故障等优点，应按实际需要选择 PLC 的结构形式。

8.2.2　I/O 模块的选择

1. 开关量输入模块的选择

开关量输入模块用于接收现场输入设备的开关量信号，将信号转换为 PLC 内部能接受的低电压信号，并实现 PLC 内、外信号的电气隔离。选择时主要考虑以下 4 个方面。

1）输入信号的类型及电压等级　开关量输入模块有直流输入、交流输入和交/直流输入三种类型。直流输入模块的延迟时间较短，还可以直接与接近开关、光电开关等电子设备连接；交流输入模块可靠性好，适合在油雾、粉尘的恶劣环境下使用。

开关量输入模块的输入信号电压等级分为直流 5V、12V、24V、48V、60V 等，以及交流 110V、220V 等。选择时，主要根据现场输入设备与输入模块之间的距离来考虑。5V、12V、24V 用于传输距离较近的场合，如 5V 输入模块最远传输距离不超过 10m。距离较远的应选用输入电压等级较高的模块。

2）输入接线方式　开关量输入模块主要有汇点式和分组式两种接线方式，汇点式开关量输入模块的所有输入点共用一个公共端（COM）；而分组式开关量输入模块是将输入点分成若干组，每一组（数个输入点）有一个公共端，各组之间是隔离开的。分组式的开关量输入模块较汇点式的价格高，如果输入信号之间无须隔离，一般选用汇点式的。

3）注意同时接通的输入点数量　对于选用高密度的输入模块（如 32 点、48 点等），应考虑该模块同时接通的点数一般不要超过总点数的 60%。

4）输入阈值电平　为了提高系统的可靠性，必须考虑输入阈值电平的高低。阈值电平越高，抗干扰能力越强，传输距离也越远，具体可参阅 PLC 说明书。

2. 开关量输出模块的选择

开关量输出模块将 PLC 内部低电压信号转换成驱动外部输出设备的开关量信号，并实现 PLC 内外信号的电气隔离。选择时主要应考虑以下 4 个方面。

1）输出方式　开关量输出模块分为继电器输出、晶闸管输出和晶体管输出 3 种方式。

继电器输出的价格便宜，既可用于驱动交流负载，也可用于直流负载，而且适用的电压范围较宽、导通压降小，同时承受瞬时过电压和过电流的能力较强，但其属于有触点元件，动作速度较慢（驱动感性负载时，触点动作频率不超过 1Hz）、寿命较短、可靠性较差，仅适用于不频繁通/断的场合。

对于频繁通/断的负载，应该选用晶闸管输出模块或晶体管输出模块，它们属于无触点元件。但晶闸管输出模块只能用于交流负载，而晶体管输出模块只能用于直流负载。

2）输出接线方式　开关量输出模块主要有分组式和分隔式两种接线方式。

分组式输出模块是多个输出点为一组，每一组有一个公共端，各组之间是隔离的，可分别用于驱动不同电源的外部输出设备；分隔式输出模块无公共端，各输出点之间相互隔离。选择时，主要根据 PLC 输出设备的电源类型和电压等级来确定。一般整体式 PLC 既有分组式输出模块，也有分隔式输出模块。

3）驱动能力　开关量输出模块的输出电流（驱动能力）必须大于 PLC 外接输出设备的额定电流。用户应根据实际输出设备的电流大小来选择输出模块的输出电流。如果实际输出设备的电流较大，输出模块无法直接驱动，应增加中间放大环节。

4）注意同时接通的输出点数量　选择开关量输出模块时，还应考虑能同时接通的输出点数量。同时接通输出设备的累计电流值必须小于公共端所允许通过的最大电流值，如一个 220V/2A 的 8 点输出模块，每个输出点可承受 2A 的电流，但输出公共端允许通过的最大电流并不是 16A（8×2A），通常要比此值小得多。一般来讲，同时接通的点数不要超出同一公共端输出点数的 60%。

开关量输出模块的技术指标与不同的负载类型密切相关，特别是最大输出电流。另外，晶闸管的最大输出电流随环境温度升高而降低，在实际使用中也应注意。

3. 模拟量 I/O 模块的选择

模拟量 I/O 模块的主要功能是数据转换，并与 PLC 内部总线相连，同时为了安全也有电气隔离功能。模拟量输入（A/D）模块是将现场由传感器检测而产生的连续的模拟量信号转换成 PLC 内部可接收的数字量；模拟量输出（D/A）模块是将 PLC 内部的数字量转换为模拟量信号输出。

典型模拟量 I/O 模块的量程为 $-10\sim+10$V、$0\sim+10$V、$4\sim20$mA 等，可根据实际需要选用，同时还应考虑其分辨率和转换精度等因素。

一些 PLC 制造厂家还提供特殊模拟量输入模块，可用于直接接收低电平信号（如 RTD、热电偶等信号）。

FX 系列 PLC 常用的模拟量控制设备有模拟量扩展板（FX2N-2AD-BD、FX1N-1DA-BD）、普通模拟量输入模块（FX2N-2AD、FX2N-4AD、FX2NC-4AD、FX2N-8AD）、模拟量输出模块（FX2N-2DA、FX2N-4DA、FX2NC-4DA）、模拟量 I/O 混合模块（FX0N-3A）、温度传感器用输入模块（FX2N-4AD-PT、FX2N-4AD-TC）、温度调节模块（FX2N-2LC）等。

8.3　PLC 控制系统软件设计

8.3.1　PLC 软件系统设计的方法

编制 PLC 控制程序的方法很多，这里主要介绍 3 种典型的编程方法。

1. 经验法编程

经验法是运用自己的或别人的经验进行设计。多数是设计前先选择与自己工艺要求相近的程序，把这些程序看成是自己的"试验程序"，然后结合自己工程的情况，对这些"试验程序"逐一修改，使之适合自己的工程要求。

2. 图解法编程

图解法是靠绘制图进行 PLC 程序设计。常见的主要有梯形图法、逻辑流程图法、时序流程图法和步进顺控法。

【梯形图法】梯形图法是用梯形图语言去编制 PLC 程序。这是一种模仿继电控制系统的编程方法，其图形甚至元件名称都与继电控制电路十分相近。利用这种方法很容易把继电控制电路"移植"成 PLC 的梯形图语言。对于熟悉继电控制系统的人来说，这是最方便的一种编程方法。

【逻辑流程图法】逻辑流程图法是用逻辑框图表示 PLC 程序的执行过程，反映输入与输出的关系。利用这种方法编制的 PLC 控制程序逻辑思路清晰，输入与输出的因果关系及联锁条件明确。逻辑流程图会使整个程序脉络清晰，便于分析控制程序、查找故障点、调试程序。有时面对一个复杂的程序，直接用语句表或梯形图编程可能觉得难以下手，这时可以先绘制出逻辑流程图，再对逻辑流程图的各个部分用语句表和梯形图编制 PLC 应用程序。

【时序流程图法】时序流程图法是首先绘制出控制系统的时序图（即到某一个时刻应该进行哪项控制的控制时序图），再根据时序关系绘制出对应的控制任务的程序框图，最后把程序框图变成 PLC 程序。时序流程图法很适合以时间为基准的控制系统设计。

【步进顺控法】步进顺控法是在顺控指令的配合下设计复杂的控制程序。一般比较复杂的程序，都可以分成若干个功能比较简单的程序段，每个程序段可以看作整个控制过程中的一步。从整体角度来看，一个复杂系统的控制过程是由若干个步组成的。系统控制任务实际上是在不同时刻或在不同进程中去完成对各个步的控制。为此，不少 PLC 生产厂家在自己的 PLC 中增加了步进顺控指令。在绘制完各个步进状态流程图后，可以利用步进顺控指令方便地编写控制程序。

3. 计算机辅助设计编程

计算机辅助设计编程是通过 PLC 编程软件在计算机上进行程序设计、离线或在线编程、离线仿真和在线调试等。使用编程软件可以十分方便地在计算机上离线或在线编程、在线调试，进行程序的存/取、加密，以及形成 EXE 运行文件。

8.3.2　软件系统设计的步骤

1. 对系统任务分块

分块的目的就是把一个复杂的工程分解成多个比较简单的小任务，这样就把一个复杂的大问题转化为多个简单的小问题，以便于编制程序。

2. 编制控制系统的逻辑关系图

从逻辑关系图上可以反映出某一逻辑关系的结果是什么，这一结果又会引起哪些动作。这个逻辑关系可以是以各个控制活动顺序为基准，也可以是以整个活动的时间节拍为基准。逻辑关系图反映了控制过程中控制作用与被控对象的活动，也反映了输入与输出之间的关系。

3. 绘制各种电路图

绘制各种电路图的目的是把系统的 I/O 所涉及的地址和名称联系起来，这是很关键的一步。在绘制 PLC 输入电路时，不仅要考虑信号的连接点是否与命名一致，还要考虑输入端的电压和电流是否合适，也要考虑在特殊条件下运行的可靠性与稳定条件等问题。特别要考虑能否把高电压引导到 PLC 的输入端，因为高电压会对 PLC 造成比较大的伤害。在绘制 PLC 输出电路时，不仅要考虑输出信号的连接点是否与命名一致，还要考虑 PLC 输出模块的带负载能力和耐电压能力。此外，还要考虑电源的输出功率和极性问题。虽然用 PLC 进行控制方便、灵活，但是在电路的设计上仍然需要谨慎、全面。因此，在绘制电路图时要考虑周全，一丝不苟。

4. 编制 PLC 程序并进行模拟调试

编程时，除了要确保程序正确、可靠，还要考虑程序须简洁、省时，便于阅读和修改。对每一个程序块都要进行模拟实验，这样便于查找问题、及时修改。

5. 制作控制台与控制柜

这项工作也可以与编制程序并列进行。在制作控制台和控制柜时，要注意选用的开关、按钮、继电器等器件的质量、规格必须满足要求。设备安装必须安全、可靠，屏蔽、接地、高压隔离等问题必须妥善处理。

6. 现场调试

现场调试是整个控制系统完成的重要环节。任何程序未经现场调试都不应直接使用。只有通过现场调试，才能发现控制回路和控制程序不能满足系统要求之处，才能发现控制电路和控制程序发生矛盾之处，才能最后实地测试和调整控制电路和控制程序，以适应控制系统的要求。

7. 编写技术文件并现场试运行

经过现场调试后，控制电路和控制程序基本确定，整个系统的硬件和软件基本没有问题了。这时，就要全面整理技术文件，包括电路图、PLC 程序、使用说明及帮助文件。至此，工作基本结束。

8.3.3　用经验法设计小车的左右行走控制系统

1. 控制要求

如图 8-1 所示，小车开始时停在左限位开关 SQ1 处。按下右行起动按钮 SB1，小车右行，到限位开关 SQ2 处就停止运动，6s 后定时器 T0 的定时时间到后，小车自动返回起始位置。设计小车左行和右行控制的梯形图。

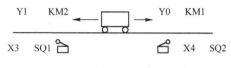

图 8-1　小车控制系统示意图

2. 设计步骤

小车左行和右行控制的实质是对电动机的正/反转控制。因此可以在电动机正/反转 PLC 控制设计的基础上，设计出满足要求的 PLC 外部接线图和梯形图，如图 8-2 和图 8-3 所示。

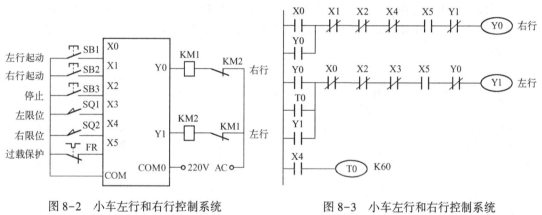

图 8-2　小车左行和右行控制系统　　　图 8-3　小车左行和右行控制系统
　　　的 PLC 外部接线图　　　　　　　　　的 PLC 梯形图

为了使小车向右的运动自动停止，将右限位开关对应的 X4 的常闭触点与控制右行的 Y0 的线圈串联。为了在右端使小车暂停 6s，用 X4 的常开触点来控制定时器 T0 的线圈。T0 的定时时间到，则其常开触点闭合，给控制 Y1 的起-保-停电路提供启动信号，使 Y1 的线圈通电，小车自动返回。小车离开 SQ2 所在的位置后，X4 的常开触点断开，T0 被复位。回到 SQ1 所在位置时，X3 的常闭触点断开，使 Y1 的线圈断电，小车停在起始位置。

8.3.4　用梯形图法设计机床刀具主轴运动控制系统

1. 控制要求

机床刀具继电控制线路如图 8-4 所示。

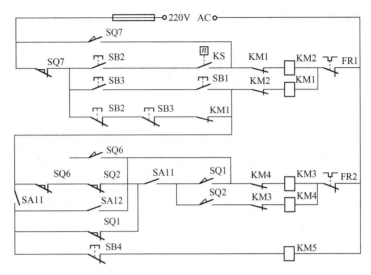

图 8-4　机床刀具继电控制线路

2. 设计步骤

按照控制要求，将原有继电控制线路中的按钮、行程开关及速度继电器分配到相应的 PLC 输入端子上；将 KM1～KM5 分配到输出端子 Y0～Y4，如图 8-5 所示。由此可以得到梯形图，如图 8-6 所示。

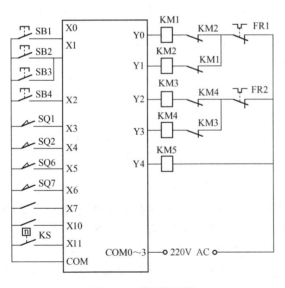

图 8-5　端子分配图

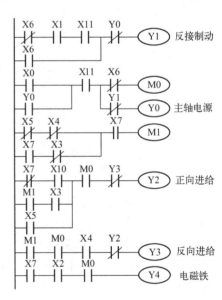

图 8-6　机床刀具主轴控制梯形图

8.3.5　用步进顺控法设计搬运机械手控制程序

1. 控制要求

搬运机械手的动作顺序和检测元件、执行元件布置示意图如图 8-7 所示。

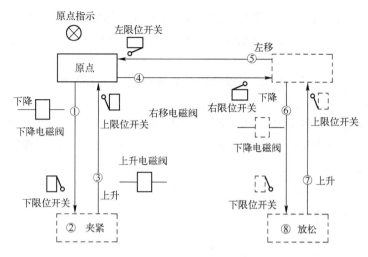

图 8-7　搬运机械手的动作顺序和检测元件、执行元件布置示意图

☺ 手动工作方式：利用按钮对机械手的每一动作单独进行控制。例如，按"下降"按钮，机械手下降；按"上升"按钮，机械手上升。用手动操作可以使机械手置于原位，还便于维修时机械手的调整。

☺ 单步工作方式：从原点开始，按照自动工作循环的步序，每按一下"起动"按钮，机械手完成一步的动作后自动停止。

☺ 单周期工作方式：按下"起动"按钮，从原点开始，机械手按工序自动完成一个周期的动作，返回原点后停止。

☺ 连续工作方式：按下"起动"按钮，机械手从原点开始按工序自动连续循环工作，直到按下"停止"按钮，机械手自动停机。或者将工作方式选择开关转换到"单周期"工作方式，此时机械手在完成最后一个周期的工作后，返回原点自动停机。

2. 设计步骤

根据以上控制要求，设计操作台面板布置示意图，如图 8-8 所示。

1) 确定 PLC 的 I/O 点数并选择 PLC　输入信号是将机械手的工作状态和操作的信息提供给 PLC。PLC 的输入信号共有 17 个，须占用 17 个输入端子。具体分配如下：位置检测信号有下限、上限、右限、左限共 4 个行程开关，占用 4 个输入端子；"无工件"检测信号采用光电开关作为检测元件，占用 1 个输入端子；"工作方式"选择开关有"手动""单步""单周期""连续"4 种工作方式，占用 4 个输入端子；手动操作时，需要"下降""上升""右移""左移""夹紧""放松"6 个按钮，占用 6 个输入端子；自动工作时，需要"起动"按钮、"停止"按钮，占用 2 个输入端子。

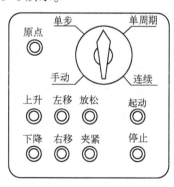

图 8-8　操作台面板布置示意图

PLC 的输出信号用于控制机械手的下降、上升、右移、左移和夹紧 5 个电磁阀线圈，需要 5 个输出信号点；机械手从原点开始工作，须有 1 个原点指示灯，也要占用 1 个输出信号

点。所以，至少需要 6 个输出信号点。如果功能上再无其他特殊要求，则有多种型号的 PLC 可选用，此处选用 FX2N-48MR。FX2N-48MR 共有输入信号 24 点，输出信号 24 点，继电器输出。

根据对机械手 I/O 信号的分析，以及所选的外部输入设备类型及 PLC 机型，分配 PLC 的 I/O 端子，如图 8-9 所示。

2）PLC 控制系统程序设计　为了便于编程，在设计软件时，常将手动程序和自动程序分别编出相对独立的程序段，再用条件跳转指令进行选择。搬运机械手控制系统程序结构框图如图 8-10 所示。

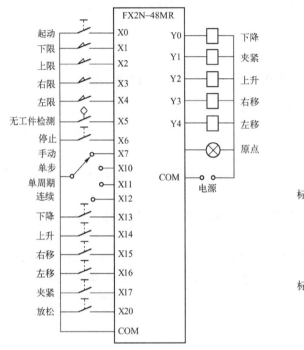

图 8-9　I/O 端子的分配

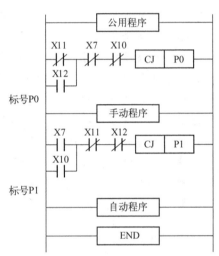

图 8-10　搬运机械手
控制系统程序结构框图

当选择手动工作方式（手动，单步）时，X7 或 X10 接通并跳过自动程序而执行手动程序；当选择自动工作方式（单周期、连续）时，X7、X10 断开，而 X11 或 X12 接通，则跳过手动程序而执行自动程序。

由于工作方式选择转换开关采取了机械互锁，因此程序中手动程序和自动程序可以互锁，也可以不互锁。

手动操作无须按工序顺序动作，所以可按普通继电控制程序来设计。手动操作梯形图如图 8-11 所示。手动按钮 X13～X17 和 X20 分别控制下降、上升、右移、左移、夹紧、放松 6 个动作。为了保证系统的安全运行，设置了一些必要的联锁，其中在左移、右移的梯形图中加入了 X2 作为上限联锁，因为机械手只有处于上限位置时，才允许左右移动。

由于夹紧、放松、动作是用单线圈双位电磁阀控制的，所以在梯形图中采用置位、复位指令，使之有保持功能。

由于自动操作的动作较复杂，可先绘制自动操作流程图（如图 8-12 所示），用以表明动作的顺序和转换条件，然后再根据所采用的控制方法设计程序。矩形框表示工步，相邻两个工步用有向线段连接，表明转换的方向。小横线表示转换的条件。若转换条件得到满足，则程序从上一工步转到下一工步。

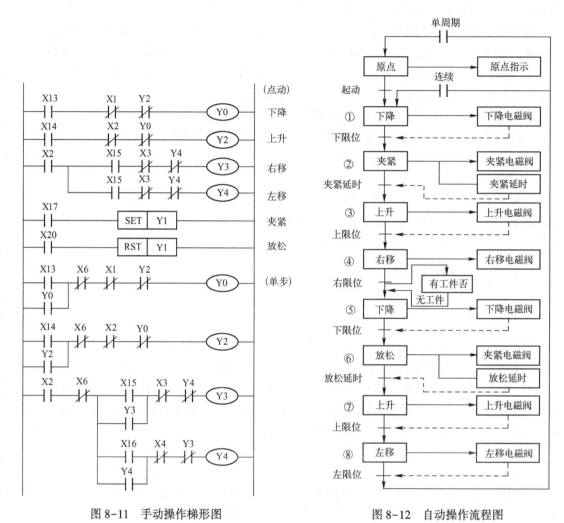

图 8-11　手动操作梯形图　　　　　　　图 8-12　自动操作流程图

具体程序设计由读者自行完成。

 ## 8.4　PLC 控制系统的安装与调试

因为工厂实际的生产环境与系统开发设计环境不同，所以 PLC 控制系统的安装与调试就显得尤为重要。

8.4.1　控制系统的安装

进行现场安装前，必须考虑安装环境是否满足 PLC 的使用环境要求。

通常，PLC 不适合装设在下列场所：含有腐蚀性气体的场所；阳光直接照射的地方；短时间内温度急剧变化的地方；油、水、化学物质容易侵入的地方；有大量灰尘的地方；振动大且会造成安装件移位的地方。如果 PLC 必须在上述环境中使用，则应为其制作合适的控制柜，采用规范和必要的防护措施。若在野外极低温度条件下使用，可以使用有加热功能的控制柜（PLC 制造商会为客户提供相应的供应和设计）。

在使用控制柜时，确定 PLC 在控制柜内的安装位置时，要考虑如下事项：控制柜内空气的流通是否顺畅（各装置间应保持适当的距离）；变压器、电机控制器、变频器等是否与 PLC 保持适当距离；动力线与控制信号线是否分离敷设；组件装设位置是否利于日后检修工作的开展；是否预留空间，以供日后系统扩充时使用。

除了上述事项，还要注意进行静电隔离。

进行基座安装时，在确定控制柜内各种控制组件及线槽位置后，要依照图纸所示的尺寸标定孔位，用螺丝将其固定牢固。在装上电源供应模块前，必须将电源线上的接地端与金属机壳连接（参见第 9 章）。

安装 I/O 模块时，应注意如下事项：安装到机架上的槽位之前，要先确认模块是否正确；在插入机架上的导槽时，务必插到底，以确保各接触点接触良好；模块的固定螺丝务必锁紧；插入接线端子排后，其上下螺丝必须旋紧。

8.4.2　控制系统的调试

1. 通信设定

现在的 PLC 大多数要与人机界面进行连接，而实际控制中也常常有变频器需要进行通信，而在有多个 CPU 模块的系统中，可能不同的 CPU 所接的 I/O 模块的参量有要协同处理的地方，即使无须协同处理，也可能要送到某一个中央控制室进行集中显示或保存数据。即便只有一个 CPU 模块，如果有远程单元，就会涉及本地 CPU 模块与远程单元模块的通信问题。此外，即使只有本地单元，CPU 模块也要通过通信口与编程器进行通信。因此，PLC 的通信是十分重要的。而且，由于涉及不同厂家的产品，通信往往是令人头痛的问题。

PLC 的通信有 RS-232、RS-485、以太网等多种方式。通信协议有 MODBUS、PROFIBUS、LONWORKS、DEVICENET 等，通常 MODBUS 协议使用得最为广泛，而其他协议则与产品的品牌有关。未来，工业以太网协议的应用将会越来越普遍。

PLC 与编程器或手提电脑的通信大部分采用 RS-232 协议的串口通信。用户在进行程序下载和诊断时大都采用这种方式。在大量的机械设备控制系统中，PLC 也都是采用这种方式与人机界面进行通信的。人机界面通常采用 MODBUS 协议，而界面方面则由 HMI 的厂家提供软件来进行设计。

现在的屏式电脑（Panel PC）也有采用这种方式来进行通信的，在屏式电脑上运行一些组态软件，通过串口来存取 OpenPLC 数据，由于屏式电脑逐渐轻型化和价格的下降，这种方式也越来越多地被使用。

当需要对多个 PLC 进行联网时，如果是 PLC 的数量不多（15 个节点以内）、数据传输量不大的系统，常采用的方式是通过 RS-485 组成一个简单串行通信网络。由于这种通信方式编程简单，程序运行可靠，结构也比较合理，因此很受离散制造行业的欢迎。对于总的 I/O 点数不超过 10000 个、开关量 I/O 点占 80% 以上的系统，采用这种通信方式能够稳定而可靠地运行。

如果对通信速率要求较高,可以采用点到点的以太网通信方式。使用控制器的点到点通信指令,通过标准的以太网口,用户可以在控制器之间或扩展控制器的存储器之间进行数据交换。这是 PLC 广泛使用的一种多 CPU 模块的通信方式,与用 RS-485 构成的点对点网络相比,以太网由于传输速率大大提高,加上同样具有连接简单、编程方便的优势,并且与上位机可以直接进行通信,因此很受用户的欢迎。甚至,在一些单台 PLC 和一台屏式电脑构成的人机界面系统中,由于屏式电脑中通常有内置的以太网口,所以也有用户采用这种通信方式。目前,PLC 对一些 SCADA 系统和连续流程行业的远程监控系统和控制系统,基本上采用这样的方式。

还有一种分布式网络在大型 PLC 系统中广泛应用:通过使用人机界面(HMI)和 DDE 服务器获得对象控制器的数据,并通过互联网远程获得该控制器的数据;各个 CPU 独立运行,通过以太网结构采用 C/S 方式进行数据的存取;数据的采集和控制功能都在 OpenPLC 的 CPU 模块中实现,而数据的保存则在上位机的服务器中完成,数据的显示和打印等则通过 HMI 界面和组态软件来实现。

2. 软件调试

PLC 的内部固化了一套系统软件,便于用户进行初始化工作。PLC 的启动设置、看门狗设置、中断设置、通信设置、I/O 模块地址识别都是在 PLC 的系统软件中进行的。

每种 PLC 都有各自的编程软件作为应用程序的编程工具,常用的编程语言是梯形图语言,也有 ST、IL 和其他语言。

每种 PLC 的编程语言都有自己的特色,指令的设计与编排思路都不一样。如果对 PLC 的指令十分熟悉,就可以编制出十分简洁、优美、流畅的程序。简洁的程序不仅可以节约内存,出错的概率也会小很多,程序的执行速度也快很多,而且,今后对程序进行修改和升级也容易得多。

现场常常需要对已经编好的程序进行修改。在现场修改已经运行的程序时,有时会忘记将 PLC 切换到编程模式,误以为 PLC 发生了故障,因此耽误了许多时间。

另外,在 PLC 进行程序下载时,许多 PLC 是不允许断电的,因为这时旧的程序已经部分被改写,但新的程序又没有完全写完,这会造成 PLC 无法运行,这时可能需要对 PLC 的底层软件进行重新装入,而许多厂家是不允许在现场进行这个操作的。大部分新的 PLC 已经将用户程序与 PLC 的系统程序分开了,可以避免这个问题。

 思考与练习

(1) PLC 控制系统设计的内容有哪些?

(2) 设计 PLC 控制系统时,应遵循哪些步骤?

(3) 如何选择 PLC 机型?

(4) 如何选择 PLC 的 I/O 端子?

(5) PLC 控制系统软件设计的方法有哪几种?

第9章 PLC系统抗干扰设计

由于PLC是专门为工业生产环境而设计的，控制装置厂家在硬件和软件上都采用了大量的抗干扰措施，所以PLC一般无须采取特别的抗干扰措施就可以直接在工业环境中使用。但随着工业规模的不断扩大、自动化程度的加深，PLC在强电磁场、强腐蚀、高粉尘、温度剧烈变化等恶劣环境下的应用越来越广泛，用户对PLC控制系统运行可靠性的要求越来越高，因此探讨PLC控制系统的可靠性设计具有十分重要的现实意义。

 ## 9.1 PLC控制系统的可靠性

PLC控制系统的可靠性通常用平均无故障间隔时间来衡量，它表示系统从发生故障进行修理到下一次发生故障的时间间隔的平均值。

PLC装置本身是非常可靠的，而PLC控制系统的干扰主要是外部环节和硬件配置不当引起的。一是电源侧的工频干扰，它由电源进入PLC装置，造成系统工作不正常；二是线路传输中的静电或磁场耦合干扰，以及周围高频电源的辐射干扰，静电耦合发生在信号线与电源线之间的寄生电容上，磁场耦合发生在长布线的线间寄生互感上，高频辐射发生在高频交变磁场与信号间的寄生电容上；三是PLC控制系统的接地系统不当引起的干扰。

除此之外，如果PLC的输入开关量信号出现错误，模拟量信号出现较大偏差，PLC输出端控制的执行机构没有按要求动作，这些都会使控制过程出错，有可能造成无法挽回的经济损失。

导致现场输入给PLC信号出错的主要原因有以下3种。

☺ 传输信号线短路或断路（由于机械拉扯，线路自身老化，连接处松脱等）。当传输信号线有故障时，现场信号无法正确传送给PLC，造成控制出错。

☺ 机械触点抖动（现场触点只闭合一次，PLC却认为闭合了多次），虽然硬件加了滤波电路，软件增加微分指令，但由于PLC扫描周期太短，仍可能在计数、累加、移位等指令中出错，导致出现错误的控制结果。

☺ 现场变送器、机械开关自身出故障，如触点接触不良，变送器反映现场非电量偏差较大或不能正常工作等，这些故障同样会使控制系统无法正常工作。

导致执行机构出错的主要原因有以下3种。

☺ 控制负载的接触器无法可靠动作，虽然PLC发出了动作指令，但执行机构并没按要求动作。

☺ 控制变频器起动，但因变频器自身有故障，变频器所带电动机并未按要求工作。

☺ 各种电动阀、电磁阀该开的没能打开，该关的没能关到位。由于执行机构没能按PLC的控制要求动作，使系统无法正常工作，降低了系统可靠性。

要提高整个控制系统的可靠性，必须提高输入信号的可靠性和执行机构动作的准确性，要求 PLC 应能及时发现问题，用声、光等报警办法提示操作人员尽快排除故障，以便让系统安全、可靠、正确地工作。

要提高现场输入给 PLC 信号的可靠性，首先要选择可靠性较高的变送器和各种开关，防止各种原因引起传送信号线短路、断路或接触不良；其次在程序设计时，应增加数字滤波程序，提高输入信号的可靠性。

9.1.1　环境条件及安装设计

1. 环境条件

每种 PLC 都有自己的环境技术条件，设计 PLC 控制系统时，要对环境条件给予充分的考虑。

【温度影响】PLC 及其外部电路都是由半导体集成电路、晶体管、电阻、电容等元器件构成的，温度的变化将直接影响这些元器件的可靠性和寿命。

【湿度影响】湿度过大的环境可使金属表面生锈，引起内部元器件的劣化，PCB 会因高电压和高浪涌电压而引起短路；而在极干燥的环境下，绝缘物体上可能带静电，特别是 MOS 集成电路，会因静电感应而损坏。如果环境湿度过大，应把控制柜设计成密封型并放入吸湿材料。

【振动和冲击影响】一般 PLC 能耐受的振动和冲击最大频率为 1055Hz，振动加速度应限制在 $5m/s^2$ 以内，超过极限时可能会引起电磁阀或接触器误动作、机械结构松动、电气部件疲劳损坏及连接器接触不良等后果。

【周围空气影响】周围空气中不能有尘埃、导电性粉末、腐蚀性气体、有机溶剂和盐分等，否则会引起不良后果，如尘埃可引起接触不良，导电性粉末可引起绝缘性能变差、短路等。

2. 安装设计

设计控制柜时，必须考虑控制柜内电气器件的温升问题，可根据下式确定控制柜的结构尺寸：

$$t=P/(K_1 S+K_2 V)$$

式中：t 为温升（℃）；P 为装设器件产生的总损耗（W）；$K_1 \approx 6$（由柜体结构材料决定的系数）；$K_2 \approx 20$（由空气比热决定的系数）；V 为控制柜的体积（m^3）；S 为控制柜柜体散热面积（m^2）。

为了利用气流加强散热，可开设通风孔。通风孔应对准发热元器件，并且进风口的位置要低于出风口的位置，通风孔的形式可采用冲制百叶窗式等。

3. PLC 的安装注意事项

在柜箱内安装 PLC 时，要充分考虑抗干扰性、便操作性、易维护性、耐环境性等问题。应注意以下事项：

　☺ 不要在装有高电压部件的控制柜内安装 PLC。

　☺ 离开动力线 200mm 以上。

☺ PLC 与安装面之间的安装板要接地。

☺ 各单元通风口向上安装，使通风散热良好。

☺ 空间要充分，PLC 上、下要留 50mm 的空间。

☺ 避免把 PLC 放在热量大的装置（如加热器、变压器、大功率电阻等）或其他会辐射大量热能的设备正上方。

9.1.2　I/O 信号抗干扰设计

1. 输入信号的抗干扰设计

输入设备的输入信号线间干扰（差模干扰）可以用滤波器使其衰减，然而输入信号线与地线之间的共模干扰在控制器内部回路产生的电位差，仍会引起控制器误动作。因此，为了抗共模干扰，控制器要良好接地。

当输入信号源为感性元件，输出负载特性为感性时，为了防止反冲感应电势或浪涌电流损坏模块，对于交流输入信号，在负载两端并联电容和电阻，而对于直流输入信号，应并联续流二极管，如图 9-1 所示。在图 9-1（a）中，$R+C$ 一般选择为 $120\Omega+0.1\mu F$（当负荷容量 $<10V\cdot A$ 时）或 $47\Omega+0.47\mu F$（当负荷容量 $\geqslant 10V\cdot A$ 时）；在图 9-1（b）中，二极管的额定电流选为 1A，额定电压要大于电源电压的 3 倍。对于感应电压干扰，多采用输入电压直流化或在输入端并接浪涌吸收器的方法进行抑制。

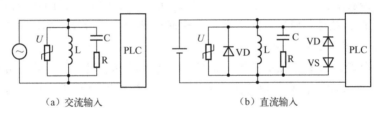

（a）交流输入　　　　　　　　　（b）直流输入

图 9-1　输入信号的抗干扰措施

2. 输出信号的抗干扰设计

在输出为感性负载的场合，电磁接触器等触点的开/合会产生电弧和反电动势，从而对输出信号产生干扰。输出信号的抗干扰措施如图 9-2 所示。

对于交流感性负载的场合，应在负载两端并联 RC 浪涌吸收器或压敏电阻。如果是交流 100V 或 220V 电压而功率约为 $400V\cdot A$，RC 浪涌吸收器的取值为 $47\Omega+0.47\mu F$，如图 9-2（a）所示。RC 越靠近负载，其抗干扰效果越好。如果用压敏电阻，其额定电压应大于电源峰值电压的 1.3 倍。

对于直流负载的场合，在负载两端并联续流二极管 VD、压敏电阻、稳压二极管 VS 或 RC 浪涌吸收器等，如图 9-2（b）所示。二极管要靠近负载，二极管的反向耐压应是负载电压的 4 倍以上。如果用压敏电阻，则其额定电压应大于电源电压的 1.3 倍。如果用稳压二极管，则其电压和电流应大于电源电压和负载电流。

【注意】上述感性负载浪涌电压抑制措施都会使负载断开动作延迟。

对于控制器触点开关量输出的场合，不管控制器本身有无抗干扰措施，都应采用抗干扰措施，如图 9-3 所示。

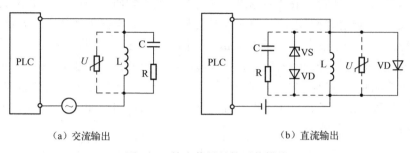

（a）交流输出　　　　　　　　　　（b）直流输出

图 9-2　输出信号的抗干扰措施

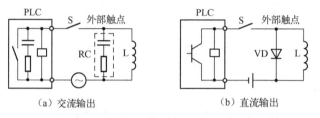

（a）交流输出　　　　　　　　　　（b）直流输出

图 9-3　外部触点输出的抗干扰措施

交流接触器的触点在开/闭时会产生电弧干扰，因此应在触点两端并联浪涌吸收器。注意，触点断开时，浪涌吸收器会有一定的漏电流产生。对于大容量负载（如电动机或变压器），可在线间采用浪涌吸收器，如图 9-4 所示。

感应电动势一般是通过输入信号线间的寄生电容，以及输入信号线与其他线间的寄生电容和与其他线（特别是大电流线）的电耦合产生的。抑制输入感应电动势干扰的措施有 3 种，如图 9-5 所示。

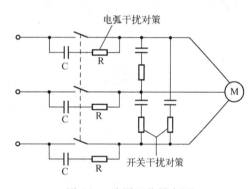

图 9-4　浪涌吸收器应用

☺ 图 9-5（a）所示为输入电压的直流化。在感应电动势大的场合，尽量改交流输入为直流输入。

☺ 图 9-5（b）所示为在输入端并联浪涌吸收器。

☺ 图 9-5（c）所示为在长距离配线和大电流的场合，感应电动势大，可用继电器转换。

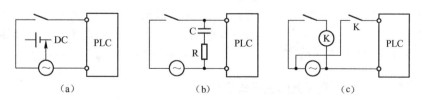

（a）　　　　　　　　（b）　　　　　　　　（c）

图 9-5　抑制输入感应电动势的措施

3. I/O 信号漏电流的处理

当输入信号源为晶体管，或者当输出元件为双向晶体管而外部负载又很小时，会因为这类元器件在关断时有较大的漏电流，使输入电路和外部负载电路无法关断，导致 I/O 信号错误。使用时应注意，如果漏电流大于 1.3mA，为防止信号错误接通，可在 PLC 的相应输入端并联一个泄放电阻，以降低输入阻抗，减少漏电流的影响，如图 9-6（a）所示。

对晶体管或晶闸管输出型 PLC，其输出接上负载后，由于输出漏电流会造成设备的误动作，为了防止这种情况发生，可在输出负载两端并联旁路电阻，如图 9-6（b）所示。

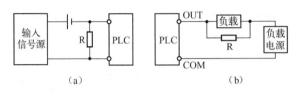

图 9-6　I/O 漏电流处理

4. 冲击电流的处理

PLC 内晶体管或双向晶闸管输出单元一般能够承受 10 倍自身额定电流的浪涌电流。若连接冲击电流大的负载（如白炽灯等）时，必须考虑输出晶体管和双向晶闸管的安全性，负载的冲击电流应小于冲击电流耐量值的 50%。晶体管和晶闸管输出的冲击电流耐量值曲线如图 9-7 所示。

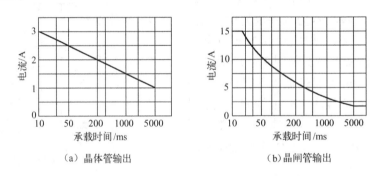

（a）晶体管输出　　　　　　（b）晶闸管输出

图 9-7　晶体管和晶闸管输出的冲击电流耐量值曲线

抑制冲击电流的措施有以下两种，如图 9-8 所示。

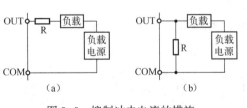

图 9-8　抑制冲击电流的措施

【串联法】如图 9-8（a）所示，在负载回路中串联接入限流电阻，但这样会降低负载的工作电流。

【并联法】允许平时有少量电流（约额定电流的 1/3）经电源及电阻流过负载，从而限制启动电流的冲击幅度，如图 9-8（b）所示。

5. I/O 信号采用光隔离措施的抗干扰设计

为了抑制外部噪声对 PLC 控制系统的干扰，在 PLC 控制系统中引入光耦合器是行之有效的方法。光耦合器由输入端的发光元件和输出端的受光元件组成，利用光传递信息，使输入与输出在电气上完全隔离。光耦合器具有体积小、使用简便等特点，视现场干扰情况的不同可组成各种不同的抑制干扰线路。

1）用于 I/O 信号隔离　光耦合器用于 I/O 信号的隔离线路简单，可以避免形成地环路，而输入与输出的接地点也可以任意选择。这种隔离方法不仅可以用在数字电路中，也可以用在线性（模拟）电路中。

2）用于减少噪声与消除干扰　光耦合器用于抑制噪声是从以下两个方面体现的。

☺ 使输入端的噪声不传递给输出端，只把有用信号传送到输出端。

☺ 由于输入端到输出端的信号传递是利用光来实现的，极间电容很小，绝缘电阻很大，所以输出端的信号与噪声也不会反馈到输入端。

> **【注意】** 使用光耦合器时，频率不能太高。用于低电压时，其传输距离在 100m 以内为宜。

6. 外部配线设计

外部配线设计关系到 PLC 设备能否稳定运行，尤其是远距离传送信号容易出现信号误差，设计时应遵循以下规定。

1）线缆选择

☺ 使用多芯信号电缆时，要避免 I/O 线和其他控制线共用同一电缆。

☺ 如果各接线架是平行的，则各接线架之间至少相隔 300mm。

☺ 当控制系统要求 400V、10A 或 220V、20A 的电源容量时，I/O 信号线与电源线的间距不能小于 300mm。若在设备连接点外，I/O 信号线与电源线不可避免地敷设在同一电缆沟内时，则必须用接地的金属板将它们相互屏蔽，接地电阻要小于 100Ω。

☺ 大型 PLC 的 CPU 机架和扩展机架可以水平安装或垂直安装。如果垂直安装，CPU 机架的位置要在扩展机架的上面；若水平安装，CPU 机架的位置要在左边，且走线槽不应从机架之间穿过。CPU 机架和扩展机架之间以及各扩展机架之间要留有 70～120mm 的距离，以便于走线和冷却。

☺ 交流 I/O 信号与直流 I/O 信号分别使用各自的电缆。

☺ 对于 30m 以上的中长距离配线，输入信号与输出信号分别使用各自的电缆。

☺ 集成电路或晶体管设备的 I/O 信号线必须使用屏蔽电缆，屏蔽电缆的接线如图 9-9 所示。屏蔽层在 I/O 侧悬空而在控制侧接地。

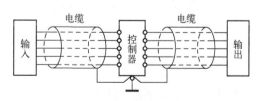

图 9-9　屏蔽线缆的接线

☺ 当模拟量 I/O 信号线较长时，应采用不易受干扰的 4～20mA 电流信号传输方式。

☺ 模拟信号线和数字传输线分开布线，并分别采用屏蔽线，屏蔽层要接地。

☺若远距离配线有干扰或敷设电缆有困难，应采用远程 I/O 控制系统。

2）配线距离要求

☺ 对于 30m 以下的短距离配线，直流和交流 I/O 信号不要使用同一电缆，如果不得不使用同一配线管时，直流 I/O 信号线要使用屏蔽线，屏蔽层接地。

☺ 对于 30~300m 的中距离配线，无论是直流还是交流 I/O 信号，输入与输出不能使用同一根电缆。输入信号线一定要屏蔽。

☺ 对于 300m 以上的长距离配线，建议用中间继电器转换信号或使用远程 I/O 通道。

3）双绞线的使用　双绞线又称双股绞合线，用于双线传输通道中，其中一根传送信号或供电，另一根作为返回通道。采用双绞线的目的是使其相邻两"扭节"的感应电动势大小相等、方向相反，从而使总的感应电动势为零。双绞线单位长度内的绞合次数越多，抗干扰效果越好。

> **【注意】** 使用双绞线时应注意以下两点。
> - 双绞线应尽量采用图 9-10（a）所示的接地方式，一端接地。图 9-10（b）所示的接地方式为两端接地，因为有地环路存在，会削弱双绞线的抗干扰效果，应避免使用。
> - 两组"扭节"节距相等的双绞线不能平行敷设，否则它们相互之间的磁耦合并不能减弱，它们的感应电流会同相叠加，如图 9-10（c）所示。应采用图 9-10（d）所示的双绞线的"扭节"节距不相等的配线方式。

注意，在双绞线的尽头，两端仍要保持扭绞形状，否则会影响抗干扰效果。屏蔽双绞线具有双重抗干扰性能，屏蔽层对外来的干扰电场具有防护作用，双绞线对外来的干扰磁场具有消除作用。在使用屏蔽线时，屏蔽层应良好接地，信号返回线只在一端接地；当信号线中间有接头时，屏蔽层应牢固连接并进行绝缘处理，避免多点接地。屏蔽层不接地会产生寄生耦合作用，这是由于屏蔽层的面积较大，增大了寄生耦合电容，这种干扰比不带屏蔽层的导线产生的干扰还严重。

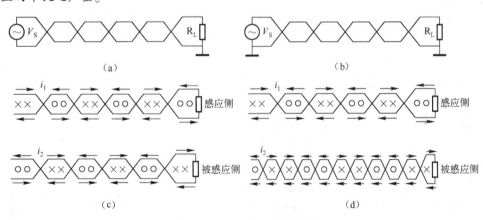

图 9-10　双绞线应用示意图

9.1.3　接地系统设计

接地技术起源于强电技术，强电由于电压高、功率大，容易危及人身安全，为此应将电网的零线和各种电气设备的外壳通过导线接地，使之与大地等电位，以保障人身安全。电子设备接地的另一个目的是抑制干扰。良好、正确的接地可以消除或降低各种形式的干扰，从而保证电子设备或控制系统可靠、稳定地工作，但不合理或不良的接地将会使电子设备或控制系统受到干扰和破坏。

由此可知，接地可分为两大类，即安全接地和信号接地。安全接地通常与大地等电位，而信号接地却不一定与大地等电位。在很多情况下，安全接地点不适合用作信号接地点，因为这样会使噪声问题更加复杂化。

接地电阻是指接地电流经接地体注入大地时在土壤中以电流场形式向远处扩散所遇到的土壤电阻。它属于分布电阻，由接地导线的电阻、接地体的电阻和大地的杂散电阻 3 部分组成。接地体的电阻应小于 2Ω。常用的接地体有铜板、金属棒、镀锌圆钢等，一般接地装置的接地电阻不宜超过 10Ω。

PLC 控制系统的接地方法如图 9-11 所示。其中，图 9-11（a）所示为控制系统和其他设备各自独立接地，这种接地方式最好。如果做不到每个设备独立接地，可使用图 9-11（b）中所示的并联接地方式，但不允许使用图 9-11（c）中所示的串联接地方式，特别是应避免与电动机、变压器等动力设备串联接地。

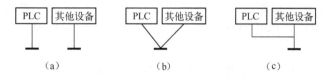

图 9-11　PLC 控制系统的接地方法

【注意】

☺ 接地线应尽量短且截面积大于 2mm^2，接地电阻小于 10Ω 为宜。

☺ 接地点应尽量靠近，PLC 接地线的长度应控制在 20m 以内。

☺ 控制器的接地线与电源线或动力线分开，无法避开时应垂直交叉走线。

☺ LG 端是噪声滤波器中性端子，通常不要求接地。但是，当电气干扰严重时，或者为了防止电击，应将 LG 端与 GR 端短接后接地。

9.1.4　供电系统设计

1. 使用滤波器

使用滤波器代替隔离变压器，在一定的频率范围内也能起到一定的抗电网干扰作用，但要选择好滤波器的频率范围较困难。因此，常用方法是既使用滤波器，又使用隔离变压器。注意，隔离变压器的一次侧和二次侧连接线要用双绞线，且一次侧与二次侧要分隔开连接，如图 9-12 所示。

图 9-12　滤波器和隔离变压器的接线

2. 采用分离供电系统

应将 PLC 的 I/O 通道与其他设备的供电电源隔离，以抑制电网的干扰。供电系统的设计直接影响到控制系统的可靠性，因此在设计供电系统时，应考虑电源系统的抗干扰性、失电时不破坏 PLC 程序和数据控制系统，不允许断电的场合供电电源的冗余等因素。在供电系统设计中，可以采用下述 3 种方案。

1）采用隔离变压器供电系统　PLC 与 I/O 及其他设备分别用各自的隔离变压器供电，并与主回路电源分开，以降低电网与大地的噪声，如图 9-13 所示。这样当 I/O 回路失电时，不会影响 PLC 的供电。注意，各个变压器的二次绕组的屏蔽层接地点应分别接入各绕组电路的地，最后再根据系统的需要选择必要而合适的公共接地点接地，以达到最佳屏蔽效果。为 PLC 供电的隔离变压器的二次侧采用非接地方式，双绞线截面大于 2mm² 为宜。

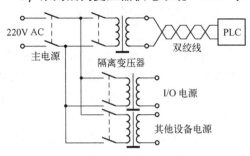

图 9-13　采用隔离变压器供电系统

2）采用 UPS 供电系统　不间断电源 UPS 是计算机的有效保护装置，平时处于充电状态，当输入电源失电时，UPS 能自动切换到输出状态，继续向系统供电。根据 UPS 的容量不同，在电源掉电后可继续向 PLC 供电 10 ~ 30min。因此，对于重要的 PLC 控制系统，在供电系统中配置 UPS 是十分必要的。UPS 供电示意图如图 9-14 所示。

3）双路供电系统　在重要的 PLC 控制系统中，为了提高系统工作的可靠性，在条件允许时，供电系统的交流侧可采用双电源系统。两路电源最好引自不同的变电站，当一路电源出现故障时，可自动切换到另一路电源供电，如图 9-15 所示。

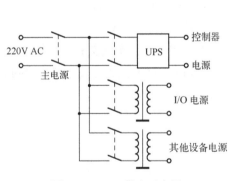

图 9-14　UPS 供电示意图

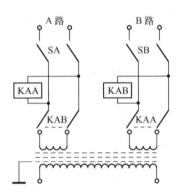

图 9-15　双路供电系统

图 9-15 中，KAA、KAB 是欠电压继电器保护控制回路。假设先合上开关 SA，令 A 路供电，则由于 B 路 KAA 没有吸合，继电器 KAB 处于失电状态，因此其常开触点 KAB 闭合完成 A 路供电控制；然后合上 SB 开关，这样 B 路处于备用状态，一旦 A 路电压降低到规定值时，欠电压保护继电器 KAA 动作，其常开触点闭合使 B 路开始供电，同时 KAB 触点断开；由 B 路切换到 A 路供电的工作原理与此类似。

9.1.5　冗余系统与热备用系统

在实际生产过程中，一些工业装置或生产线往往要求每天 24h 连续生产运行而不能停顿，在这种条件下，即使可靠性再高的 PLC 也难以保障。因此，冗余控制成了一种满足连续生产要求，提高系统可用性的有效手段。

冗余控制是采用一定或成倍数量的设备或元器件组成控制系统来参与控制的。当某一设备或元器件发生故障而损坏时，它可以通过硬件、软件或人为方式，相互切换后备设备或元器件，替代因故障而损坏的设备或元器件，保证系统正常工作，使控制设备因意外而导致的停机损失降到最小。

同步（Synchronization）是指冗余系统的两个或多个处理器之间要经常比较各自的状态，根据一定的规则以决定系统是否工作在正常的状态。这种状态比较和系统可靠性的判定称为同步。

1. 冗余控制的类型

在工业控制领域，根据不同的产品和客户的不同需求，采用的冗余控制方式也不尽相同。具体可以分成以下几类。

1）处理器冗余　控制系统中处理器采用一用一备或一用多备的方式，当主处理器发生故障时，备用处理器自动投入运行（称为故障切换或系统切换），直接接管控制，维持系统正常运行。

处理器冗余可采用硬、软冗余方式实现。硬冗余是指采用两套处理器和热备模块同时工作，但两套的工作方式不同，一套（主处理器）处于正常的直接工作状态，系统有输入也有输出，另一套（从处理器）也通电工作，也同时接受输入信号，也进行数据处理和运算，与直接运转的那套不同的是不输出信号。两套之间采用硬件互联方式进行处理器的故障切换。系统除了成双使用的处理器，一般还使用一套或两套热备模块，也称双机单元。热备模块主要负责主、从处理器之间的数据高速传送，一旦主处理器发生故障失效，马上将系统控制权切换至从处理器，实现自动切换工作。从处理器变成主处理器后，对程序进行同步扫描，切换时从断点处开始扫描，保持系统正常工作。

处理器的同步机理多为定时同步或事件同步，其同步周期不尽相同，事件同步的周期稍短。一般系统切换时间都能达到毫秒级或数十至数百毫秒（取决于处理器中程序扫描周期和产品性能）。这样的冗余系统在发生故障时，所有的 I/O 点还没有来得及反应，切换已经完成，因而不会丢失数据，所有的外设正常工作不受影响，保证生产正常运行，系统相对更稳定、安全，但成本较高。

软冗余方式是指处理器成双使用，其中一个正常运行，另一个处于备用状态。当主处理器发生故障时，通过事先在处理器程序中编制主/从处理器程序（处理器心跳检测），和主/从处理器数据交换处理器实时监控、判断主/从处理器的工作状况，采用软件方式将主处理器切换至备用的处理器，于是从处理器转换成主处理器接替正常的系统控制（如简单地用通信电缆把 2 个 PLC 处理器模块连接起来）。从 PLC 处理器模块定时发消息查询主 PLC 处理器模块的状态信息，确定主/从处理器的判别位并实时监控。一旦主 PLC 处理器模块响应超时或存在故障，则程序启动主/从切换部分（或子程序），将主/从处理器的判别位更换，数据更新，使从 PLC 处理器模块接替主 PLC 处理器模块维持系统正常工作。使用软件实现冗余的思路有很多，这只是其中一种。这种冗余方式不受硬件和系统软件的限制，切换速度主要取决于程序的大小、程序扫描周期的长短、编程技巧及处理器的品质，通常较硬冗余慢，但成本较低。

2）通信冗余　通信冗余也可采用硬、软冗余方式来实现。通信冗余可简单地分为单模块双电缆方式和两套单模块单电缆双工方式两种，前者要采用冗余通信模块实施，属于软冗余，而后者的硬件量为前者的 2 倍，成本高，较少采用。

硬冗余是两个通信网络同时进行数据传送和数据比较，实际起作用的是其中一个通信网络，另一个通信网络作为后备。而通信模块则实时监控两个通信网络的通信质量，若当前网络的数据发送包和接受包数之差达到一定值，或者发送的故障率、接收的故障率达到一定值，通信模块会将当前的通信网络切换，使后备通信网络接替工作，并提示工作人员来处理。这种网络切换功能主要是由冗余通信模块实现的。

软冗余实际上是由两套单网络组成的，由程序去监控两套网络的通信状态和通信质量，由处理器确定当前工作通信网络和后备通信网络。当检测到切换故障（一般为通信模块状态故障、网络数据传送超时、数据收发率差值大于某一界定值等）时，使用通信网络发生切换，同时给出报警信息和描述，通知工作人员进行处理。

3）I/O 冗余 I/O 冗余是指对同一个外设输入点或输出点采用两个或两个以上的 I/O 点与其相对应，它们同时工作（输入或输出），当其中一个发生故障时，外设功能不受任何影响。相对于处理器和通信冗余，通常较少使用 I/O 冗余，I/O 冗余在成本上会增加较多，甚至翻倍。

但在一些重要的应用场合，使用 I/O 冗余的也不少。几乎所有的 DCS 均可以实现 I/O 冗余（部分 DCS 采用冷冗余方式，如需要把失效模块的配线端子拆下来，安装到备用模块上去。一般这种模块都是支持热插拔的）。在实施上，模拟量 I/O 冗余比较容易实现，只要在外设接线上进行设计即可。也有部分模拟量 I/O 从成本方面考虑，在 PLC 侧仍然采用单点的模拟量 I/O 点，外设部分信号使用配电器，将单个信号分配成多路，但这不能当作 PLC I/O 冗余。开关量 I/O 冗余的实施要在系统组态和 PLC 编程方面作适当的考虑（如错开寻址方式等）。通常实现 I/O 冗余的系统，其处理器往往是硬冗余的，在输出数据备份方面要考虑。

I/O 冗余最常用的为 1:1 冗余，而其他方式如 1:1:1 表决系统在一些工艺要求较高、停机造成损失大的系统中也有采用，如安全监控系统、火电厂的锅炉液位保护和汽轮机保护系统、石化行业的 ESD 系统等。1:1:1 表决系统的方式可实现一用两备，或三取二投票表决等特殊功能。

4）电源冗余 电源冗余是指采用两个或多个电源模块给 PLC 作冗余供电。在电源模块的数量和容量上，各个厂家有各自的规定。电源冗余通常有以下两种方式。

☺ 框架外冗余供电方式：通过专用的电源电缆和冗余电源框架适配器模块连接到系统底板上，对系统进行冗余供电，两个电源模块同时工作，其中任何一个有故障时，另一个电源模块仍能保持系统正常供电。电源模块通过信号线将模块的当前状态信息送到系统中进行实时检测，及时通知相关人员对故障模块进行维护维修。

☺ 框架内冗余供电方式：在 PLC 的框架中插入两个或两个以上的电源模块，电源之间通过电源冗余通信电缆相连，相互交换状态信息，直接对 PLC 进行冗余供电。

电源冗余只针对系统中的供电电源模块进行后备处理，成本较低，一般应用在供电质量不稳定的场合。两个电源模块的来电应分别取自两个不同的供电电源，这样避免了由供电电源故障导致的系统停电。

I/O 冗余、电源冗余大多属于硬冗余范畴，而处理器冗余、通信冗余（网络冗余）既可采用硬冗余，也可以采用软冗余实现。一般情况下，硬冗余投入成本较大，冗余实现和系统维护相对简单，系统性能较可靠，系统的切换速度较快，适用于生产工艺要求较高、反应速度较快的装置和生产线；软冗余投入成本比硬冗余小，不需要特殊的冗余模块或软件来支持，但在冗余实现和系统维护方面比较烦琐，并且一般的软冗余切换的速度稍慢，系统性能主要取决于编程水平和所选硬件的品质，这类冗余方式适用于工艺流程要求不太高、反应速度较慢、开/停要求不严的装置和生产线。

2. 冗余控制的具体方式

1) PLC 并列运行　是指输入/输出分别连接到控制内容完全相同的两个 PLC 上实现复用。当某一个 PLC 出现故障时，由主 PLC 自动切换或由操作人员手动切换到另一个 PLC，使系统继续工作，从而保证系统运行的可靠性，如图 9-16 所示。

必须指出的是，PLC 并列运行方案仅适用于 I/O 点数比较少，布线容易的小规模控制系统。

2) 双机双工热/后备控制系统　在双机双工热/后备控制系统中，两个完全相同的 CPU 同时参与运算。一个 CPU 进行控制，另一个 CPU 虽然参与运算，但处于后备状态，并不参与控制。三菱公司的 QnA 系列的 Q4ARCPU 是专门针对要求冗余和扩展处理控制而设计的。最为典型的配置结构是采用双 CPU 系统与双电源系统两类冗余，如图 9-17 所示。其中，图 9-17（a）所示为双 CPU 系统，图 9-17（b）所示为双电源系统。

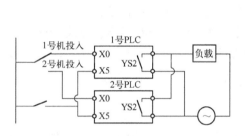

图 9-16　PLC 并列运行方式

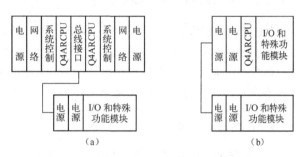

图 9-17　双机双工热/后备控制系统

3) 表决式冗余系统　表决式冗余系统原理图如图 9-18 所示。在该系统中，3 个 CPU 同时接收外部数据的输入，而对外部输出则由 2/3 表决模块依据 3 个 CPU 的并行输出状态表决来控制。这种系统的典型产品为三菱公司的 A3VTS 系统。

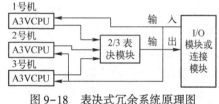

图 9-18　表决式冗余系统原理图

4) 与继电控制盘并用　在旧系统改造的场合，原有的继电控制盘最好不要拆除，可将其作为后备系统使用。对新建项目就不必采用此方案，因为小规模控制系统中的 PLC 造价可做到和继电控制盘相当，因此可采用 PLC 并列运行方案；对于中大规模的控制系统，由于继电控制盘比较复杂且可靠性低，这时采用双机双工热/后备控制系统方案为好。

5) 网络冗余　三菱公司的 MELSECNET 总线系统可以通过选择附加网络模块和相应的电缆构成双总线冗余系统，大大提高了网络工作的可靠性。

9.2　PLC 控制系统工程应用的抗干扰设计

干扰的形成需要同时具备 3 要素，即干扰源、耦合通道和对干扰敏感的受扰体。为了保证系统在工业电磁环境中免受或减少内/外电磁干扰，必须从设计阶段便采取三个方面抑制措施：抑制干扰源，切断或衰减电磁干扰的传播，提高装置和系统的抗干扰能力。

PLC 控制系统的抗干扰是一个系统工程，要求制造单位设计、生产出具有较强抗干扰能力的产品，且有赖于使用部门在工程设计、安装施工和运行维护中予以全面考虑，并结合具体情况进行综合设计，才能保证系统的电磁兼容性和运行可靠性。在进行具体工程的抗干扰设计时，应注意设备选型和综合抗干扰设计两个方面。

【设备选型】在选择设备时，不仅要选择有较高抗干扰能力（尤其是抗外部干扰能力）的产品（如采用浮地技术、隔离性能好的 PLC 系统），还应了解 PLC 的抗干扰指标（如共模抑制比、差模抑制比、耐压能力，以及允许在多大电场强度和多高频率的磁场强度环境中使用等）。另外，应考查其在类似工作条件中的实际应用情况。

> 【注意】我国采用的是 220V 高内阻电网，而欧美地区多采用 110V 低内阻电网。由于我国电网内阻大，零点电位漂移大，地电位变化大，所以我国工业企业现场的电磁干扰较大（比欧美地区高 4 倍以上），对系统抗干扰性能要求更高，在选用国外 PLC 产品时应参照我国的标准进行合理选择。

【综合抗干扰设计】主要考虑来自系统外部的抑制措施，包括：对 PLC 系统及外引线进行屏蔽，以防空间辐射电磁干扰；对外引线（特别是电力电缆）进行隔离、滤波，分层布置，以防引入传导电磁干扰；正确设计接地点和接地装置，完善接地系统。另外，还应利用软件手段，进一步提高系统的可靠性。

1. 硬件抗干扰措施

1) 采用性能优良的电源 PLC 控制系统中的电网干扰主要通过 PLC 系统的供电电源（如 CPU 电源、I/O 电源等）、变送器供电电源、与 PLC 系统具有直接电气连接的仪表的供电电源等耦合进来。现在，PLC 系统的供电电源一般都采用隔离性能较好的电源，但变送器供电电源以及与 PLC 系统有直接电气连接的仪表的供电电源的隔离性能尚未引起足够的重视（虽然也采取了一定的隔离措施，但普遍存在隔离变压器分布参数大，抑制干扰能力差，经电源耦合形成共模干扰、差模干扰等问题）。

此外，为保证电网馈点不中断，可采用在线式不间断供电电源（UPS）来供电。UPS 具有较强的隔离干扰性能，是理想的 PLC 控制系统电源。

2) I/O 保护 输入通道中的检测信号一般较弱，但传输距离可能较长。检测现场干扰严重和电路构成复杂等因素，使输入通道成为 PLC 系统中最主要的干扰进入通道。在输出通道中，功率驱动部分和驱动对象也可能产生较严重的电气噪声，并通过输出通道耦合作用进入系统。

- ☺ 采用频率敏感器件或由敏感参量 R、L、C 构成振荡器等方法，使传统的模拟传感器数字化，多数情况下其输出为 TTL 电平的脉冲量，而脉冲量的抗干扰能力较强。
- ☺ 对 I/O 通道进行电气隔离。用于隔离的器件主要有隔离放大器、隔离变压器、纵向扼流圈和光耦合器等，其中应用最多的是光耦合器。利用光耦合把两个电路的地环路分隔开，两个电路拥有各自的地电位基准，它们相互独立而不会造成干扰。
- ☺ 模拟量的 I/O 可采用电压/频率（V/F）转换方式。V/F 转换过程是对输入信号的时间积分，因而能对噪声或变化的输入信号进行平滑处理，所以抗干扰能力强。

3）**电缆的选择与敷设**　为了减少动力电缆辐射电磁干扰，尤其是变频装置馈电电缆，可以考虑采用铜带铠装屏蔽电力电缆，从而降低动力线产生的电磁干扰。不同类型的信号分别用不同电缆传输，信号电缆应按传输信号种类分层敷设，严禁用同一电缆的不同导线同时传送动力电源和信号，避免信号线与动力电缆靠近平行敷设，以减少电磁干扰。

4）**正确选择接地点**　接地的目的通常有两个，即安全和抑制干扰。完善的接地系统是PLC 控制系统抗电磁干扰应采取的重要措施之一。系统接地方式分为浮地方式、直接接地方式和电容接地 3 种。

对 PLC 控制系统而言，它属于高速低电平控制装置，应采用直接接地方式。由于受信号电缆分布电容和输入装置滤波等的影响，装置之间的信号交换频率一般都低于1MHz，所以 PLC 控制系统接地线采用并联一点接地或串联一点接地方式。集中布置的PLC 系统适合并联一点接地方式，各装置的柜体中心接地点以单独的接地线引向接地极；如果装置间距较大，应采用串联一点接地方式，即用一根大截面铜母线（或绝缘电缆）连接各装置的柜体中心接地点，然后将接地母线直接连接接地极。接地线采用截面大于 $22mm^2$ 的铜导线，总母线使用截面大于 $60mm^2$ 的铜排。接地极的接地电阻小于 2Ω，接地极最好埋在距建筑物 $10 \sim 15m$ 远处，而且 PLC 系统接地点必须与强电设备接地点相距10m 以上。信号源接地时，屏蔽层应在信号侧接地；信号线中间有接头时，屏蔽层应牢固连接，并进行绝缘处理，一定要避免多点接地；多个测点信号的屏蔽双绞线与多芯对绞总屏蔽电缆连接时，各屏蔽层应相互连接好，并经绝缘处理，选择适当的接地处单点接地。

5）**整机的抗干扰措施**　在生产现场安装的 PLC 应该用金属盒屏蔽安装，并妥善接地。置于操作台上的 PLC 要固定在铜板上，并用绝缘层与操作台隔离，铜板应可靠接地。

2. 软件抗干扰措施

1）**提高 I/O 信号的可靠性**　开关型传感器信号采用"去抖动"措施。当按钮作为输入元件时，不可避免会产生抖动；输入元件是继电器时，有时会产生瞬间跳动，这会引起系统误动。

去抖动梯形图示例如图 9-19 所示。其中，定时时间根据触点抖动情况和系统要求的响应速度而定。程序中，只有 X400 闭合时间超过定时器 T451 的定时时长，Y430 才能输出，由此可以有效地消除抖动干扰。

较低信噪比的模拟信号常因现场瞬时干扰而产生较大波动。若直接使用这些瞬时采样值进行计算控制，会给系统的可靠运行带来隐患。为此，在软件设计方面常常采用数字滤波技术，现场的模拟量信号经 A/D 转换后变为离散的数字量信号，然后将这些数据存入 PLC 中，利用数字滤波程序对其进行处理，滤除噪声信号，获得所需的有用信号进行系统控制，如图 9-20所示。工程上的数字滤波方法很多，如平均值滤波法、中间值滤波法、惯性滤波法等。

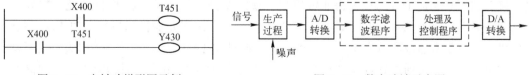

图 9-19　去抖动梯形图示例　　　　　图 9-20　数字滤波示意图

另外，还可以采用指令冗余措施，在尽可能短的周期内将数据重复输出，受干扰影响的设备在还没有来得及响应时正确的信息又来到了，这样就可以及时防止误动作的产生。

2) 信息的恢复与保护 PLC 检测到故障时，应立即把现状态存入存储器，并对存储器进行封闭（禁止对存储器进行任何操作），以防存储器信息被"冲掉"。这样，一旦检测到外界环境恢复正常，便可恢复到故障发生前的状态，继续原来的工作。

3) 设置互锁功能 在系统功能表上，有时并不出现互锁功能的具体描述，但为了提高系统的可靠性，在硬件设计和软件编程中必须加以考虑，并应注意软件与硬件互相配合。例如，对电动机正、反转接触器互锁，仅在梯形图中用软件来实现是不够的，因为大功率电动机有时会出现因接触器主触点"烧死"而在线圈断电后主电路仍不断开的故障。这时，PLC 输出继电器为断电状态，常闭触点闭合，若给出反转控制命令，则反转接触器就会通电而造成三相电源短路事故。

解决这一问题的办法是将两个接触器的常闭辅助触点互相串接在对方的线圈控制回路中，这样就可起到较完善的保护作用，如图 9-21 所示。

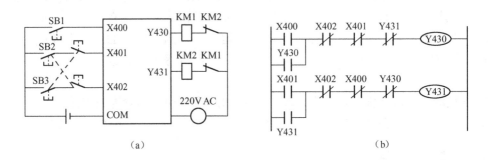

图 9-21 互锁功能示意图

在图 9-21 （a） 中，SB1 为电动机正转起动按钮，SB2 为反转起动按钮，将控制 X401 的常闭触点与正转输出继电器 Y430 的线圈串联，将正转起动按钮的 X400 的常闭触点与控制反转的 Y431 的线圈串联，以保证 Y430 和 Y431 不会同时为"1"状态。在图 9-21 （b）中，因为复合按钮的常闭触点总是先断开，常开触点才闭合，经过一段延迟，而接触器的辅助触点也是常开触点先断开，然后常闭触点才闭合，反转接触器线圈才能得电，因而不会发生瞬间短路故障。

3. 故障检测程序的设计

PLC 本身的可靠性和可维修性是非常高的，在 CPU 监控程序或操作系统中有较完整的自诊断程序，若出现故障就能很快发现。然而 PLC 外接的 I/O 元器件（如限位开关、电磁阀、接触器等）引起的故障就显得非常突出，如限位开关故障造成的机械顶死、接触器主触点"烧死"造成线圈断电后电动机运转不停等故障。这些元器件出现故障时 PLC 不会自动停机，所以常常造成严重后果后才会被发现，这时往往会造成较大的经济损失。为了避免上述情况的发生，可通过软件设计加强 PLC 控制系统故障检测的范围和能力，以提高整个系统的可靠性。常用的方法有以下两种。

1）时间故障检测法　无"看门狗"指令的 PLC 可设计超节拍保护程序，如图 9-22 所示。在控制系统工作循环中，各工步的运行有严格的时间规定，以这些时间为参数，在要检测的工步动作开始的同时启动一个定时器。定时器的时间设定值比正常情况下该动作要持续的时间长 25%。当某工步动作时间超过规定时间，并达到对应的定时器预置时间仍未转入下一个工步时，定时器发出故障信号，停止正常工作循环程序，启动报警及显示程序。

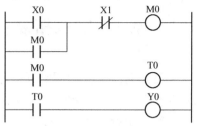

图 9-22　超节拍保护程序示例

在图 9-22 中，X0 为工步动作启动信号，X1 为动作完成信号，Y0 为报警或停机信号。当 X0＝0 时，工步动作启动，定时器 T0 开始计时。如果在规定时间内监控对象未发出动作完成信号，则判断为故障，接通 Y0 发出报警信号；若在规定时间内完成动作，则 X1 切断 M0，将定时器清零，为下一次循环作好准备。

2）逻辑错误检测法　在 PLC 控制系统正常运行的情况下，各 I/O 信号和中间记忆装置之间存在着逻辑关系，一旦出现异常逻辑关系，必定是控制系统出现了故障。因此，可以事先编制一些常见故障的异常逻辑程序，并将其加进用户程序中。当这种逻辑关系实现状态为"1"时，就必然出现了相应的设备故障，即可将异常逻辑关系的状态输出作为故障信号，用于实现报警、停机等控制。

4. 数据和程序的保护

大部分 PLC 控制系统都采用锂电池支持的 RAM 来存储用户的应用程序。这种电池是不可充电的，其寿命一般约为 5 年，电量用完后应用程序将丢失。因此，较可靠的办法是把调试成功的程序用 ROM 写入器固化到 EPROM 中去。另外，应用程序的备份（如光盘或EPROM 等）必须小心保护。

5. 软件容错

为提高系统运行的可靠性，使 PLC 在信号出错情况下能及时发现错误，并能排除错误的影响而继续工作，在程序编制中可采用下述软件容错技术。

【**程序复执技术**】在程序执行过程中，一旦发现现场故障或错误，就重新执行被干扰的先行指令若干次，若复执成功，说明为干扰，否则输出软件失败（Fault）或报警。

【**对死循环作处理**】死循环主要通过程序判断出是由主要故障造成的还是由次要故障造成的，然后分别做出停机和相应子程序处理。

【**软件延时**】对重要的开关量输入信号或易形成抖动的检测或控制回路，可采用软件延时 20ms，对同一信号多次读取结果一致才确认有效，这样可消除偶发干扰的影响。

如果现场设备信号不完全可靠，对于不会严重影响设备运行的故障信号，在程序中采取延时判断的措施，若延时后故障信号仍不消失，再执行相应动作，以防止输入接点抖动而产生"伪报警"。

【**利用组合逻辑关系**】在充分利用信号间的组合逻辑关系构成条件判断，即使个别信号出现错误时，系统也不会因错误判断而影响其正常的逻辑功能。

9.3　实践拓展：PLC 常见故障处理方法

一般来说，PLC 发生故障的可能性较小，大部分故障原因是接线松、线接错、继电器有故障等。当 PLC 有故障时，应按照以下步骤进行处理。

（1）插上编程器，并将运行开关置于"RUN"位置。

（2）如果 PLC 停止在某些输出被激励的地方（一般处于中间状态），则查找引起下一步操作发生的信号（输入、定时器等），编程器会显示那个信号的 ON/OFF 状态。

（3）如果是输入信号问题，将编程器显示的状态与输入模块的 LED 指示作比较，若不一致，则更换输入模块。如果发现在扩展框架上有多个模块要更换，那么在更换模块前，应先检查 I/O 扩展电缆及其连接情况。

（4）如果输入状态与输入模块的 LED 指示一致，就要比较一下 LED 与输入装置（按钮、限位开关等）的状态，若不同，应检查输入模块。如果未发现输入模块有问题，应更换 I/O 装置、现场接线或电源；否则，更换输入模块。

（5）如果线圈没有输出，或输出信号与线圈的状态不同，就得用编程器检查输出的驱动逻辑，并检查程序清单。

检查应按照从右到左的顺序进行，找出第一个未接通的触点。如果该触点连接的是输入信号，就按步骤（2）和（3）检查该输入点；如果该触点连接的是线圈，就按步骤（4）和（5）进行检查。

（6）如果是定时器信号有问题，而且停在小于最大值的非零值上，则要更换 CPU 模块。

（7）如果该信号控制一个计数器，首先检查控制复位的逻辑，然后检查计数器信号［按步骤（2）至（5）进行］。

有一种简单方法可以迅速判断是 PLC 故障还是电气设备的故障——短路法：断开设备状态输入线，用一根导线将输入端口与公共端相连，这意味着"强制"给 PLC 一个接通的信号，如果 PLC 有显示，则说明 PLC 正常，故障发生在电气设备处；否则就认为 PLC 有故障。

思考与练习

（1）在有强烈干扰的环境下，应采取什么样的可靠性措施？

（2）电缆的屏蔽层应该怎样接地？

（3）输入/输出配线应该如何处理才能达到抗干扰的目的。

（4）供电系统如何提高可靠性？

（5）冗余系统有几种类型？

第 10 章　三菱 PLC 编程工具简介

PLC 程序的编制可以通过手持式编程器、专用编程器或计算机来完成。手持式编程器体积小，携带方便，在现场调试时更具有优势，但在输入程序或分析程序时却显得不太方便。专用编程器功能强，可视化程度高，使用也很方便，但其价格高，通用性差。近年来，计算机技术发展迅速，利用计算机进行 PLC 编程、通信更加方便，因此利用计算机进行 PLC 编程已成为一种趋势。三菱开发的手持式编程器主流型号为 FX-20P-E，PLC 编程软件为 GX DEVELOPER。本章主要介绍如何使用手持式编程器和编程软件进行程序设计。

10.1　手持式编程器简介

FX-20P-E 型手持式编程器（简称 HPP）是实现 PLC 人机对话的重要外设，通过编程电缆可将它与三菱 FX 系列 PLC 相连，用来写入、读出、插入和删除程序，以及监视 PLC 的工作状态等。

FX-20P-E 型手持式编程器如图 10-1 所示。它是一种智能简易型编程器，既可以在线编程，也可以离线编程。在线编程也称联机编程，编程器与 PLC 直接相连，并对 PLC 用户程序存储器进行直接操作；在离线编程方式下，编制的程序先写入编程器内部的 RAM，再

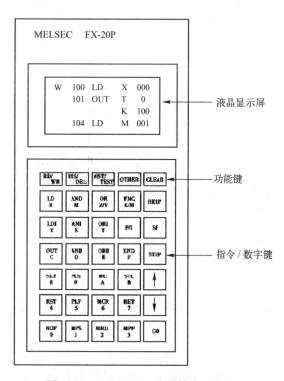

图 10-1　FX-20P-E 型手持式编程器

成批地传送到 PLC 存储器中，也可以在编程器与 ROM 写入器之间进行程序传送。本机显示窗口可同时显示 4 条基本指令。它的功能如下所述。

☺ **读（Read）**：从 PLC 中读出已经存在的程序。

☺ **写（Write）**：向 PLC 中写入程序，或者修改程序。

☺ **插入（Insert）**：插入和增加程序。

☺ **删除（Delete）**：从 PLC 程序中删除指令。

☺ **监视（Monitor）**：监视 PLC 的控制操作和状态。

☺ **测试（Test）**：改变当前状态或监视元件的值。

☺ **其他（Others）**：如屏幕菜单、监视或修改程序状态、程序检查、内存传送、修改参数、清除、音响控制。

1. 液晶显示屏

FX-20P-E 的液晶显示屏只能同时显示 4 行、每行 16 个字符，其显示画面如图 10-2 所示。

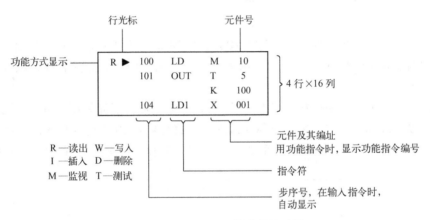

图 10-2　FX-20P-E 的液晶显示屏

2. 功能键

11 个功能键在编程时的功能如下所述。

☺ RD/WR：读出/写入键。它是双功能键，按第 1 下选择读出方式，在液晶显示屏的左上角显示"R"；按第 2 下选择写入方式，在液晶显示屏的左上角显示"W"；按第 3 下又回到读出方式。

☺ INS/DEL：插入/删除键。它是双功能键，按第 1 下选择插入方式，在液晶显示屏的左上角显示"I"；按第 2 下选择删除方式，在液晶显示屏的左上角显示"D"；按第 3 下又回到插入方式。

☺ MNT/TEST：监视/测试键。它是双功能键，按第 1 下选择监视方式，在液晶显示屏的左上角显示"M"；按第 2 下选择测试方式，在液晶显示屏的左上角显示"T"；按第 3 下又回到监视方式。

☺ GO：执行键。用于确认指令和执行命令，在输入某指令后，再按 GO 键，编程器就将该指令写入 PLC 的用户程序存储器。该键还可用于选择工作方式。

☺ CLEAR：清除键。在未按 GO 键前，按 CLEAR 键，则刚刚输入的操作码或操作数会被清除。另外，该键还用于清除屏幕上的错误内容或恢复原来的画面。

☺ SP：空格键。输入多参数的指令时，用于指定操作数或常数。在监视工作方式下，若要监视位编程元件，先按 SP 键，再输入该编程元件的元件号。

☺ STEP：步序键。如果需要显示某步的指令，先按 STEP 键，再输入步序号。

☺ ↑、↓：光标键。用此键移动光标和提示符，指定当前元件的前一个或后一个元件（上、下移动）。

☺ HELP：帮助键。按 FNC 键后再按 HELP 键，屏幕上显示应用指令的分类菜单，再按相应的数字键，就会显示出该类指令的全部指令名称。在监视方式下按 HELP 键，可用于编程元件内的数据在十进制和十六进制之间进行切换。

☺ OTHER 键："其他"键。无论何时按下它，都会立即进入菜单选择方式。

3. 指令键、元件符号键和数字键

它们大都是双功能键，键的上半部分给出的是指令助记符，键的下半部分给出的是数字或软元件符号，何种功能有效是在当前操作状态下由功能自动定义的。

10.2 手持式编程器操作方法

作为现场使用的编程工具，手持式编程器在一些无法使用 PC 编程的场合得到了广泛应用。对于现场工程技术人员，手持式编程器更是必不可少的工具。

10.2.1 工作方式选择

FX-20P-E 型手持式编程器具有在线（ONLINE，也称联机）编程和离线（OFFLINE，也称脱机）编程两种工作方式。在线编程时，编程器与 PLC 直接相连，编程器直接对 PLC 的用户程序存储器进行读/写操作。若 PLC 内装有 EEPROM 卡盒，则程序写入该卡盒；若没有 EEPROM 卡盒，则程序写入 PLC 内的 RAM 中。离线编程时，编制的程序首先写入编程器内的 RAM 中，以后再成批地传送到 PLC 的存储器中。

FX-20P-E 上电后，其液晶屏幕上显示的内容如图 10-3 所示。其中，闪烁的"■"符号指明编程器所处的工作方式。用 ↑ 或 ↓ 键将"■"符号移动到选中的方式上，然后按 GO 键，就进入所选定的编程方式。

若按 OTHER 键，则进入工作方式选定的操作。此时，FX-20P-E 的液晶屏幕上显示的内容如图 10-4 所示。

```
PROGRAM MODE
■ONLINE（PC）
 OFFLINE(HPP)
```

```
ONLINE  MODE   FX
■1.OFFLINE MODE
 2.PROGRAM CHECK
 3.DATA  TRANSFER
```

图 10-3　在线、离线工作方式选择　　　　　图 10-4　工作方式选定

1. 在线编程方式

闪烁的"■"符号表示编程器所选的工作方式；按 ↑ 或 ↓ 键，将"■"符号上移或下移到所需的位置，再按 GO 键，就进入了选定的工作方式。在联机编程方式下，可供选择的工作方式有如下 7 种。

☺ OFFLINE MODE：进入离线编程方式。

☺ PROGRAM CHECK：程序检查。若没有错误，显示"NO ERROR"（没有错误）；若有错误，则显示出错误指令的步序号及出错代码。

☺ DATA TRANSFER：数据传送。若 PLC 内安装有存储器卡盒，在 PLC 的 RAM 和外装的存储器之间进行程序和参数的传送；否则，显示"NO MEM CASSETTE"（没有存储器卡盒），不进行传送。

☺ PARAMETER：对 PLC 的用户程序存储器容量进行设置，还可以对各种具有断电保持功能的编程元件的范围及文件寄存器的数量进行设置。

☺ XYM、NO、CONV：修改 X、Y、M 的元件号。

☺ BUZZER LEVEL：蜂鸣器的音量调节。

☺ LATCH CLEAR：复位有断电保持功能的编程元件。对文件寄存器的复位与其使用的存储器类别有关，只能对 RAM 和写保护开关处于 OFF 位置的 EEPROM 中的文件寄存器复位。

2. 离线编程方式

离线编程方式编制的程序存放在编程器内部的 RAM 中。编程器内部 RAM 中写入的程序可成批地传送到 PLC 的内部 RAM 中，也可成批地传送到装在 PLC 上的存储器卡盒中。往 ROM 写入应当在离线编程方式下进行。

编程器内部 RAM 用超级电容器作断电保护，因此可将离线生成的装在编程器 RAM 内的程序传送给安装在现场的 PLC。

可以通过如下两种方法进行离线编程。

☺ FX-20P-E 上电后，按 ↓ 键，将闪烁的"■"符号移动到"OFFLINE（HPP）"位置上，然后再按 GO 键，即可进入离线编程方式。

☺ FX-20P-E 处于联机编程方式时，按 OTHER 键，进入工作方式选择，此时闪烁的"■"符号处于"OFFLINE MODE"的位置上，接着按 GO 键，即可进入离线编程方式。

FX-20P-E 处于离线编程方式时，所编制的用户程序存入编程器内的 RAM 中，与 PLC 内的用户程序存储器及 PLC 的运行方式都没有关系。除在线编程方式中的 M 和 T 两种工作

方式不能使用外，其余的工作方式（R、W、I、D）及操作步骤均适用于离线编程。按 OTHER 键后，即可进入工作方式选择。此时，液晶屏幕显示的内容如图 10-5 所示。

在离线编程方式下，可用光标键选择 PLC 的型号，如图 10-6（a）所示。FX2N、FX2NC、FX1N 和 FX1S 之外的其他系列的 PLC 应选择 "FX，FX0"。选择好后，按 GO 键，出现如图 10-6（b）所示的确认画面，若确认，按 GO 键；若要复位参数或返回初始状态时，按 CLEAR 键。

```
OFFLINE MODE FX
■1.ONLINE MODE
  2.PROGRAM CHECK
  3.HPP <—> FX
```

```
SELECT PC TYPE
■FX,FX0
  FX2N,FX1N,FX1S
```
（a）

```
PC TYPE CHANGED
UPDATE PARAMS
  OK→[GO]
  NO→[CLEAR]
```
（b）

图 10-5　屏幕显示（一）　　　　　　图 10-6　屏幕显示（二）

在离线编程方式下，可供选择的工作方式有如下 7 种。

☺ ONLINE　MODE；

☺ PROGRAM　CHECK；

☺ HPP〈—〉FX；

☺ PARAMETER；

☺ XYM、NO、CONV；

☺ BUZZER　LEVEL；

☺ MODULE。

选择 "HPP〈—〉FX" 时，若 PLC 内没有安装存储器卡盒，屏幕显示的内容如图 10-7 所示。按 ↑ 或 ↓ 键将 "■" 符号移到需要的位置上，再按 GO 键，就执行相应的操作。其中 "HPP→ROM" 表示将编程器 RAM 中的用户程序传送到 PLC 内的存储器中去，这时 PLC 必须处于停止状态；"HPP←ROM" 表示将 PLC 内存储器中的用户程序读入编程器内的 RAM 中；"HPP：ROM" 表示将编程器内 RAM 中的用户程序与 PLC 的存储器中的用户程序进行比较。PLC 处于停止或运行状态都可以进行后两种操作。

若 PLC 内装了 RAM、EEPROM 或 EPROM 扩展存储器卡盒，屏幕显示的内容如图 10-8 所示。

```
[ROM WRITE]
■HPP → ROM
  HPP ← ROM
  HPP ： ROM
```

```
3.HPP <-> FX
■HPP → RAM
  HPP ← RAM
  HPP ： RAM
```

图 10-7　未安装存储器卡盒的屏幕显示　　　图 10-8　安装存储器卡盒屏幕显示

10.2.2　基本编程操作

1. 用户程序存储器初始化

在写入程序前，应将存储器中原有的内容全部清除，再按 RD/WR 键，使编程器处于写入方式。清除操作可按以下顺序按键：

$$\boxed{\text{NOP}} \rightarrow \boxed{\text{A}} \rightarrow \boxed{\text{GO}} \rightarrow \boxed{\text{GO}}$$

2. 指令的读出

1）根据步序号读出指令　基本操作如图 10-9 所示。先按 $\boxed{\text{RD/WR}}$ 键，使编程器处于读出方式，如果要读出步序号为 105 的指令，按下列顺序操作，该指令就会显示在屏幕上。

$$\boxed{\text{STEP}} \rightarrow \boxed{1} \rightarrow \boxed{0} \rightarrow \boxed{5} \rightarrow \boxed{\text{GO}}$$

若还要显示该指令之前或之后的其他指令，可以按 $\boxed{\uparrow}$、$\boxed{\downarrow}$ 或 $\boxed{\text{GO}}$ 键。按 $\boxed{\uparrow}$、$\boxed{\downarrow}$ 键可以显示上一条或下一条指令。按 GO 键可以显示其后 4 条指令。

图 10-9　根据步序号读出指令的基本操作

2）根据指令读出　其基本操作如图 10-10 或图 10-11 所示。先按 $\boxed{\text{RD/WR}}$ 键，使编程器处于读出方式，然后按照所示操作步骤依次按相应的键，该指令就会显示在屏幕上。

图 10-10　根据指令读出的基本操作

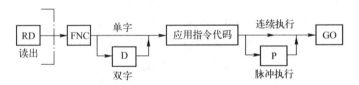

图 10-11　应用指令的读出

例如，指定指令 LD　X20，从 PLC 中读出该指令。

按 $\boxed{\text{RD/WR}}$ 键，使编程器处于读出方式，然后按以下的顺序按键：

$$\boxed{\text{LD}} \rightarrow \boxed{\text{X}} \rightarrow \boxed{2} \rightarrow \boxed{0} \rightarrow \boxed{\text{GO}}$$

按 $\boxed{\text{GO}}$ 键后，屏幕上显示出指定的指令和步序号，再按 $\boxed{\text{GO}}$ 键，屏幕上显示出下一条相同的指令及其步序号。如果用户程序中没有该指令，在屏幕的最后一行显示"NOT FOUND"（未找到）。按 $\boxed{\uparrow}$ 或 $\boxed{\downarrow}$ 键可读出上一条或下一条指令；按 $\boxed{\text{CLEAR}}$ 键，则屏幕显示出原来的内容。

例如，读出数据传送指令 DMOVP D10 D14。

MOV 指令的应用指令代码为 12，先按 $\boxed{\text{RD/WR}}$ 键，使编程器处于读出方式，然后按下列顺序按键：

$$\boxed{\text{FUN}} \rightarrow \boxed{\text{D}} \rightarrow \boxed{1} \rightarrow \boxed{2} \rightarrow \boxed{\text{P}} \rightarrow \boxed{\text{GO}}$$

3）根据元件读出指令　其基本操作如图 10-12 所示。以读出含有 Y1 的指令为例，先按 RD/WR ，使编程器处于读出方式，基本操作步骤如下：

$$SP \rightarrow Y \rightarrow 1 \rightarrow GO$$

注意，这种方法只限于基本逻辑指令，不能用于应用指令。

图 10-12　根据元件读出指令的基本操作

4）根据指针查找其所在的步序号　其基本操作如图 10-13 所示。在读出方式下读出 8 号指针的操作步骤如下：

$$P \rightarrow 8 \rightarrow GO$$

屏幕上将显示指针 P8 及其步序号。读出中断程序指针时，应连续按两次 P/I 键。

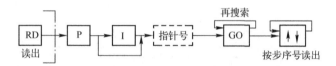

图 10-13　根据指针查找其所在的步序号的基本操作

3. 指令的写入

按 RD/WR 键，使编程器处于写入方式，然后根据该指令所在的步序号，按 STEP 键后，输入相应的步序号，接着按 GO 键，当光标"▶"移动到指定的步序号时，可以开始写入指令。若要修改刚写入的指令，在按 GO 键前，按 CLEAR 键，则刚刚输入的操作码或操作数被清除。若已按 GO 键，可按 ↑ 键，回到刚写入的指令，然后再作修改。

1）写入基本逻辑指令　写入指令 LD X10 时，先使编程器处于写入方式，将光标"▶"移动到指定的步序号位置，然后按以下顺序按键：

$$LD \rightarrow X \rightarrow 1 \rightarrow 0 \rightarrow GO$$

写入 LDP、ANP、ORP 指令时，在按对应指令键后，还要按 P/I 键；写入 LDF、ANF、ORF 指令时，在按对应指令键后，还要按 F 键；写入 INV 指令时，按 NOP 、 P/I 和 GO 键。

2）写入应用指令　其基本操作如图 10-14 所示。按 RD/WR 键，使编程器处于写入方式，将光标"▶"移动到指定的步序号位置，然后按 FNC 键，接着按该应用指令的指令代码对应的数字键，然后按 SP 键，再按相应的操作数。如果操作数不止一个，每次输入操作数前，先按一下 SP 键，输入所有的操作数后，再按 GO 键，该指令就被写入 PLC 的存储器内。如果操作数为双字，按 FNC 键后，要按 D 键；如果是脉冲上升沿执行方式，在输入编程代码的数字键后，要接着按 $\boxed{P}$ 键。

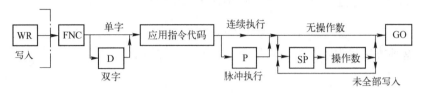

图 10-14　写入应用指令的基本操作

例如，写入数据传送指令 MOV　D10　D14。MOV 指令的应用指令编号为 12，写入的操作步骤如下所述：

$$\boxed{FUN}\rightarrow\boxed{1}\rightarrow\boxed{2}\rightarrow\boxed{SP}\rightarrow\boxed{D}\rightarrow\boxed{1}\rightarrow\boxed{0}\rightarrow\boxed{SP}\rightarrow\boxed{D}\rightarrow\boxed{1}\rightarrow\boxed{4}\rightarrow\boxed{GO}$$

写入数据传送指令 DMOVP D10　D14 的操作步骤如下所述：

$$\boxed{FUN}\rightarrow\boxed{D}\rightarrow\boxed{1}\rightarrow\boxed{2}\rightarrow\boxed{P}\rightarrow\boxed{SP}\rightarrow\boxed{D}\rightarrow\boxed{1}\rightarrow\boxed{0}\rightarrow\boxed{SP}\rightarrow\boxed{D}\rightarrow\boxed{1}\rightarrow\boxed{4}\rightarrow\boxed{GO}$$

3）写入指针　写入指针的基本操作如图 10-15 所示。若写入中断用的指针，应连续按两次 $\boxed{P/I}$ 键。

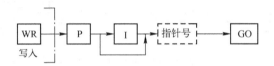

图 10-15　写入指针的基本操作

4）指令的修改　例如，将其步序号为 105 原有的指令 OUT　T6　K150 改写为 OUT T6　K30。根据步序号读出原指令后，按 $\boxed{RD/WR}$ 键，使编程器处于写入方式，然后按下列操作步骤按键：

$$\boxed{OUT}\rightarrow\boxed{T}\rightarrow\boxed{6}\rightarrow\boxed{SP}\rightarrow\boxed{K}\rightarrow\boxed{3}\rightarrow\boxed{0}\rightarrow\boxed{GO}$$

如果要修改应用指令中的操作数，读出该指令后，将光标"▶"移到要修改的操作数所在的行，然后修改该行的参数即可。

4. 指令的插入

若要在某条指令前插入一条指令，按照前述指令读出方式，先将某条指令显示在屏幕上，使光标"▶"指向该指令，然后按 $\boxed{INS/DEL}$ 键，使编程器处于插入方式，再按照指令写入的方法，将该指令写入，按 $\boxed{GO}$ 键后，写入的指令就插入在原指令前，后面的指令依次向后推移。

例如，要在 180 步前插入指令 AND M3，在插入方式下首先读出 180 步的指令，然后使光标"▶"指向 180 步，按以下顺序按键：

$$\boxed{INS}\rightarrow\boxed{AND}\rightarrow\boxed{M}\rightarrow\boxed{3}\rightarrow\boxed{GO}$$

5. 指令的删除

1）逐条删除　若要将某条指令或指针删除，按照指令读出的方法，先将该指令或指针显示在屏幕上，令光标“▶”指向该指令，然后按 INS/DEL 键，使编程器处于删除方式，再按 GO 键，该指令或指针即被删除。

2）NOP 指令的成批删除　按 INS/DEL 键，使编程器处于删除方式，依次按 NOP 键和 GO 键，执行完毕后，用户程序中的 NOP 指令就被全部删除。

3）指定范围删除　按 INS/DEL 键，使编程器处于删除方式，接着按下列操作步骤依次按相应的键，该范围内的程序就被删除：

STEP → 起始步序号 → SP → STEP → 终止步序号 → GO

10.2.3　对 PLC 编程元件和基本指令通/断状态的监视

监视功能是指通过编程器对各个位编程元件的状态和各个字编程元件内的数据进行监视和测试。监视功能可测试和确认在线方式下 PLC 编程元件的动作和控制状态，包括对基本逻辑运算指令通/断状态的监视。

1. 监视位元件

监视位元件的基本操作如图 10-16 所示。以监视辅助继电器 M135 的状态为例，先按 MNT/TEST 键，使编程器处于监视方式，然后按下述操作步骤按键：

SP → M → 1 → 3 → 5 → GO

MNT
监视
SP
单字
D
32 位元件
元件符号
元件号
GO
按步序号读出

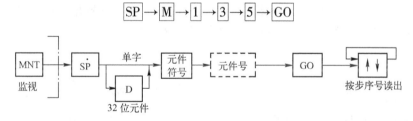

图 10-16　监视位元件的基本操作

这样屏幕上就会显示出 M135 的状态，如图 10-17 所示。如果在编程元件左侧有“■”符号，表示该编程元件处于 ON 状态；如果没有“■”符号，表示它处于 OFF 状态。编程器最多可同时监视 8 个位元件的状态。按 ↑ 或 ↓ 键，可以监视前面或后面的元件状态。

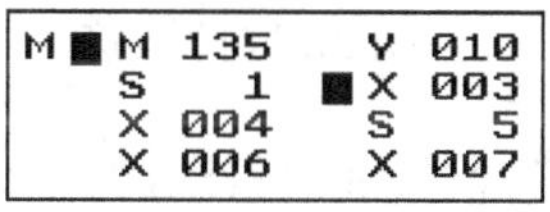

M ■M 135　　Y 010
S　　1　■X 003
X 004　　S　　5
X 006　　X 007

图 10-17　显示位元件的状态

2. 监视 16 位字元件（D、Z、V）内的数据

以监视数据寄存器 D10 内的数据为例，首先按 MNT/TEST 键，使编程器处于监视方式，接着按下述顺序按键：

SP → D → 1 → 0 → GO

屏幕上就会显示出数据寄存器 D10 内的数据。再按 $\boxed{\downarrow}$ 键，会依次显示 D11、D12 和 D13 内的数据。此时显示的数据均以十进制数表示，若要以十六进制数表示，可按 $\boxed{\text{HELP}}$ 键；重复按 $\boxed{\text{HELP}}$ 键，显示的数据会在十进制和十六进制之间切换。

3. 监视 32 位字元件 (D、Z、V) 内的数据

以监视由数据寄存器 D0 和 D1 组成的 32 位数据寄存器内的数据为例，首先按 $\boxed{\text{MNT/TEST}}$ 键，使编程器处于监视方式，再按下述顺序按键：

$$\boxed{\text{SP}} \rightarrow \boxed{\text{D}} \rightarrow \boxed{\text{D}} \rightarrow \boxed{0} \rightarrow \boxed{\text{GO}}$$

屏幕上就会显示出由数据寄存器 D0 和 D1 组成的 32 位数据寄存器内的数据，如图 10-18 所示。

4. 监视定时器和 16 位计数器

以监视定时器 C98 的运行情况为例，首先按 $\boxed{\text{MNT/TEST}}$ 键，使编程器处于监视方式，再按下述顺序按键：

$$\boxed{\text{SP}} \rightarrow \boxed{\text{C}} \rightarrow \boxed{9} \rightarrow \boxed{8} \rightarrow \boxed{\text{GO}}$$

屏幕上显示的内容如图 10-19 所示。图中，第 3 行显示的数据 "K20" 是 C98 的当前计数值。第 4 行末尾显示的数据 "K100" 是 C98 的设定值。第 4 行中的字母 "P" 表示 C98 输出触点的状态，当其右侧显示 "■" 符号时，表示其常开触点闭合；否则表示其常开触点断开。第 4 行中的字母 "R" 表示 C98 复位电路的状态，当其右侧显示 "■" 符号时，表示其复位电路闭合，复位位为 ON 状态；否则表示其复位电路断开，复位位为 OFF 状态。非积算定时器没有复位输入，图 10-19 中 T100 的 "R" 未用。

```
M D   1 D   0
      K 345732
▶D 121 D 120
      K 87437321
```

图 10-18　32 位字元件的监视

```
M T 100   K   100
    P R   K   250
▶ C  98   K    20
  P■R   K   100
```

图 10-19　定时器和计数器的监视

5. 监视 32 位计数器

以监视 32 位计数器 C210 的运行情况为例，首先按 $\boxed{\text{MNT/TEST}}$ 键，使编程器处于监视方式，再按下述顺序按键：

$$\boxed{\text{SP}} \rightarrow \boxed{\text{C}} \rightarrow \boxed{2} \rightarrow \boxed{1} \rightarrow \boxed{0} \rightarrow \boxed{\text{GO}}$$

```
M▶C 210   P R U■
      K  1234568
      K  2345678
```

图 10-20　32 位计数器的监视

屏幕上显示的内容如图 10-20 所示。当第 1 行的右侧显示 "■" 符号时，表示其计数方式为递增 (UP)，否则为递减计数方式。第 2 行显示的数据为当前计数值。第 3 行和第 4 行显示设定值，如果设定值为常数，直接显示在屏幕的第 3 行上；如果设定值存放在某数据寄存器内，第 3 行显示该数据寄存器的元件号，第 4 行才显示其设定值。

6. 通/断检查

在监视状态下，根据步序号或指令读出程序，可监视指令中元件触点的通/断和线圈的状态，其基本操作如图 10-21 所示。

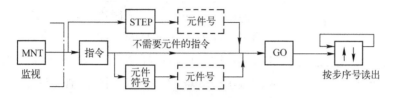

图 10-21　通/断检查的基本操作

按 GO 键后显示 4 条指令，第 1 行是指令的操作码。若某一行的元件符号的左侧显示空格，表示该行指令对应的触点断开，对应的线圈"断电"；若该元件符号的左侧显示"■"符号，表示该行指令对应的触点接通，对应的线圈"通电"。若在 M 工作方式下，按以下顺序按键：

$$STEP \rightarrow \boxed{1} \rightarrow \boxed{2} \rightarrow \boxed{6} \rightarrow GO$$

屏幕上显示的内容如图 10-22 所示。根据各行是否显示"■"符号，就可以判断触点和线圈的状态。但是对定时器和计数器来说，若 T15 指令所在行显示"■"符号，仅表示定时器处于定时或计数工作状态（其线圈"通电"），并不表示其输出常开触点接通。

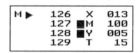

图 10-22　通/断检查

7. 监视状态继电器

用指令或编程元件的测试功能使 M8047（STL 监视有效）为 ON，首先按 MNT/TEST 键，使编程器处于监视方式，再按 STL 键和 GO 键，可以监视最多 8 点为 ON 的状态继电器（S），它们按元件号从大到小的顺序排列。

10.2.4　对编程元件的测试

测试功能是指用编程器对位元件强制置位或复位（ON/OFF），对字操作元件内数据修改，对 T、C 设定值修改，或者对文件寄存器写入内容等。

1. 位元件强制置位/复位

先按 MNT/TEST 键，使编程器处于监视方式，然后按照监视位元件的操作步骤，显示出需要强制置位/复位的位元件；接着再按 MNT/TEST 键，使编程器处于测试方式，确认光标"▶"指向需要强制置位/复位的位元件后，按 SET 键，即强制该位元件为 ON；按 RST 键，即强制该位元件为 OFF。

强制置位/复位的时间与 PLC 的运行状态有关，也与位元件的类型有关。一般情况下，当 PLC 处于停止状态时，按 $\boxed{\text{SET}}$ 键，除了输入继电器 X 接通的时间仅一个扫描周期外，其他位元件的 ON 状态一直持续到按下 $\boxed{\text{RST}}$ 键为止，其波形示意图如图 10-23 所示。

> 【注意】 每次只能对光标"▶"所指的那一个位元件执行强制置位/复位。

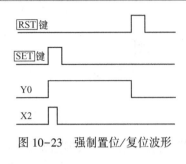

图 10-23　强制置位/复位波形

但是，当 PLC 处于运行状态时，除输入继电器 X 的执行情况与在停止状态时的一样外，其他位元件的执行情况还与梯形图的逻辑运算结果有关。假设扫描用户程序的结果使输出继电器 Y0 为 ON，按 $\boxed{\text{RST}}$ 键只能使 Y0 为 OFF 的时间维持一个扫描周期；假设扫描用户程序的结果使输出继电器 Y0 为 OFF，按 $\boxed{\text{SET}}$ 键只能使 Y0 为 ON 的时间维持一个扫描周期。

2. 修改 T、C、D、Z、V 的当前值

在监视方式下，按照监视字元件的操作步骤，显示出需要修改的那个字元件，再按 $\boxed{\text{MNT/TEST}}$ 键，使编程器处于测试方式，按图 10-24 所示进行操作。

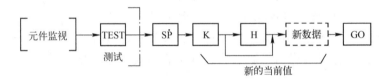

图 10-24　修改 T、C、D、Z、V 的当前值的基本操作

例如，将定时器 T6 的当前值修改为 K210 的操作如下所述：

监视 T6 → $\boxed{\text{TEST}}$ → $\boxed{\text{SP}}$ → $\boxed{\text{K}}$ → $\boxed{2}$ → $\boxed{1}$ → $\boxed{0}$ → $\boxed{\text{GO}}$

常数 K 为十进制数设定，H 为十六进制数设定。输入十六进制数时应连续按两次 $\boxed{\text{K/H}}$ 键。

3. 修改 T、C 设定值

先按 $\boxed{\text{MNT/TEST}}$ 键，使编程器处于监视方式，然后按照前述监视定时器和计数器的操作步骤，显示出待监视的定时器和计数器指令，然后按 $\boxed{\text{MNT/TEST}}$ 键，使编程器处于测试方式，按图 10-25 所示进行操作。

将定时器 T4 的设定值修改为 K50 的操作为：

监视 T4 → $\boxed{\text{TEST}}$ → $\boxed{\text{SP}}$ → $\boxed{\text{SP}}$ → $\boxed{\text{K}}$ → $\boxed{5}$ → $\boxed{0}$ → $\boxed{\text{GO}}$

第 1 次按 $\boxed{\text{SP}}$ 键后，光标"▶"出现在当前值前面，这时可以修改其当前值；第 2 次按 $\boxed{\text{SP}}$ 键后，光标"▶"出现在设定值前面，这时可以修改其设定值；输入新的当前值或设定值后，按 $\boxed{\text{GO}}$ 键，修改完毕。

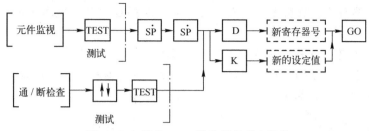

图 10-25　修改 T、C 设定值的基本操作

将 T10 存放设定值的数据寄存器的元件号修改为 D20 的按键操作如下所述：

监视 T10→TEST→SP→SP→D→2→0→GO

另一种修改方法是先对 OUT T10（以修改 T10 的设定值为例）指令作通/断检查，然后按 ↓ 键使光标"▶"指向设定值所在行，再按 MNT/TEST 键，使编程器处于测试方式，输入新的设定值后，按 GO 键，便完成了设定值的修改。

例如，将 105 步的 OUT T5 指令的设定值修改为 K35 的键操作如下所述：

监视 105 步的指令→ ↓ →TEST→K→3→5→GO

【实例 10-1】使用手持式编程器开发电动机正/反转起动程序。操作步骤如下所述。

按 RD/WR 键，使编程器处于写入方式，将光标"▶"移动到指定的步序号位置，然后按以下顺序按键：

LD→X→0→GO

OR→Y→0→GO

ANI→X→2→GO

ANI→Y→1→GO

OUT→Y→0→GO

LD→X→1→GO

OR→Y→1→GO

ANI→X→2→GO

ANI→Y→0→GO

OUT→Y→1→GO

END

10.3　编程软件简介

三菱 GX Developer 编程软件是应用于三菱系列 PLC 的编程软件，其功能十分强大，集成了项目管理、程序输入、编译链接、模拟仿真和程序调试等功能。其主要功能如下所述。

☺ 可通过线路符号、列表语言及 SFC 符号来创建 PLC 程序、建立注释数据及设置寄存器数据。

☺ 创建 PLC 程序，并将其存储为文件，或用打印机打印输出。

☺ 可在串行系统中与 PLC 进行通信、文件传送、操作监视及各种测试。

☺ 可脱离 PLC 进行仿真调试。

10.3.1 软件安装

1. 系统配置

☺ 上位计算机：CPU 为 486 以上；内存为 8MB 或更高（推荐 16MB 以上）；显示器的分辨率为 800×600 点，16 色或更高。

☺ 接口单元：采用 FX-232AWC 型 RS-232/RS-422 转换器（便携式）或 FX-232AW 型 RS-232C/RS-422 转换器（内置式），以及其他指定的转换器。

☺ 通信电缆：采用 FX-422CAB 型 RS-422 缆线或 FX-422CAB-150 型 RS-422 缆线，以及其他指定的缆线。

2. 编程软件的安装

运行安装盘中的 SETUP.exe 文件，按照提示进行操作即可完成 GX Developer 的安装。安装结束后，将在桌面上建立一个和 GX Developer 相对应的图标，同时在"开始\程序"中建立一个"MELSOFT 应用程序"→"GX Developer"选项。若要增加模拟仿真功能，可以在上述安装结束后，再运行安装盘中的 LLT 文件夹下的 STEUP.exe 文件，按照提示进行操作即可完成模拟仿真功能的安装。

10.3.2 GX Developer 界面简介

GX Developer 将顺控程序参数及顺控程序中的注释、声明、注解，以工程的形式进行统一的管理。在 GX Developer 工程界面里，不仅可以方便地编辑和表示顺控程序和参数等，而且可以设定使用的 PLC 类型。GX Developer 工程界面主要由菜单栏、工具栏、工程栏、编辑区域 4 部分组成，如图 10-26 所示。

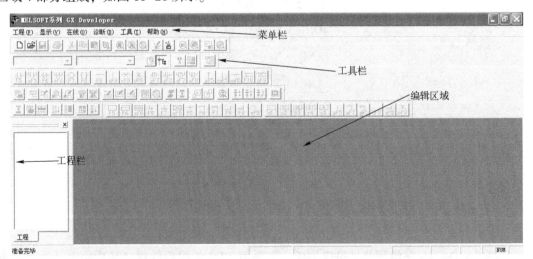

图 10-26　GX Developer 工程界面

1. 创建新工程

创建新工程的操作是，执行菜单命令"工程"→"创建新工程"，或者按快捷键 Ctrl + N，在出现的"创建新工程"对话框中选择 PLC 类型，然后单击按钮 确定 即可，如图 10-27 所示。

2. 打开已存在的工程

若要读取已经存在的工程文件，可执行菜单命令"工程"→"打开工程"，或者使用快捷键 Ctrl + O，弹出"打开工程"对话框，如图 10-28 所示。找到已有工程的存储位置，将其选中后打开即可。

图 10-27 创建新工程对话框

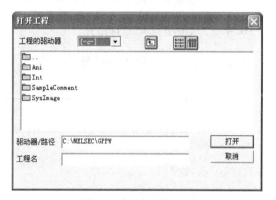

图 10-28 "打开工程"对话框

3. 保存、关闭工程

保存当前 PLC 程序、注释数据及其他在同一文件名下的数据的操作方法是，执行菜单命令"工程"→"保存工程"或按快捷键 Ctrl + S。

关闭工程的作用是关闭当前编辑的程序，其操作方式为执行菜单命令"工程"→"关闭工程"。

若未设定工程名或数据正在编辑中，关闭工程时会弹出一个询问的窗口，若希望保存当前工程，应单击按钮 是(Y) ，否则应单击按钮 否(N) 。

4. 梯形图程序与 SFC 程序相互转换

实践中，有时需要完成梯形图与 SFC 程序之间的相互转换，其具体操作是，执行菜单命令"工程"→"编辑数据"→"程序类型变更"，弹出"改变程序类型"对话框，如图 10-29 所示。

☺梯形图逻辑：将现在表示的 SFC 程序变换成梯形图程序，变换后可以将程序作为梯形图进行编辑。

图 10-29 改变程序类型

◎SFC：将现在表示的梯形图程序变换成 SFC 程序，变换后可以将程序作为 SFC 程序进行编辑。

5. 结束 GX Developer

编程结束后，若要关闭 GX Developer 软件，可以执行菜单命令"工程"→"结束 GX Developer"或者单击程序窗口右上角的按钮 ⊠ 。

如果在没有设定工程名的情况下结束 GX Developer，会显示指定工程名的对话框。如果需要变更工程名，应单击按钮 是(Y)；若不变更工程名，应单击按钮 否(N)。

10.4　GX Developer 基本应用

梯形图编程是应用最多的编程方式，本节将结合实例讲述梯形图编程的具体步骤。

10.4.1　创建梯形图程序

创建一个如图 10-30 所示的梯形图程序，其设计步骤如下所述。

图 10-30　梯形图程序

（1）如图 10-31 所示，输入"ld x3"，输入时"梯形图输入"对话框被打开，按 ENTER 键，程序中显示"X003"。

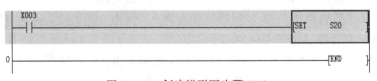

图 10-31　创建梯形图步骤（1）

（2）输入"set s20"，按 ENTER 键，程序显示"SET S20"，如图 10-32 所示。

图 10-32　创建梯形图步骤（2）

（3）输入"ld m20"，按 ENTER 键，程序显示"M20"，如图 10-33 所示。

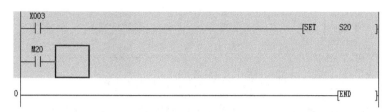

图 10-33　创建梯形图步骤（3）

（4）输入"out y20"，按 ENTER 键，程序显示"Y020"，如图 10-34 所示。

图 10-34　创建梯形图步骤（4）

（5）如图 10-35 所示，输入"ori y25"，按 ENTER 键，程序显示"Y025"。

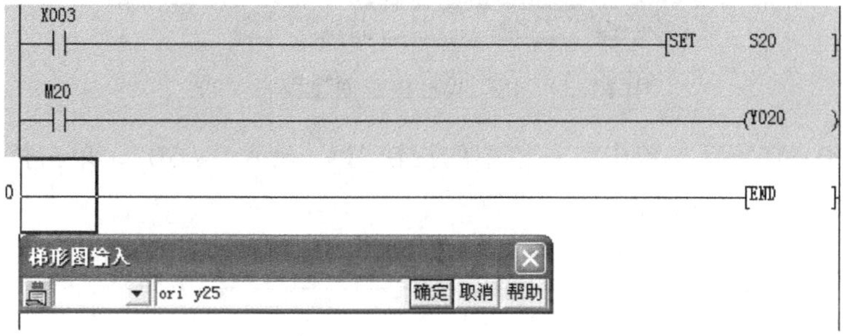

图 10-35　创建梯形图步骤（5）

（6）至此完成梯形图创建，如图 10-36 所示。

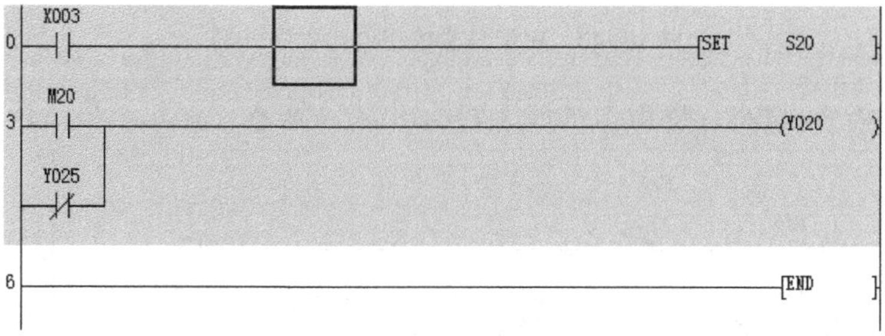

图 10-36　创建梯形图步骤（6）

10.4.2　用工具栏按钮创建梯形图程序

利用工具栏中的按钮创建图 10-37 所示梯形图程序的步骤如下所述。

图 10-37 用工具栏按钮创建的程序

（1）单击工具栏中的按钮 打开程序，"梯形图输入"对话框被打开。如图 10-38 所示，输入"x3"。单击按钮 确定，程序显示"X003"。

图 10-38　用工具栏按钮创建程序（1）

（2）如图 10-39 所示，单击工具栏中的按钮 ，输入"set s20"。单击按钮 确定，程序显示"SET S20"。

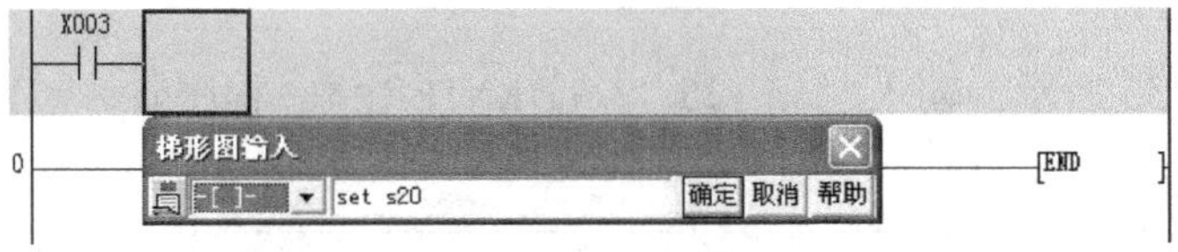

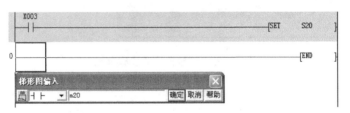

图 10-39　用工具栏按钮创建程序（2）

（3）如图 10-40 所示，单击工具栏中的按钮 ，输入"m20"。单击按钮 确定，程序显示"M20"。

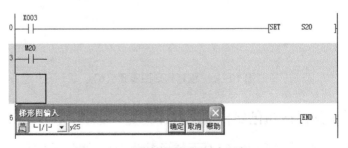

图 10-40　用工具栏按钮创建程序（3）

（4）如图 10-41 所示，单击工具栏中的按钮 ，输入"y25"。单击按钮 确定，程序显示"Y025"。

图 10-41　用工具栏按钮创建程序（4）

（5）如图 10-42 所示，单击工具栏中的按钮，输入"y20"。单击按钮，程序显示"Y020"。

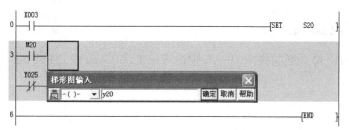

图 10-42　用工具栏按钮创建程序（5）

（6）至此创建梯形图程序完成，如图 10-43 所示。

图 10-43　用工具栏按钮创建程序（6）

10.4.3　转换已创建的梯形图程序

创建梯形图后，并没有完成程序设计。此时的梯形图仅是一个图形而已，若要将其变换成程序，须要进行转换处理。

（1）单击要进行线路转换的窗口使其激活，如图 10-44 所示。

图 10-44　转换程序操作（1）

（2）单击工具栏中的按钮，开始程序转换。转换完成后，可以看到窗口由灰色变成白色，如图 10-45 所示。

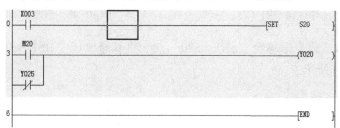

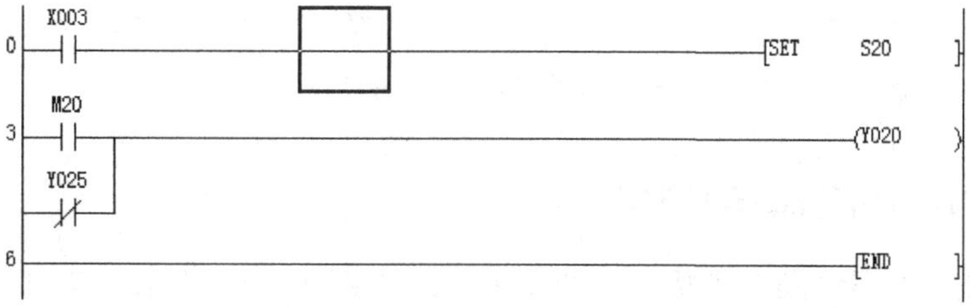

图 10-45　转换程序操作（2）

【说明】也可利用 F4 键启动转换。

10.4.4　修改梯形图

修改程序中的语句，例如将图 10-46 中的"SET S20"改成"RST S20"，操作步骤如下所述。

图 10-46　修改梯形图（1）

（1）确保在屏幕右下角显示"改写"，如图 10-47 所示。若显示"插入"，则应按 Insert 键改变显示模式为"改写"。

（2）双击编辑区域，显示"梯形图输入"对话框，如图 10-48 所示。

图 10-47　修改梯形图（2）　　　　图 10-48　修改梯形图（3）

（3）单击窗口，将光标移至"SET　S20"前。将其修改成"RST S20"，完成后单击按钮 确定，如图 10-49 所示。

图 10-49　修改梯形图（4）

10.4.5　剪切和复制梯形图块

剪切和复制梯形图块操作步骤分别如图 10-50 至图 10-52 所示，其中步骤（1）~（2）为剪切操作，步骤（3）~（6）为复制操作。

（1）单击要进行剪切和复制的梯形图块，并按下鼠标左键不放，垂直拖曳光标，指定要剪切或复制的范围，指定区域将高亮显示，如图 10-50 所示。

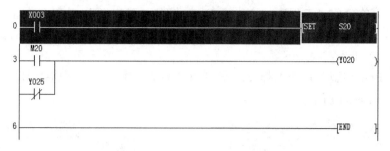

图 10-50 剪切操作步骤（1）

（2）单击工具栏中的剪切按钮，则指定区域的线路被剪切，剪切后剩余线路上移填充空白处，如图 10-51 所示。

图 10-51 剪切操作步骤（2）

（3）单击工具栏中的复制按钮。
（4）单击要粘贴的位置。
（5）单击工具栏中的粘贴按钮。
（6）复制的梯形图块被粘贴，如图 10-52 所示。

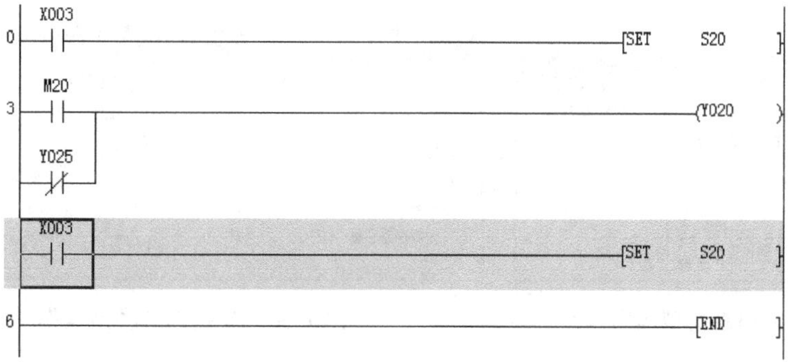

图 10-52 复制操作步骤

10.4.6 改变 PLC 类型

在实际工业生产中，有时会遇到设备硬件调整的情况。由于编制程序前已经选择了 PLC 的型号，因此在设备调整后，应根据实际情况改变 PLC 的类型。

1. 改变 PLC 类型的操作步骤

（1）执行菜单命令"工程"→"改变 PLC 类型"，弹出"改变 PLC 类型"对话框，如图 10-53 所示。在"PLC 系列"栏中选择要改变的 PLC 系列（本例选择"QCPU（Amode）"）。

（2）在"PLC 类型"栏中选择要改变的 PLC 类型（本例选择"Q02（H）-A"），单击按钮 确定 ，如图 10-54 所示。

图 10-53　改变 PLC 类型操作（1）　　　图 10-54　改变 PLC 类型操作（2）

显示确认改变的对话框，单击按钮 确认（C） 即可，如图 10-55 所示。

2. 改变 PLC 类型时的注意事项

☺ FX 系列 PLC 类型改变时，将弹出"PLC 类型改变"对话框，如图 10-56 所示。当源 PLC 的设置值不被目的 PLC 接受时，将用目的 PLC 的初始值或最大值替代源设置值。超出新 PLC 类型支持的大小的程序部分将被删去。

☺ 如果更换为 FX0 或 FX0S 系列 PLC，虽然分配 2000 步内存容量，但实际内存容量为 800 步，程序的其余部分将被删去。

☺ 即使源 PLC 程序包含新 PLC 类型中不具有的元素数量和应用程序指令，程序的内容也不能改变。

☺ PLC 类型改变前后，要确保把这些元素的数量和应用程序指令修改成适当的程序。若对没有修改的程序进行转换，将会发生程序错误。

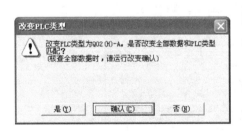

图 10-55　改变 PLC 类型操作（3）　　　图 10-56　改变 PLC 类型操作（4）

10.4.7　参数设定

首先在"数据类型一览"区域中选择"参数""PLC 参数"，如图 10-57 所示。

图 10-57　FX 系列 PLC 参数设定（1）

然后出现如图 10-58 所示的 "FX 参数设置" 对话框。

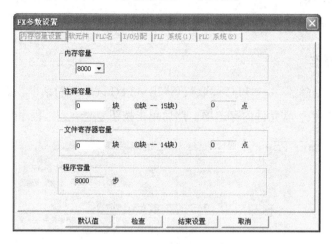

图 10-58　"FX 参数设置" 对话框

1) 内存容量设置

☺ 内存容量：设定 PLC 的存储器容量。

☺ 注释容量：设定注释容量。

☺ 文件寄存器容量：设定文件寄存器容量。

☺ 程序容量：设定顺控程序容量。

2) 软元件　设定锁存范围。

3) PLC 名　给 PLC 程序设定名称。

4) I/O 分配　设定 I/O 继电器的起始值/最终值。

5) PLC 系统 (1)

☺ 没有电池状态：FX2N、FX2NC PLC 在无备用电池工作时的设定。

☺ 调制解调器：设定进行 FX2N、FX2NC PLC 远程存取时的调制解调器初始化命令。

☺ RUN 端子输入：FX2N、FX2NC PLC 的输入继电器 X 作为外部 RUN/STOP 端子使用时，设定其输入号码。

6) PLC 系统 (2)

☺ 协议：设定通信协议。

☺ 数据长度：设定数据长度。

☺ 奇偶性：设定奇偶检验。

☺ 停止位：设定停止位长度。

☺ 传送速度：设定传送速度。

☺ 页眉：设定页眉。

☺ 控制线：控制线有效时进行设定。

☺ H/W 类型：通常选择 RS-232C 或 RS-485。

☺ 控制模式：表示控制模式的内容。

☺ 传送控制顺序：选择格式 1/格式 4。

☺ 站号设定：设定站号。

☺ 超时判定时间：设定暂停时间。

10.4.8　在线操作

在线操作主要包括 PLC 读取、PLC 写入等操作，如图 10-59 所示。

1. PLC 读取操作

执行菜单命令"在线"→"PLC 读取"，弹出"PLC 读取"对话框，如图 10-60 所示。按照需要选中程序、参数、软元件内存选项，然后单击按钮　执行　，程序便由 PLC 上载到 PC。

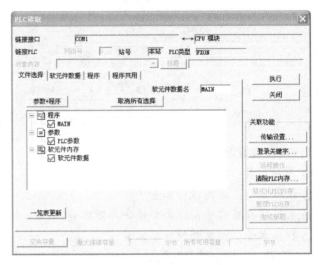

图 10-59　"在线"菜单　　　　　　　　图 10-60　PLC 读取操作

2. PLC 写入操作

执行菜单命令"在线"→"PLC 写入"，弹出"PLC 写入"对话框，如图 10-61 所示。按照需要选中程序、软元件注释、参数选项，然后单击按钮　执行　，程序便由 PC 写入到 PLC。

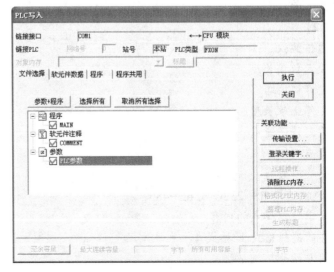

图 10-61　PLC 写入操作

【**实例 10-2**】用 GX Developer 开发一个电动机正/反转控制程序。

（1）执行菜单命令"工程"→"创建新工程"，弹出"创建新工程"对话框，如图 10-62 所示。在"PLC 系列"栏中选择"FXCPU"，在"PLC 类型"栏中选择"FX2N(C)"后，单击按钮 确定 。

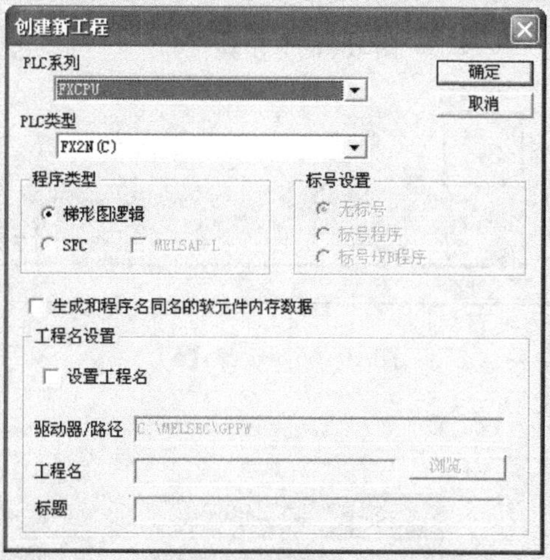

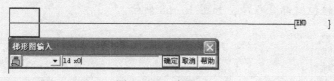

图 10-62　步骤（1）

（2）单击工具栏中的按钮 ，打开程序，"梯形图输入"对话框被打开，输入"ld x0"。单击按钮 确定 ，程序显示"X000"，如图 10-63 所示。

图 10-63　步骤（2）

（3）在编辑状态下输入"or y0"，单击按钮 确定 ，程序显示"Y000"，如图 10-64 所示。

图 10-64　步骤（3）

（4）在编辑状态下输入"ani x2"，单击按钮 确定 ，程序显示"X002"，如图 10-65 所示。

（5）在编辑状态下输入"ani y1"，如图 10-66 所示。单击按钮 确定 ，程序显示"Y001"。

（6）在编辑状态下输入"out y0"，如图 10-67 所示。单击按钮 确定 ，程序显示"Y000"。

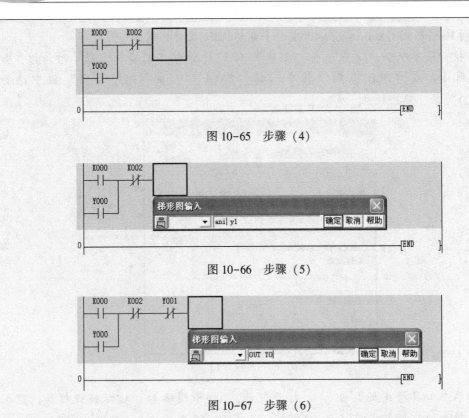

图 10-65　步骤（4）

图 10-66　步骤（5）

图 10-67　步骤（6）

（7）得到正转控制部分程序，如图 10-68 所示。

图 10-68　正转控制部分程序

（8）反转控制部分程序的输入与正转控制部分的输入基本一致，在此不再赘述，由读者自己完成。最后得到完整的程序，如图 10-69 所示。

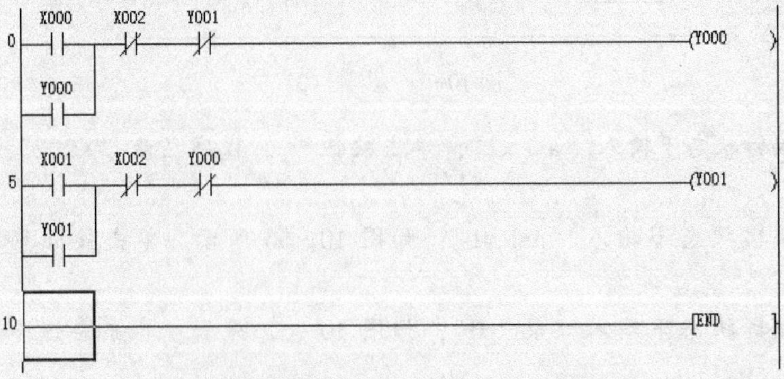

图 10-69　电动机正/反转控制完整程序

思考与练习

（1）简述手持式编程器的编程操作步骤。

（2）应用 GX Developer 软件进行编程练习，并熟练掌握程序上载、下载的方法。

（3）应用 GX Developer 软件实现十字路口交通信号灯的控制，时序可自行定义。

第11章 基本控制工程实例

11.1 工业机械手控制系统

工业机械手是近代自动控制领域出现的一项新技术，它已成为现代机械制造生产系统中的一个重要组成部分。这种新技术发展很快，逐渐成为一门新兴的学科——机械手工程。机械手涉及力学、机械学、电气液压技术、自动控制技术、传感器技术和计算机技术等领域，是一项跨学科综合技术。

11.1.1 系统需求分析

工业机械手由执行机构、驱动机构和控制机构3部分组成。常见的工业机械手根据手臂的动作形态，按坐标形式大致可以分为以下4种。

☺ 直角坐标型机械手。

☺ 圆柱坐标型机械手。

☺ 球坐标（极坐标）型机械手。

☺ 多关节型机械手。

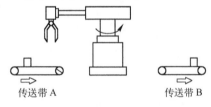

图11-1 机械手搬运物品示意图

其中，圆柱坐标型机械手结构简单、紧凑，定位精度较高，占地面积小，因此本设计采用圆柱坐标型机械手。图11-1所示的是机械手搬运物品示意图。图中，机械手的任务是将传送带A上的物品搬运到传送带B。

在圆柱坐标型机械手的基本方案选定后，本设计用3个自由度就能完成所要求的机械手搬运作业，即手臂伸缩、手臂回转、手臂升降3个主要运动。手臂、立柱、手腕的运动均计为工业机械手的自由度，而手指的夹放动作不能改变被夹取工件的方位，故不计为自由度。

本实例中机械手主要由以下3个大部件组成。

【手部】采用一个直线气缸，通过机构运动实现手抓的夹/放动作。

【臂部】采用一个直线气缸来实现手臂伸/缩运动。

【机身】采用一个直线气缸和一个回转气缸来实现手臂升降和回转。

机械手动作流程如图11-2所示。

机械手从原点开始动作，接到动作命令后，机械手主臂开始下降并张开夹爪。下降到下限位置后，下降动作停止。然后主臂开始伸出，到达工件的夹取位置时，夹取工

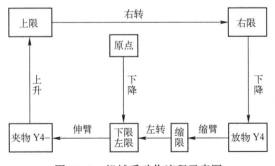

图11-2 机械手动作流程示意图

件。夹住工件后，主臂开始上升，升到上限位置时，上升动作结束。然后主臂右转，转到右限位置时，右转动作停止。然后开始下降，当下降到下限位置时，夹爪放开工件，把工件放到传送带 B 上。然后缩回主臂，缩到极限位置时，开始左转，当转到左限位置时，主臂又开始伸出抓取工件，进入下一个循环。

11.1.2 系统硬件设计

由机械手动作流程可知，系统共需要 21 个输入点和 9 个输出点。因此，选择三菱 FX2N-48M 型 PLC，并由此得到系统的 I/O 分配表，见表 11-1。

表 11-1 工业机械手控制系统 I/O 分配表

名 称	代号	输入	名 称	代号	输入	名 称	代号	输出
下限行程	SQ1	X0	单步左移	SB4	X13	电磁阀下降	1DT	Y1
上限行程	SQ2	X1	单步右移	SB5	X14	电磁阀伸臂	2DT	Y2
右限行程	SQ3	X2	夹紧	SB6	X15	电磁阀右摆	4DT	Y3
左限行程	SQ4	X3	放松	SB7	X16	电磁阀张爪	5DT	Y4
缩限开关	SQ5	X4	单步伸臂	SB8	X17	传送带 A	MA	Y5
伸限开关	SQ6	X5	开始	SB9	X20	传送带 B	MB	Y6
光电开关	SQ7	X6	单步手动	SB10	X21	电磁阀伸臂	3DT	Y7
自动循环	SB9	X7	回原点	SB11	X22	报警器		Y10
停止	SB1	X10	工件检测	SQ5	X23	原点指示	EL	Y11
单步上升	SB2	X11	单步缩臂	SB10	X24			
单步下降	SB3	X12						

由此得到工业机械手控制系统 PLC 接线原理图，如图 11-3 所示。

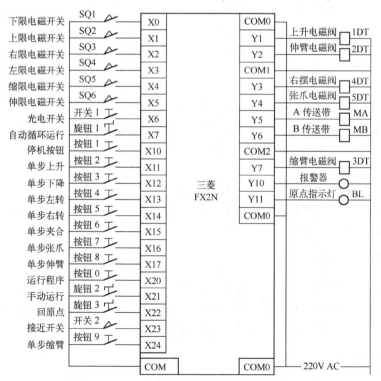

图 11-3 工业机械手控制系统 PLC 接线原理图

11.1.3　系统软件设计

工业机械手控制系统软件包括回原点程序、手动运行程序和自动运行程序，如图 11-4 所示。

把旋钮置于回原点程序模式，X22 接通，按下"开始"按钮，当满足 X1、X3、X4 闭合，并且 Y4 使夹爪闭合时，Y11 就会驱动指示灯亮。再把旋钮置于手动运行位置，则 X21 接通，其常闭触头打开，程序不跳转（CJ 为跳转指令，如果 X21 闭合，则 CJ 驱动，跳到指针 P 所指 P0 处），执行手动运行程序。之后，由于 X7 常闭触点闭合，当执行 CJ 指令时，跳转到 P1 所指的结束位置。如果旋钮置于自动运行位置（即 X22 常闭触点闭合、X7 常闭触点打开），则程序执行时跳过手动运行程序，直接执行自动运行程序。

1. 回原点程序

回原点程序如图 11-5 所示。注意，当 S10～S13 用作回零操作时，在最后状态自我复位前，应使特殊继电器 M8043 置 1。

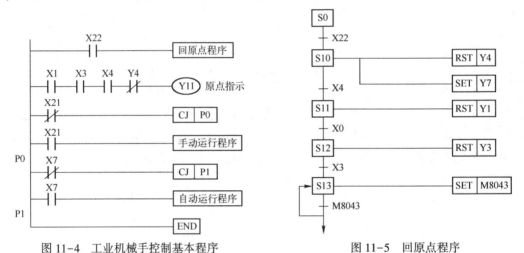

图 11-4　工业机械手控制基本程序　　　　图 11-5　回原点程序

把旋钮置于回原点程序模式，X22 接通，按下"开始"按钮，不管程序运行到何处，不管机械手当前处于什么位置，机械手都会夹爪夹合；主臂如果处于伸出状态就会缩回；若主臂在下方，则主臂会上升至上限位；若主臂在传送带 B 上方，主臂会左转到左限位。各部分都会回到原点位置。

当机械手到达左限位时，左限位磁性开关闭合；到达上限位时，上限位磁性开关闭合；主臂缩回时，缩限磁性开关闭合；夹爪闭合后，控制面板上的原点指示灯亮，说明机械手各部分已经完全回到原点位置。

2. 单步运行程序设计

单步运行程序如图 11-6 所示。这个子程序应用了主控指令编程，使 X21 能同时控制多个输出触点，节省了存储器的存储空间。图中，主臂的上升、下降动作都必须在主臂缩回的状态下才能进行；主臂的伸出、缩回都有联锁和限位保护。

3. 自动运行程序设计

自动运行程序如图 11-7 所示。

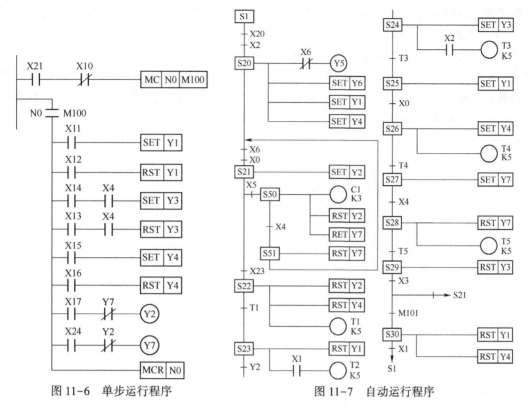

图 11-6　单步运行程序　　　　　图 11-7　自动运行程序

当机械手处于原位时，才能运行自动运行程序，机械手才能按预定程序自动执行各动作。

当旋钮旋到自动运行模式位置且机械手在原点位置时，按"开始"按钮，X20 接通，状态转换到 S20，机械手开始动作，Y5、Y6 分别驱动传送带 A、B 转动（当夹取工件的位置已有工件时，传送带 A 不转动）。Y1 驱动主臂下降；Y4 驱动夹爪张开；准备夹取工件；当到达下限位时，使磁性开关 X0 接通；当工件在夹取位置时，状态转换到 S21，而 S20 自动复位。S21 驱动 Y2 置位，驱动主臂向工件方向伸出；当夹爪到达工件时，接近开关 X23 接通，状态转换到 S22，主臂伸出停止且夹爪夹取工件；延时 0.5s 使夹取动作充分完成，0.5s 后 T1 接通。

若夹爪的伸出致使工件从传送带上偏离夹取位置或从传送带上落下，主臂夹爪上的接近开关没有检测到工件，主臂仍在伸出，到达极限位置时，磁性限位开关 X5 闭合，状态转换到 S50，伸出停止，主臂开始缩回，并且计数器计数 1 次。当夹爪上的接近开关由于没有检测到工件，主臂伸出到极限位置 3 次，即计数器计数 3 次时，报警器报警，警告工作人员有异常情况，使工作人员及时发现并解决问题，避免发生工作事故，从而保护人身安全，保证生产正常进行。

当主臂由于夹爪上的接近开关没有检测到工件而缩回后，再次检测夹取位置是否有工件，若有工件，状态转回到 S21；若没有，则转回状态 S50。

当夹爪正常夹到工件后，0.5s 后 T1 接通，状态转换到 S23 主臂开始上升，主臂上升到极限位置时，上限磁性开关闭合；0.5s 后 T2 接通；状态转换到 S24，立柱开始右转并带动主臂右转，到达右限位置时，右限磁性开关闭合，0.5s 后 T3 接通；状态转换到 S25，主臂开始下降，到达下限位置时，下限磁性开关闭合；状态转换到 S26，夹爪松开，放开工件，将工件放到传送带上，工件被传送到下一工序。0.5s 后 T4 闭合。

状态转换到 S27，主臂开始缩回，到达极限位置时，缩限磁性开关 X4 闭合；状态转换到 S28，回缩结束。0.5s 后 T5 接通；状态转换到 S29，主臂开始左转，到达左限位时，左转动作结束。左限位磁性开关闭合，当夹取工件位置有工件时（即 X6 动作时），状态转回到 S21，主臂再次伸出，启动夹取工件，进入下一循环。

　　按下"停止"按钮 X10 后，中间继电器 M101 保持接通状态，程序运行到循环结束位置，完成状态 S29 后，由于 M101 闭合，状态直接转换到状态 S30。程序运行回原点后，控制面板上的原点指示灯亮，指示机械手已到原点，停止程序在状态 S1。机械手也不动作，除非操作人员按下"开始"按钮。

　　完整程序如图 11-8 所示。

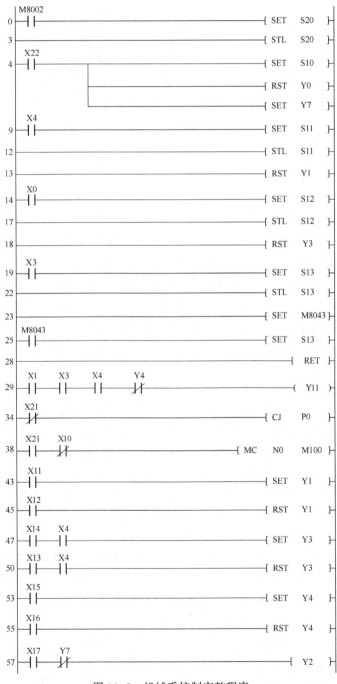

图 11-8　机械手控制完整程序

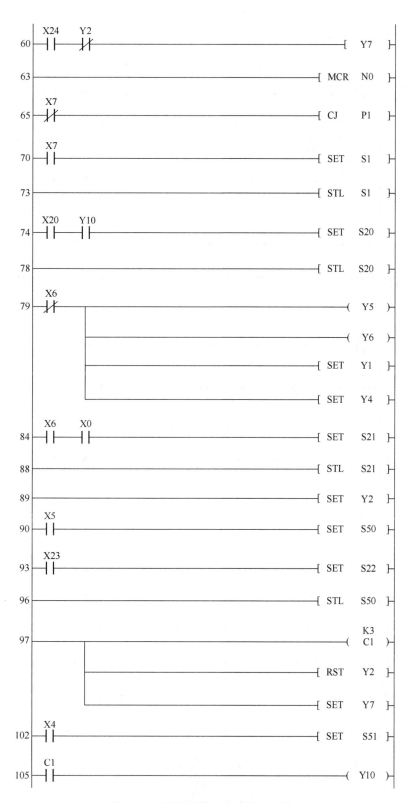

图 11-8 机械手控制完整程序 (续)

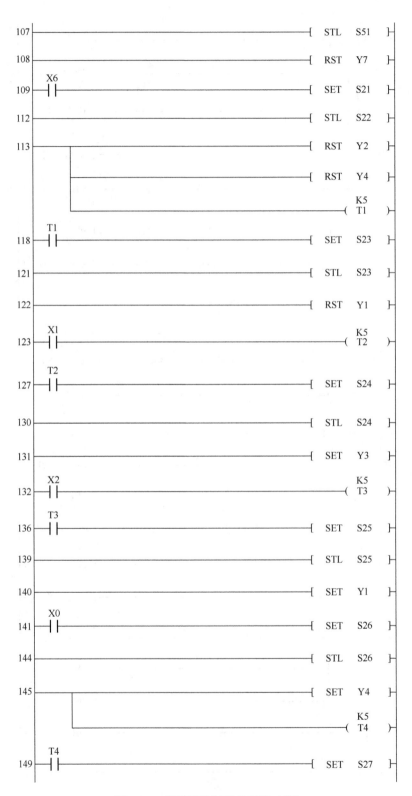

图 11-8　机械手控制完整程序（续）

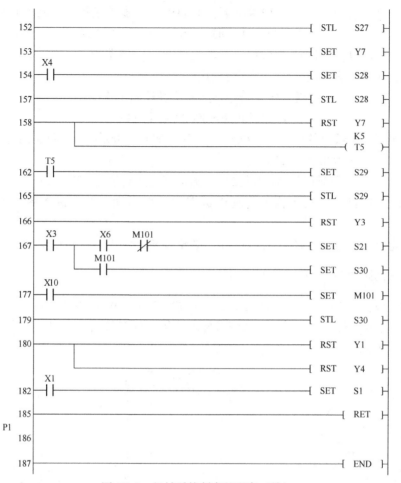

图 11-8 机械手控制完整程序（续）

11.2 饮料灌装机控制系统

11.2.1 系统需求分析

饮料瓶随传送带运动到灌装位置时，自动停止运动，并注入饮料；注入定量饮料后，自动停止注入；饮料瓶随传送带运动一个间距后停止，被放上盖子；再随传送带运动一个间距，压好盖子；当灌好的饮料瓶达到指定数目时，蜂鸣器发出包装信号。饮料灌装机工作示意图如图 11-9 所示。

11.2.2 系统硬件设计

1. 动力传送选择

电动机额定同步转速一般有 3000r/min、1500r/min、

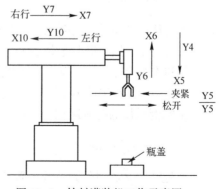

图 11-9 饮料灌装机工作示意图

1000r/min、750r/min 等几种。一般情况下，电动机的同步转速越高，磁极对数越少，外轮廓尺寸越小，价格越低。当工作机转速高时，选用高速电动机比较经济；但若工作机转速较低也选用高速电动机，则这时总传动比增大，会导致传动装置结构复杂，造价也高。所以在确定电动机转速时，应全面分析，权衡后选用。

$$异步电动机转子转速=磁场转速×(1-转差率)$$

$$磁场转速=3000÷磁极对数$$

一般情况下，空载时的异步电动机转差率为 0.004～0.007；额定负载时（中小型电机）的异步电动机转差率为 0.01～0.07。

在本实例中，根据对饮料灌装机的要求，确定其同步转速为 1000r/min。根据对灌装流水线的要求，采用拨盘、槽轮机构来实现传送带的间歇运动。槽轮机构示意图如图 11-10 所示。

最终确定传动带轮的直径 D 为 260mm，槽轮每转 1/4 周，饮料瓶移动一个间距，两个相邻饮料瓶间的距离为 $\frac{1}{4}\pi D$（约 204mm）。

选定电动机同步转速为 1000r/min，实际转速约为 930～980r/min，槽轮转速约为 5r/min，两者之间的传动比 $i=200$，选用带传动及蜗轮蜗杆传动来实现。动力传送机构示意图如图 11-11 所示。

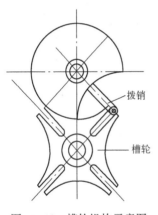

图 11-10　槽轮机构示意图

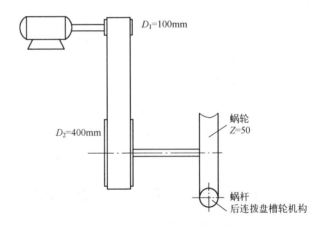

图 11-11　动力传送机构示意图

2. 传感器选择

光电传感器是采用光电元件作为检测元件的传感器。它首先将被测量物理量的变化转换成光信号的变化，然后借助光电元件进一步将光信号转换成电信号。光电传感器一般由光源、光学通路和光电元件 3 部分组成。光电检测方法具有精度高、反应快、非接触等优点，而且可测参数多，传感器结构简单，形式灵活多样，因此光电传感器在检测和控制中应用非常广泛。

本实例采用的是遮断型的光电开关 HG-GF41-ZNKB，其外形图如图 11-12 所示。

3. 行程开关选择

行程开关又称限位开关或位置开关。它是一种根据运动部件的行程位置切换电路工作状态的控制电器。行程开关的动作原理与控制按钮相似，在机床设备中，事先将行程开关根据工艺要求安装在一定的行程位置上，运行中，装在部件上的撞块压下行程开关顶杆，使行程开关的触点动作而实现电路的切换，从而达到控制运动部件行程位置的目的。

本实例选用 LX10-31/32 型号的行程开关。

4. PLC 型号选择

饮料灌装机工作流程示意图如图 11-13 所示。

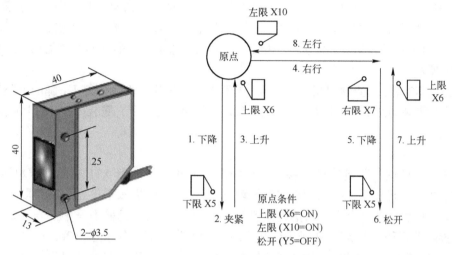

图 11-12　光电传感器外形图　　　　图 11-13　饮料灌装机工作流程示意图

根据系统分析可以列出 PLC 的 I/O 分配表，见表 11-2。

表 11-2　饮料灌装机控制系统 PLC 的 I/O 分配表

输　入		输　出	
硬件	端口	硬件	端口
停止按钮 SB1	X0	传送带运动	Y0
起动按钮	X1	灌装口下降	Y1
传感器	X2	灌装	Y2
行程开关	X3	灌装口上升	Y3
行程开关	X4	机械手下降	Y4
行程开关	X5	夹紧	Y5
行程开关	X6	机械手上升	Y6
行程开关	X7	机械手右行	Y7
行程开关	X10	松开	Y5
传感器	X11	机械手左行	Y10
传感器	X12	压头下降	Y11
行程开关	X13	压头压紧	Y12
行程开关	X14	压头上升	Y13
传感器	X15	蜂鸣器报警	Y14

由此可以确定选择 FX2N-64M 型 PLC。

11.2.3 系统软件设计

1. 灌装

根据图 11-13，当饮料瓶随传送带运动到指位置时停止，光电传感器 X2 检测到饮料瓶的存在，发出可以灌装信号，灌装机的灌装口下降，到指定位置，行程开关 X3 发出停止信号，灌装口停止下降，开始灌装，同时计时器开始计时，达到预定时间后，饮料灌装完毕，计时器的延时断开按钮断开，停止灌装，延时闭合按钮闭合，灌装口上升；到上限位置时，行程开关 X4 发出停止信号，灌装口停止上升，传送带带着饮料瓶重新开始运动。灌装程序如图 11-14 所示。

传感器 X2 用于检查饮料瓶是否到位；行程开关 X3 用于确定灌装口下降的下限位置，以及发出开始灌装的命令；行程开关 X4 用于确定饮料灌装完毕后，灌装口上升的上限位置。

2. 放盖

灌入饮料的饮料瓶随传送带移动一个间距后停止；传感器 X11 检测到饮料瓶的存在，发出放盖信号，机械手下降到指定位置触动行程开关 X5，机械手停止下降；取盖夹紧，定时器延时 10s 后机械手上升，到指定位置触动行程开关 X6，机械手停止上升开始右行，到指定位置触动行程开关 X7，机械手停止右行开始下降，下降到指定位置，机械手触动行程开关 X5，机械手松开放盖，定时器延时 10s 后，机械手上升→左行→回到原点。放盖程序如图 11-15 所示。

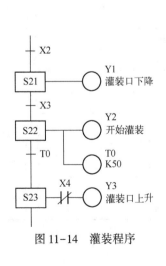

图 11-14 灌装程序

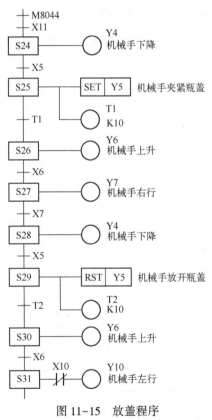

图 11-15 放盖程序

传感器 X11 用于检查饮料瓶是否到位，行程开关 X5 用于确定机械手下降的下限位置，行程开关 X6 用于确定机械手上升的上限位置，行程开关 X7 用于确定机械手右行的右限位置，行程开关 X10 用于确定机械手左行的左限位置。定时器 T1 和 T2 是为了保证机械手能可靠地夹紧或放开瓶盖。

3. 压盖

放好盖的饮料瓶随传送带移动一个间距后，自动停止。传感器 X12 检测到饮料瓶的存在，压盖装置的压头下降，到指定位置时触动行程开关 X13，压头停止下降，压头保持位置并压紧瓶盖，同时计时器开始计时，2s 后压头回到原位。压盖程序如图 11-16 所示。

传感器 X12 用于检查放好盖的饮料瓶是否到位，行程开关 X13 用于确定压头下降到设定位置。压头停止下降后，用计时来控制压头，2s 后才开始复位，主要是为了确保饮料瓶压盖合格。行程开关 X14 用于限定压头的初始位置。

4. 计数

为了方便包装，该生产线设计了自动报警装置。当进入包装区的饮料瓶达到规定数目时（一般为 12 瓶），蜂鸣器自动报警。计数程序如图 11-17 所示。

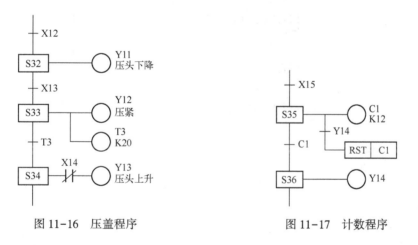

图 11-16　压盖程序　　　　　图 11-17　计数程序

传感器 X15 用于提供计数输入信号，每走过一瓶饮料，计数器自动加一，当达到规定数目时，蜂鸣器报警提醒包装人员包装，同时计数器复位。

传感器 X15 采用红外遮断型光电传感器。

5. 完整程序

将上述各功能部分的程序综合起来，最终得到完整的控制程序，如图 11-18 所示。

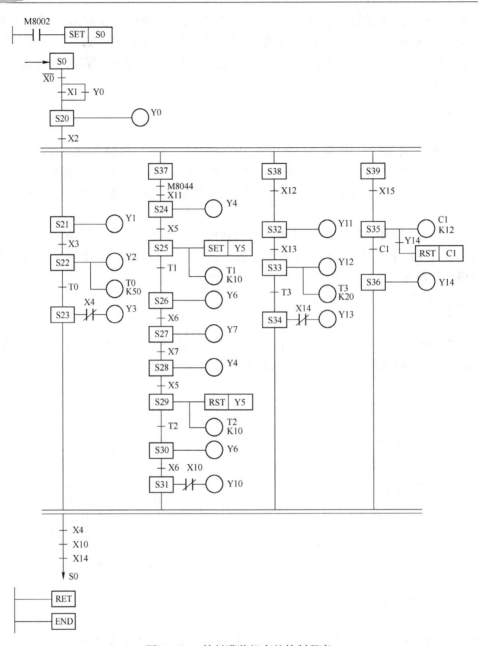

图 11-18　饮料灌装机完整控制程序

11.3　码垛设备设计实例

　　码垛，最初采用原始的人工搬抬，把箱体一箱一箱地码起来，劳动强度大，效率低，箱体参差不齐，不利于运输。全自动码垛设备是由机械以及气/液压传动技术、传感器、PLC、计算机组成的自动控制系统，具有性能稳定、质量可靠的优点，大大降低了操作工的劳动强度。

11.3.1　系统需求分析

1. 系统要求

码垛设备的主要功能是将箱体水平运输至升降机处，然后竖直下降至底层并逐个进行码垛，垛满后推出，由叉车将箱体运走。码垛设备主要由输送机、升降机、机械手、托盘输送机等组成。码垛过程完全自动化，正常运转时无须人工干预。在码垛过程中，托盘是按需供给的。具体要求如下所述。

- ☺ 每垛共 6 层，垛高由具体箱体的型号而定。
- ☺ 堆垛稳定、高效，可大大节省人力。
- ☺ 不用更换堆垛零件即可完成多种堆垛方式。
- ☺ 采用气动元件和气缸，质量、性能可靠。
- ☺ 该设备安装多个安全保护系统，可根据自身功能进行故障检测、校正，及系统自动监控。
- ☺ 根据下线箱体的条码扫描进行码垛尺寸、层数的自动调节。

2. 组成部分

【输送机】链及链轮、电动机、滚轴，其型号均由箱体的型号而定。其中：电动机作为动力元件为输送过程提供动力；链及链轮为传动部件；滚轴连接在链上，保证产品的顺利输出。

【升降机】由电动机（不同型号的若干）、减速器、链条、配重系统、导轨、轿厢、挡板等组成。电动机用于对升降机提供动力。导轨采用凹导轨。

【机械手】根据箱体载重确定电动机型号、阶梯轴尺寸，以及链和链轮的强度及尺寸。把滚轴内部的心轴焊接在机械臂上，在滚轴内则安装链齿用链条与各滚轴啮合，然后链条与电动机齿轮啮合，利用电动机转动带动各滚轴转动以实现产品的运送。箱体两侧各安装两根丝杠，与机械臂连接，以丝杠的转动带动机械臂，根据产品的规格尺寸自动调整两个机械臂之间的宽度，实现对产品的加紧和释放。将机械臂焊接在轿厢上，轿厢外侧安装与高架相配合的导轨，以实现轿厢的上下运动。轿厢外侧连接四根一定刚度的链条，链条与选定型号电动机的链轮啮合，链条另一端连接配重装置。利用电动机的正/反转实现箱体的上/下运动。根据高架的高度在轿厢上安装位置传感器，以测定轿厢下降一定高度后自动停止。各电动机的输入与控制 PLC 连接，编程控制各电动机的起动、停止与正/反转，实现轿厢的上下和机械臂的夹紧与释放。

【托盘输送机】气缸的型号由托盘及支架的质量确定，支架系统由滚轴、丝杠、电动机构成，通过电动机带动丝杠运转，从而带动支架的加紧与松放，用气缸带动支架系统的上下动作达到托盘的输送。各电动机的运转及气缸的运动均由 PLC 控制系统控制。

11.3.2　系统硬件设计

1. 动力控制部分

根据设计要求选择的电气元件，共分为以下 4 类。

☺ 输送电动机 M1，自动调宽电动机 M3，机械手滚轴电动机 M4，升降机 M5，箱体输出电动机 M7，托盘机械手电动机 M8。

☺ 推正装置气源电动机 M2。

☺ 光电传感器 SQ1，压力传感器 SQ3 和 SQ5，位置传感器 SQ6。

☺ 推正装置三位四通换向阀 YV21 和 YV22，安全保护装置二位三通换向阀 YV41 和 YV42，卸料装置三位四通换向阀 YV71 和 YV72，托盘提升装置三位四通换向阀 YV81 和 YV82。

2. 位置传感器

码垛设备每次码垛箱体 6 个，码垛的层数不同，升降机下行的位置也不同，所以采用位置传感器控制升降机的位置。选择合适的卸料装置卸料后，当箱体上行到高层原位时，触碰限位开关，控制升降机停止在原位，等待下一次码垛。直线位置传感器选用电感式位移传感器，其工作原理比较简单，且满足码垛设备上下运动的要求。

3. 限位开关

限位开关主要用于检测工作机械位置，发出命令以控制其运动或行程，它利用生产机械运动部件碰压而使触点动作。常用的限位开关有 LX19、LX13、LX32、LX33 等，新型 SE3 系列限位元开关额定工作电压为 500V，其机械电气寿命比常规限位开关更长，所以选用 SE3 限位开关。

4. PLC 选择

根据码垛设备系统工作状态转换图可知，PLC 控制系统的输入信号共有 8 个，其中起动、停止按钮共 2 个，传感器信号输入模拟量共 5 个，限位开关 1 个。PLC 控制系统的输出信号共有 17 个，控制系统选用 FX2N-40M-001，输入、输出点数各为 20 个，可以满足要求且留有一定的裕量。

将 I/O 信号按各自的功能类型分配地址并与 PLC 的 I/O 点一一对应，见表 11-3。

表 11-3　PLC I/O 地址分配表

输入地址	代号	功能说明	输出地址	代号	功能说明
X0	SB1	起动	Y0	KM1	机械手原位
X1	扫描信号	判断箱体位置	Y2	KM2	自动调度
X2	SQ1	光电信号	Y3	YV21	气缸推正
X3	SQ3	压力信号	Y4	YV22	推正返回
X4	SQ5	压力信号	KM3	Y5	箱体送入
X5	SQ6	位移信号	KM4	Y6	升降机下降
X6	SE3	上升停止	KM5	Y7	机械手放松
X7	SB2	停止按钮	YV71	Y10	气缸卸料

续表

输 入 地 址	代　号	功 能 说 明	输 出 地 址	代　号	功 能 说 明
			KM6	Y11	升降机上升
			KM7	Y12	机械手夹紧
			YV72	Y13	气动返回
			YV81	Y14	托盘提升
			KM8	Y15	机械手夹紧
			KM9	Y16	箱体输出
			KM10	Y17	托盘送入
			YV82	Y20	托盘下降
			KM11	Y21	机械手放松

由此得到 PLC 外部接线原理图，如图 11-19 所示。

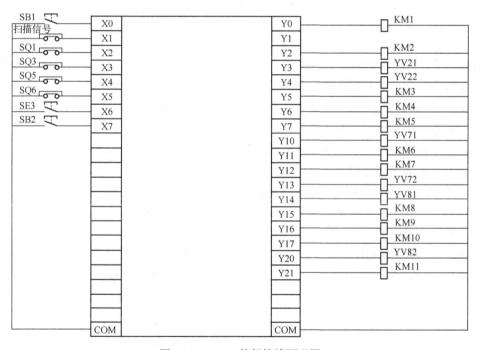

图 11-19　PLC 外部接线原理图

11.3.3　系统软件设计

由于整个生产线工作过程是顺序动作的，在前一步动作完成的基础上再进行下一步操作，所以控制程序采用步进顺序控制指令方法编程。此外，机械设备必须在原位状态下才能起动。自动码垛设备工作原理框图如图 11-20 所示。

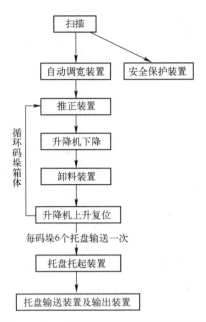

图 11-20　自动码垛设备工作原理框图

启动生产线自动控制前，要进行如下操作。

☺ 起动气泵，待压力达到整定值后，分别在气阀的两端加上 24V 电压，观察各气动装置、输送机、升降机、托盘输送机等电动机运转是否正常。

☺ 检查各部分接口电路连线是否正常。

☺ 码垛设备控制柜上电，起动安全保护装置。

用 PLC 控制码垛设备的动作要求如下所述。

☺ 机械手处于原点位置，按下起动按钮 SB1，码垛设备进入自动控制方式。

☺ 箱体到达包装线被扫描仪扫描并发出信号时，机械手根据箱体大小在时间量的控制下自动调整宽度。

☺ 箱体将要被送入机械手时，光电开关感测到箱体的位置发出信号，推正装置气缸推出。

☺ 箱体正位后触发压力传感器 SQ3V 发出信号，推正装置气缸返回，同时电动机动作将箱体送入。

☺ 箱体到达适当位置时，触发压力传感器 SQ5，停止输送，升降机下行。

☺ 位移传感器 SQ6 发出信号，下行结束，卸料装置的机械手和气缸相应地放松推出。

☺ 在时间量的控制下，卸料装置的机械手和气缸返回原位自动停止。同时升降机上行，当压下位置开关 SE3 时停止，等待下次扫描信号。与此同时，计数器计数。

☺ 当计数累积为 6 时，计数器 C0 动作，托盘气动提升装置上升，机械手在时间的控制下夹紧。

☺ 在时间量控制下，托盘气动提升装置上升到一定位置，动作结束，箱体输出电动机及托盘输送装置动作。

☺ 在时间量控制下动作停止，托盘气动提升装置返回。

☺ 在时间量的控制下，动作结束，机械手放松。

☺ 在时间量的控制下，动作结束，等待下次信号。

☺ 按下停止按钮 SB2，自动生产线停止运行。

根据码垛设备工作的组成和工作原理图，绘制自动生产线的状态转换图程序，如图 11-21 所示。具体动作过程由读者自行分析。

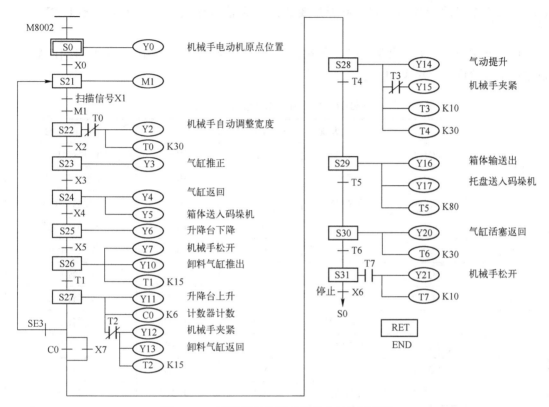

图 11-21　码垛设备控制系统状态转换图程序

11.4　抬车机控制系统

某机车厂准备改造原有的抬车机系统，4 台一组，要求每组抬车机运动速度为 2.4mm/s；运动过程中，4 台机器高度误差不得超过 3mm；最大抬升高度 1700mm；每台最大起重质量为 20t。考虑到成本问题，放弃伺服电机方案，采用普通三相交流笼型异步电动机作为拖动电机。经过计算，最终选用 2.2kW 四极电动机，转速约为 1400rad/min，配以 1:120 的减速箱，丝杠螺距为 12mm。

由于运动精度要求较高，而普通三相交流笼型异步电动机本身存在较大的转速误差，因此必须实时检测、调整电动机的运行速度，从而形成闭环控制，这样才能满足控制要求。为此，须要加工 4 个码数为 144 的码盘作为速度检测元件，将其安装在丝杠上，这样丝杠每旋转一圈，通过光电开关产生 144 个脉冲信号，只要 4 个码盘的脉冲信号数量误差不超过 144/4 个，抬车机的高度误差就不会超过 3mm。

控制过程中，须要通过脉冲数量反映出的转速差值实时调整电动机的转速，最方便实现的调速方案是采用变频器调速。由于变频器的外部信号端口只能接收电压或电流等模拟量，因此要利用 D/A 转换模块将脉冲数量变换成电压或电流信号。

　　出于成本考虑，将 4 个抬车机电动机中的 1 号电动机作为基准电动机，采用工频定频控制，其余 3 个采用变频器控制。由于需要 3 路模拟信号输出，因此选用三菱 FX2N-4DA 模块。

　　由于起重吨位较大，出于生产安全考虑，加装了一些保护报警措施，由此得到抬车机控制系统 I/O 分配表，见表 11-4。

表 11-4　抬车机控制系统 I/O 分配表

输入地址	代　号	动作功能	输出地址	代　号	动作功能
X1	SQ1-6	1 号码盘	Y4	HL5	1 号故障报警
X2	SQ2-6	2 号码盘	Y5	HL6	2 号故障报警
X3	SQ3-6	3 号码盘	Y6	HL7	3 号故障报警
X4	SQ4-6	4 号码盘	Y7	HL8	4 号故障报警
X10	SB0	复位	Y10	KM1	1 正转上升
X13	SQ1-1	1 上限位	Y11	KM2	1 反转下降
X14	SQ1-2	1 下限位	Y20	U2-STF	2 正转上升
X17	SQ1-5	1 防倾斜	Y21	U2-STR	2 反转下降
X23	SQ2-1	2 上限位	Y30	U3-STF	3 正转上升
X24	SQ2-2	2 下限位	Y31	U3-STR	3 反转下降
X27	SQ2-5	2 防倾斜	Y40	U4-STF	4 正转上升
X33	SQ3-1	3 上限位	Y41	U4-STR	4 反转下降
X34	SQ3-2	3 下限位			
X37	SQ3-5	3 防倾斜			
X43	SQ4-1	4 上限位			
X44	SQ4-2	4 下限位			
X47	SQ4-5	4 防倾斜			
X20	SB1	上升起动			
X30	SB2	下降起动			

　　抬车机控制程序如图 11-22~图 11-25 所示。

　　图 11-22 所示为报警监视程序，分别监视抬车机的上/下限位、抬臂倾斜、同步误差超限等故障，并分别报警。

　　图 11-23 所示为 FX2N-4DA 模块设置部分，将输出设置成电流输出，并且修正增益值。程序中 D24、D34、D44 分别存放输出模拟电压值对应的数值。

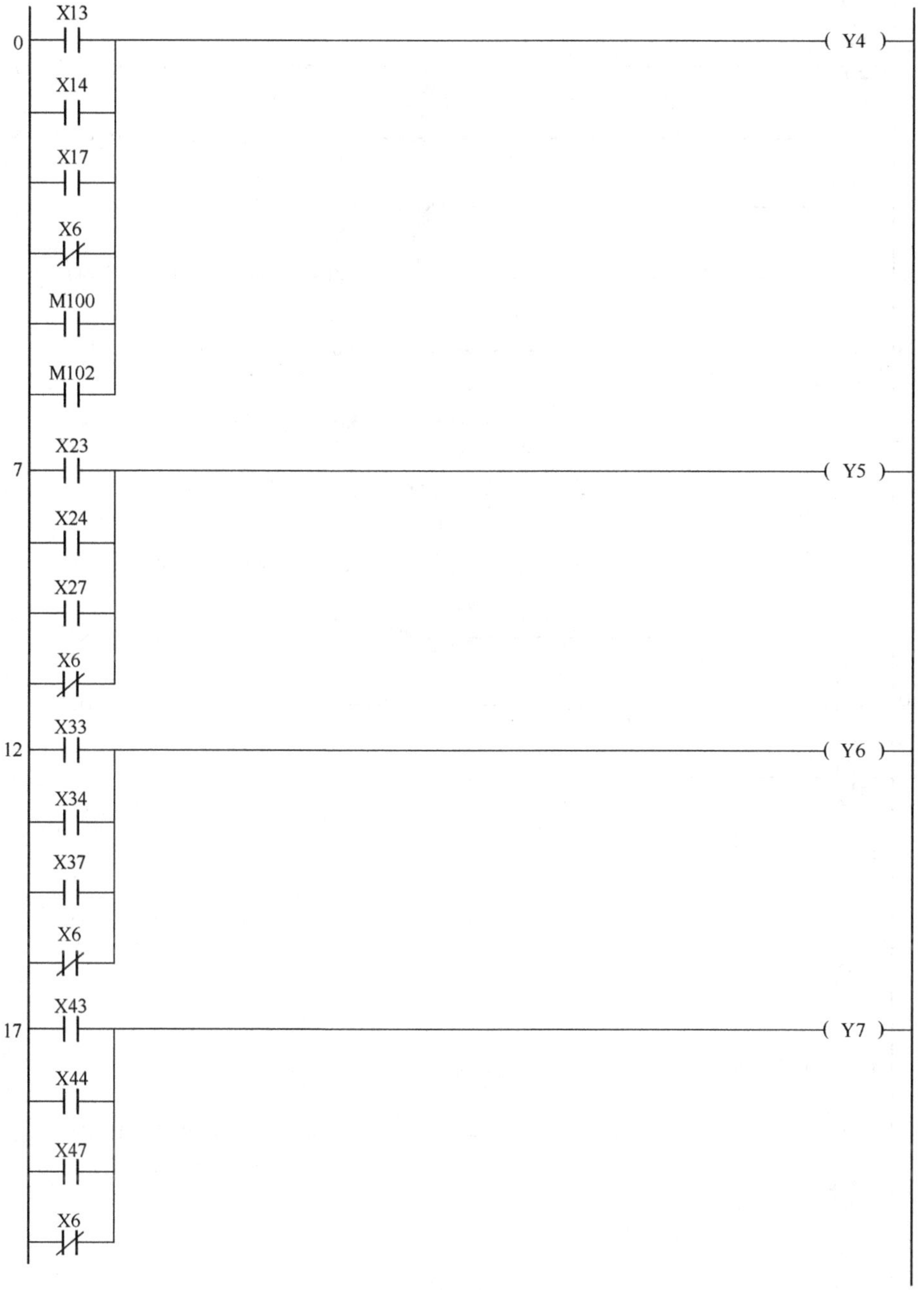

图 11-22 抬车机控制程序（1）

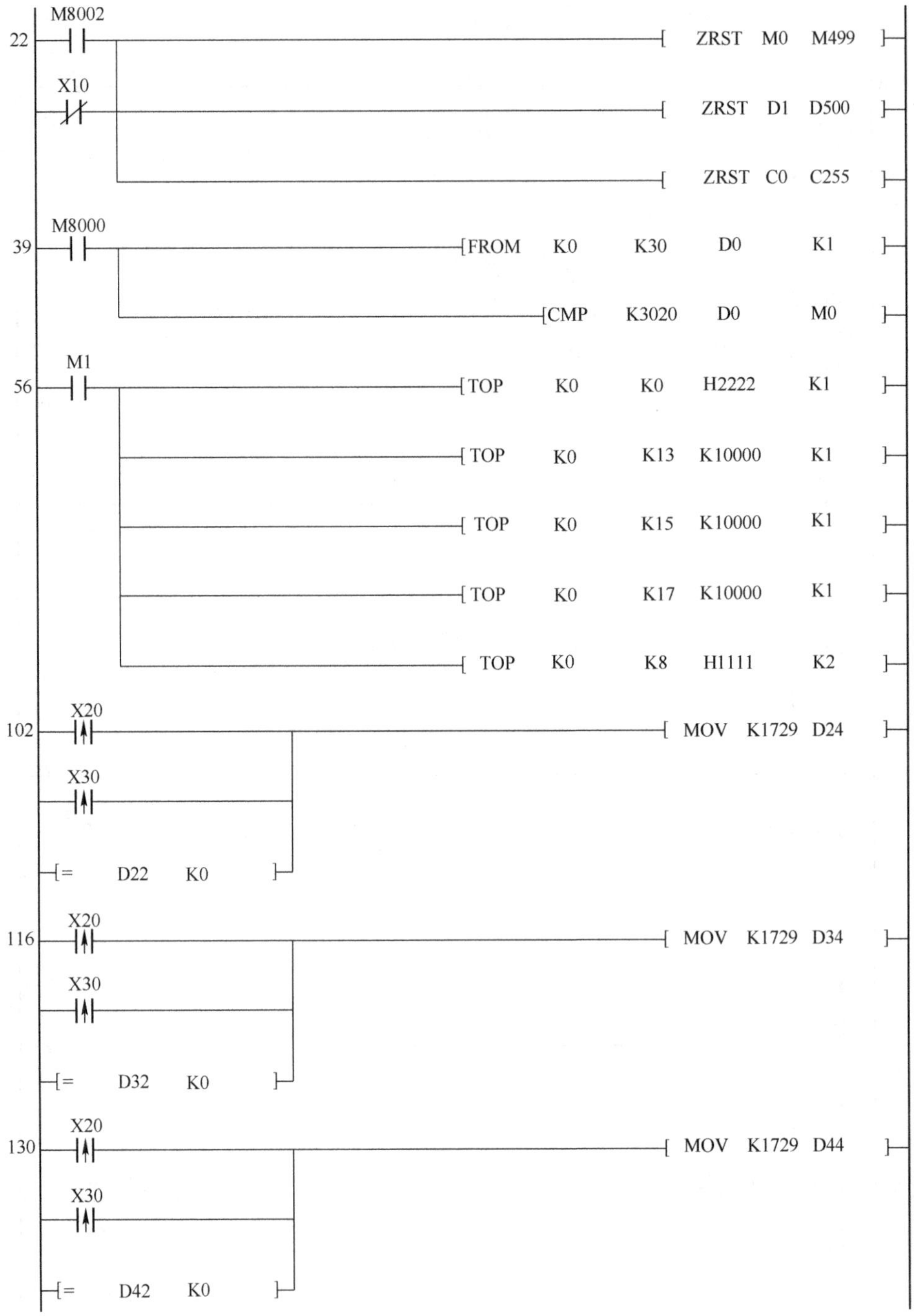

图 11-23　抬车机控制程序（2）

图 11-24 所示为计数运算部分。通过 PLC 的 X1~X4 输入口分别输入 4 个电动机码盘的计数值。由于计数频率较高，普通计数器可能出现计数错误的现象，因此选用 C236~C239 四个高速计数器分别记录 4 个电动机的码盘数目。然后以第 1 个电动机的计数值 C236 作为基准，将记录的其余 3 个电动机的数值进行减法处理，得到实时的转速差值，然后送到模拟

量转换数据存储器与预设值进行叠加,最后将计算后的数值通过 D/A 口输出到变频器的外部控制端子,从而调节电动机的转速。

图 11-25 所示的这一部分为变频器运行方向控制,读者可以参考相应的变频器说明书进行分析。

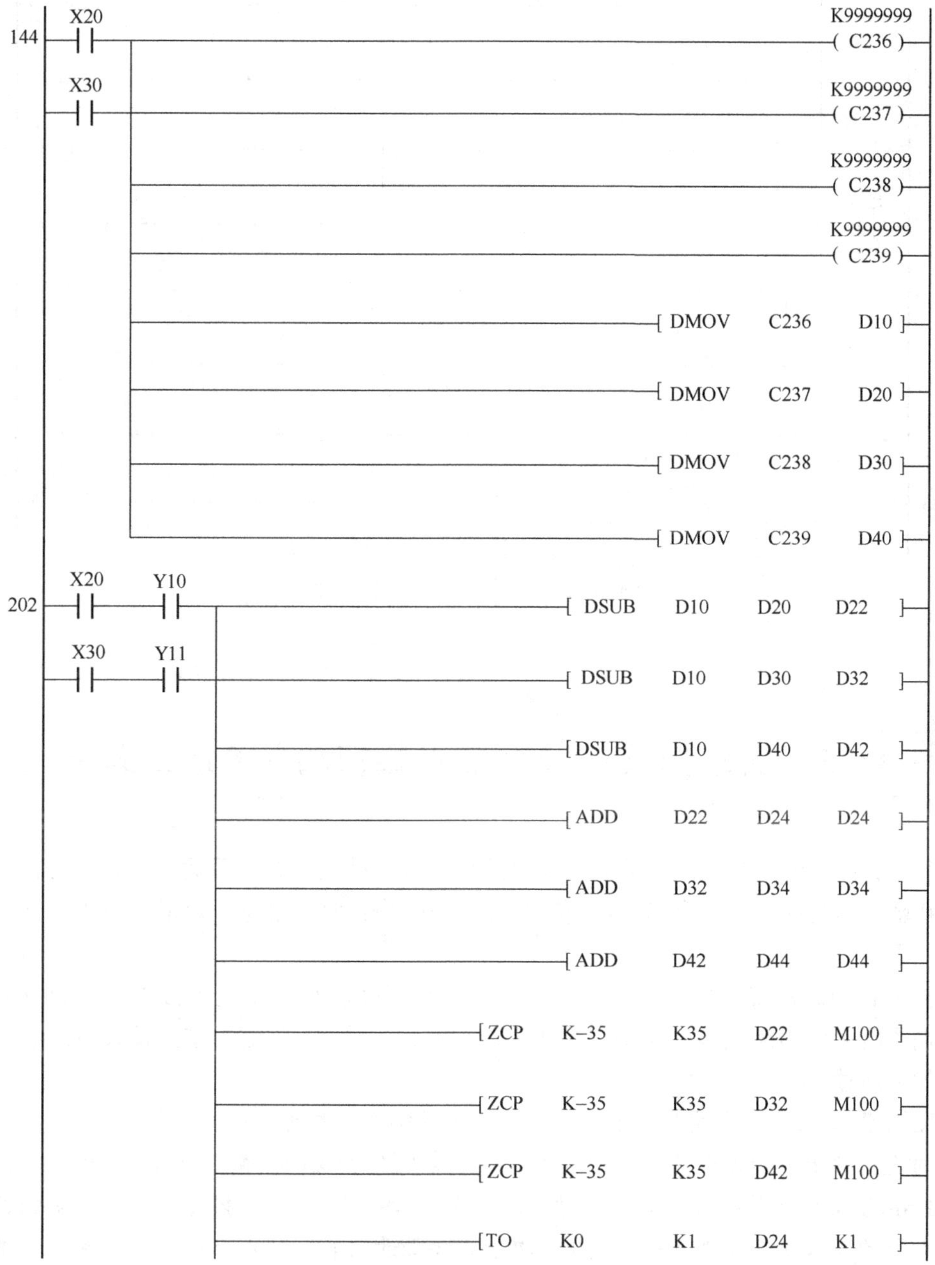

图 11-24 抬车机控制程序 (3)

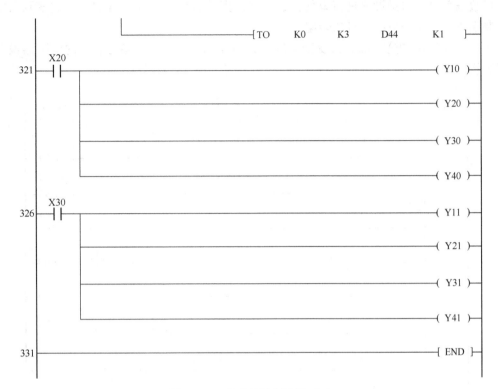

图 11-25　抬车机控制程序（4）

11.5　实践拓展：PNP 信号如何输入 001 系列 PLC

三菱 FX 系列 PLC 对中国大陆地区销售的交流电源供电的型号后面都带有"001"，这款 PLC 在接输入信号时一般都是接 NPN 信号。其实接 PNP 信号也是可以的，只不过接口电路要更改一下。

三菱 FX-PLC 的输入端子既接受电流输入，也接受电流输出的连接方式（即 FX-PLC 的输入端子既可作为漏型输入端子也可作为源型输入端子），关键要掌握接线方式。具体接线方式如下所述。

☺ NPN 型接近开关接成漏型输入方式时，应将接近开关的开关输出端子（+）接入 PLC 的输入端子，接近开关的另一端子（-）接 PLC 的 COM 端，如图 11-26 所示。

☺ PNP 型接近开关接成源型输入时，应把 PLC 的 24V+ 端子接外部电源的负极，外部电源的正极连接接近开关的（+）端子，接近开关的另一端（-）则连接 PLC 的输入端子，如图 11-27 所示。

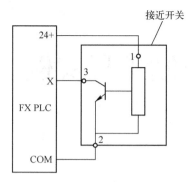

图 11-26　NPN 型接近开关连接示意图

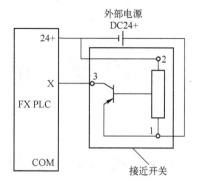

图 11-27　PNP 型接近开关连接示意图

 思考与练习

（1）某冲床工作示意图如图 11-28 所示，要求动作如下：在初始状态时，机械手在最左侧，X0 接通；冲头在最上面，X3 接通；机械手松开（Y0）断开。按下起动按钮 X4，Y0 接通，工件被夹紧并保持，1 秒钟后，Y1接通，机械手右行并碰到行程开关 X1，以后将顺序完成以下动作：冲头下行，冲头上行，机械手左行，机械手松开，系统最后返回初始状态。

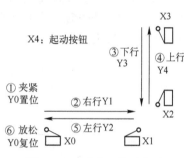

图 11-28　冲床工作示意图

试设计冲床控制程序和系统外部接线图。

（2）某专用钻床用来加工圆盘状零件上均匀分布的6 个孔，操作人员放好工件后，按下起动按钮 X0，Y0 变为 ON，工件被夹紧，夹紧后压力继电器 X1 为 ON，Y1 和 Y3 使两个钻头同时开始工作，钻到由限位开关 X2 和 X4 设定的深度时，Y2 和 Y4 使两个钻头同时上行，升到由限位开关 X3 和 X5 设定的起始位置时停止上行。两个钻头都到位后，Y5 使工件旋转 600°，旋转到位时，X6 为 ON，同时将计数器 C0 的当前值加 1，旋转结束后，又开始钻第二对孔。3 对孔都钻完后，计数器的当前值等于设定值 3，Y6 使工件松开，松开到位时，限位开关 X7 为 ON，系统返回初始状态。

试设计钻床控制程序和系统外部接线图。

（3）设计一个用 PLC 控制的数字电子钟：左边两位为小时（00~23）；右边两位为分钟（00~59），中间为两个 LED，模拟秒显示。

试设计时钟程序和系统外部接线图。

第12章 运动控制工程实例

 12.1 民用电梯控制系统

12.1.1 系统需求分析

PLC 电梯控制系统主要由信号控制系统和拖动控制系统两部分组成。图 12-1 所示为电梯 PLC 控制系统的基本结构图，主要硬件包括 PLC 主机及其扩展单元、机械系统、轿厢操纵盘、层站呼梯盒、位置显示装置、门机、调速装置与拖动系统等。系统控制核心为 PLC 主机，操纵盘、呼梯盒、井道及安全保护等信号通过 PLC 输入接口送入 PLC，通过程序控制向拖动系统发出信号。

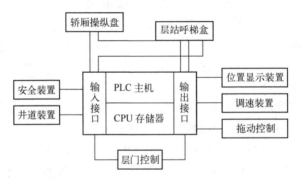

图 12-1　电梯 PLC 控制系统的基本结构图

1. 电梯的主要组成部分

☺ 曳引部分通常由曳引机和曳引钢丝绳组成。电动机带动曳引机旋转，使轿厢上下运动。

☺ 轿厢由轿架、轿底、轿厢壁和轿门组成；层门一般有栅栏门、中分门、中分多折门和旁开门等。

☺ 电气设备及控制装置由曳引机、控制柜、轿厢操纵盘、呼梯盒和层站位置显示装置等组成。

☺ 其他装置。

2. 电梯的安全保护装置

【电磁制动器】装于曳引机轴上，一般采用直流电磁制动器，起动时通电松闸，停层后断电制动。

【强迫减速开关】分别装于井道的顶部和底部，当轿厢驶过端站换速点却未减速时，轿厢上的撞块就触动此开关，通过电气传动控制装置，使电动机强迫减速。

【限位开关】当轿厢经过端站平层位置后，若仍未停车，此限位开关立即动作，切断电源并制动，强迫停车。

【行程极限保护开关】当限位开关不起作用，轿厢经过端站时，此开关动作。

【急停按钮】装于轿厢操纵盘上，发生异常情况时，按此按钮可切断电源，电磁制动器制动，电梯紧急停车。

【层门开关】每个层门都装有门锁开关，仅当层门关上时，才允许电梯起动；在运行中，若出现层门开关断开，电梯立即停车。

【关门安全开关】常见的是装于轿厢门边的安全触板。在关门过程中，如果安全触板碰到乘客，发出信号，轿门电动机停止关门，反向开门，延时后重新关门。此外还有红外开关等。

【超载开关】当超载时，轿底下降开关动作，电梯不能关门和运行。

【其他开关】如安全窗开关、钢带轮的断带报警开关等。

电梯信号控制基本由 PLC 软件来实现。电梯 PLC 信号控制系统示意图如图 12-2 所示。

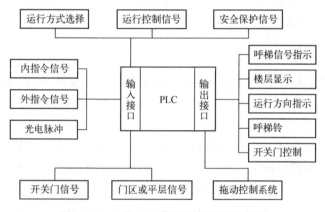

图 12-2　电梯 PLC 信号控制系统示意图

3. 电梯控制系统实现的功能

电梯控制系统能够实现的基本功能如下所述。

☺ 一台电动机控制上升和下降。

☺ 各层设置上/下呼叫开关（最顶层与起始层只设一个）。

☺ 电梯到位后具有手动或自动开门、关门功能。

☺ 电梯内设有楼层指令键、开/关门按键、警铃、风扇及照明按键。

☺ 电梯内、外设有方向指示灯及电梯当前层号指示灯。

☺ 待客自动开门：当电梯在某层停梯待客时，按下层门外呼梯按钮，应能自动开门迎客。

☺ 自动关门与提早关门：在一般情况下，电梯停站 4~6s 应能自动关门；在延时时间内，若按下关门按钮，门将不经延时提前实现关门动作。

☺ 按钮开门：在开关过程中或门关闭后电梯起动前，按下操纵盘上开门按钮，门将打开。

☺ 内指令记忆：当轿厢操纵盘上有多个选层指令时，电梯应能按顺序自动停靠，自动确定运行方向。

☺ 自动定向：当轿厢操纵盘上选层指令相对于电梯位置具有不同方向时，电梯应能按先入为主的原则，自动确定运行方向。

☺ 呼梯记忆与顺向截停：电梯在运行中应能记忆层门外的呼梯信号，对符合运行方向的召唤，应能自动逐一应答停靠。

☺ 自动换向：当电梯完成全部顺向指令后，应能自动换向，应答相反方向的信号。

☺ 自动关门待客：当完成全部轿厢内指令，又无层门外呼梯信号时，电梯应自动关门，并在设定时间内自动关闭轿厢内照明。

☺ 自动返基站：当电梯设有基站时，电梯在完成全部指令后，自动驶回基站，停机待客。

4. 电梯操作方式

常见的电梯操作方式有以下两种。

☺ 下集选：控制室登记所有轿厢内和层门外的下行召唤，轿厢上行时只应答轿厢内的召唤，直至最高层；然后自动改变运行方向为下行，应答层门外的下行召唤。

☺ 全集选：控制室登记所有层门外和轿厢内的召唤，上行时顺序应答轿厢内和层门外的上行召唤，直至最高层；然后自动反向应答下行召唤和轿厢内的召唤。

本实例采用全集选操作方式。

5. 减速及平层控制

电梯的工作特点是频繁起/制动，为了提高工作效率、改善舒适感，要求电梯能平滑减速至速度为零且准确平层，即"无速停车抱闸"，不要出现爬行现象或低速抱闸，即直接停止到位，要做到这一点，关键是准确发出减速信号，在接近楼层面时，按距离精确地自动矫正速度给定曲线。本实例采用旋转编码器检测轿厢位置，只要电梯一运行，计数器就可以精确地确定走过的距离，达到与减速点相应的预置数时，即可发出减速命令。不论哪种方式产生的减速命令，由于存在负载变化、电网波动、钢丝绳打滑等问题，都会使减速过程不符合平层技术要求，为此一般应在离每层楼的基准位置 100~200mm 处设置一个平层矫正器，以确保平层的长期准确性。

12.1.2 系统硬件设计

1. 轿厢楼层位置检测方法

在工程实践中，进行轿厢楼层检测的主要方法有以下 3 种。

【用干簧管磁感应器或其他位置开关】 这种方法直观、简单，但由于每层须使用一个磁感应器，当楼层较高时，会占用 PLC 太多的输入点。因为本实例中楼宇只有 5 层，故采用此法。

【利用稳态磁保开关】 这种方法要对磁保开关的不同状态进行编码，在各种编码方式中，适合电梯控制的只有格雷变形码，但它是无权代码，进行运算时须采用 PLC 指令译码，比较麻烦，软件译码也使程序变得"庞大"。

【利用旋转编码器】 目前，PLC 一般都有高速脉冲输入端或专用计数单元，计数准确，使用方便，因而在电梯 PLC 控制系统中，可用编码器获取电梯运行过程中的准确位置，编码器可直接与 PLC 高速脉冲输入端相连，电源也可利用 PLC 内置 24V DC 电源，硬件连接简单、方便，在高层电梯控制中可以采用这种方法。

2. 门电动机选择

电梯门有层门和轿门之分，这两个门的开启是同步进行的，用一台小电动机驱动即可实现开关门的动作。门电动机是开/关门的动力源，通常采用直流电动机。门电气拖动线路通常由门电动机、开门继电器、关门继电器及电阻分压线路等部分组成。采用他励方式，并用变压调速方式来控制开/关门的速度，即控制门电动机转速 n（r/min）。

3. 门安全装置选择

层门和轿门的开启是同步进行的，为保证乘客的安全，层门入口处必须有安全保护装置。在门上或门框上装有机械的或电子的门探测器，当门探测器发现门区有障碍物时，便发出信号给控制部分停止关门、重新开门，待障碍消除后，方可关门。通常有光电式保护装置、超声波保护装置和防夹条等。本实例采用光电式保护装置。

将光电式保护装置安装在门上，使光线水平通过门口，当乘客或物品遮断光线时，就能使门重新打开。光幕，即红外微扫描探测装置，作为一种光电产品，可以代替机械式安全触板，或者将光幕与触板合成为具有双重保护功能的二合一光幕，这已成为电梯业界广泛采用的电梯门保护装置。

4. PLC 的 I/O 点数

首先要根据电梯的层数、梯型、控制方式、应用场所，来确定 PLC 的输入信号与输出信号的数量。

电梯作为一种多层次、长距离运行的大型设备，在井道、层站及轿厢内有大量的信号要送入 PLC。现以 5 层 5 站电梯为例来介绍其现场信号。

☺ 轿厢内输入信号按钮 1AN~5AN，共 5 个，用于电梯司机下达各层轿厢内指令。

☺ 层门外召唤按钮 1ASZ~4ASZ、2AXZ~5AXZ，共 8 个，用于层门外乘客发出召唤信号。

☺ 楼层感应干簧管 1G~5G，共 5 个，安装在井道中每层平层位置附近，在轿厢上安装有隔磁钢板，当电梯上行或下行，隔磁钢板进入干簧管内时，干簧管中的触点动作发出控制信号，如图 12-3 所示。干簧管的作用有两个：一是发出电梯减速信号；二是发出楼层指示信号。

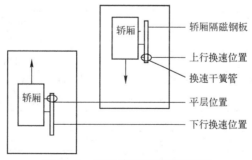

图 12-3　楼层感应干簧管示意图

☺ 平层感应干簧管有 SPG、XPG、MQG，共 3 个，安装在轿厢顶部，在井道相应位置上装有隔磁钢板，当钢板同时位于 SPG、XPG 和 MQG 之间时，电梯正好处于平层位置。

☺ 层门开关 1TMK~5TMK，轿门开关 JMK，共 6 个，分别安装在层门、轿门上。当它们全部闭合时，说明所有门都已关好，允许电梯运行；若上述开关中有任何一个没有闭合，说明有的门是打开的，这时不允许电梯运行。

☺ 开门按钮 AKM，关门按钮 AGM，用于司机手动开、关控制。

☺ 强迫换速开关 SHK、XHK，共 2 个。SHK 和 XHK 分别装在井道中对应最高层（5 层）和最低层（1 层）的相应位置。如果电梯运行到最高层或最低层时，正常的换速控制没有起作用，则碰撞这两个开关使电梯强迫减速。

☺ 接触器 SC、XC、KC、MC、KJC、1MJC、2MJC，共 7 个。

☺ 楼层指示灯 1ZD~5ZD 共 5 个；自动开关门控制信号，共 2 个。层门外呼梯信号指示灯 1SZD~4SCD、2XZD~5XZD 共 8 个。

由此可以得到电梯控制系统 PLC I/O 分配表，见表 12-1。

表 12-1　电梯控制系统 PLC I/O 分配表

输　入		输　出	
5 层下召唤按钮 5AXZ	X1	5 层位置显示灯 5ZD	Y0
4 层下召唤按钮 4AXZ	X2	4 层位置显示灯 4ZD	Y1
3 层下召唤按钮 3AXZ	X3	3 层位置显示灯 3ZD	Y2
2 层下召唤按钮 2AXZ	X4	2 层位置显示灯 2ZD	Y3
上平层感应干簧管 XPG	X5	1 层位置显示灯 1ZD	Y4
下平层感应干簧管 SPG	X6	1 层上召唤指示灯 1SZD	Y5
门区感应干簧管 MQG	X7	2 层上召唤指示灯 2SZD	Y6
门联锁回路	X10	3 层上召唤指示灯 3SZD	Y7
5 层感应干簧管 5G	X11	4 层上召唤指示灯 4SZD	Y10
4 层感应干簧管 4G	X12	2 层下召唤指示灯 2XZD	Y11
3 层感应干簧管 3G	X13	3 层下召唤指示灯 3XZD	Y12
2 层感应干簧管 2G	X14	4 层下召唤指示灯 4XZD	Y13
1 层感应干簧管 1G	X15	5 层下召唤指示灯 5XZD	Y14
5 层轿厢内指令按钮 5AN	X16	自动开门输出信号	Y15
4 层轿厢内指令按钮 4AN	X17	按钮开门输出信号	Y16
3 层轿厢内指令按钮 3AN	X20	上行接触器 SC	Y17
2 层轿厢内指令按钮 2AN	X21	下行接触器 XC	Y20
1 层轿厢内指令按钮 1AN	X22	快速接触器 KC	Y21
4 层上召唤按钮 4ASZ	X23	慢速接触器 MC	Y22
3 层上召唤按钮 3ASZ	X24	快加速接触器 KJC	Y23
2 层上召唤按钮 2ASZ	X25	第一慢加速接触器 1MJC	Y24
1 层上召唤按钮 1ASZ	X26	第二慢加速接触器 2MJC	Y25
下强迫换速开关 XHK	X27		
上强迫换速开关 SHK	X30		
开门按钮 AKM	X31		
关门按钮 AGM	X32		

由以上分析可知，现场输入信号共有 26 个，输出信号共有 22 个，因此选择三菱 FX2N-64M 型 PLC，该 PLC 基本单元具有 32 个输入点和 32 个输出点。各层门开关触点串联后输

入 X10，只要任何一个层门没有关好，X10 就不能动作。

PLC 接线原理图如图 12-4 所示。

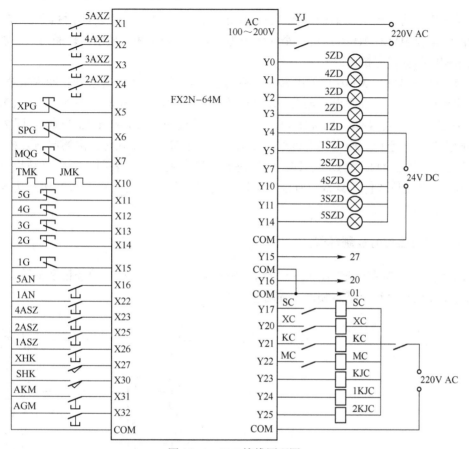

图 12-4　PLC 接线原理图

12.1.3　系统软件设计

1. 楼层信号控制

楼层信号控制梯形图如图 12-5 所示。楼层信号应连续变化，即电梯运行到使下一层楼层感应器动作前的任何位置，应一直显示上一层的楼层数。例如，电梯原在 1 层，X15 为 ON、Y4 为 ON，由 I/O 接线图可知指示灯 1ZD 亮，显示"1"。当电梯离开 1 层向上运行时，由于 1G 为 OFF，使 X15 为 OFF，但 Y4 通过自锁维持 ON 状态，故 1ZD 一直亮。当达到 2 层 2G 处时，由于 X14 为 ON，使 Y3 为 ON（2ZD 亮），Y3 常闭触点使 Y4 为 OFF，即此时指示灯"2"亮，同时"1"熄灭。在其他各层时，情况与之类似。

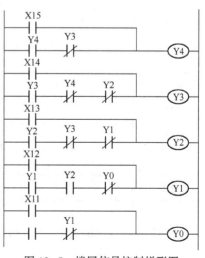

图 12-5　楼层信号控制梯形图

2. 轿厢内指令信号控制

轿厢内指令信号控制梯形图如图 12-6 所示。该环节可以实现轿厢内指令的登记及消除。中间继电器 M112～M116 中的一个或多个为 ON 时，表示相应楼层的轿厢内指令被登记，否则表示相应指令信号被消除。

本梯形图对 M112～M116 均采用 S/R 指令编程。从图中可见，各层的轿厢内指令登记和消除方式都是一样的，现假设电梯在 1 层处于停止状态，Y17（SC）为 OFF；Y20（XC）为 OFF，司机按下 2AN、4AN，则 X21 和 X17 为 ON，从而使 M115 和 M113 为 ON，即 2 层和 4 层的轿厢内指令被登记。当电梯上行到达 2 层的楼层感应器 2G 处时，由楼层信号控制环节知 Y3 为 ON，于是 M115 为 OFF，即 2 层的轿厢内指令被清除，表明该指令已被执行完毕。而 M113 由于其复位条件不具备，所以 4 层轿厢内指令仍然保留，只有当电梯到达 4 层时，该信号才被消除。

3. 层门外召唤信号控制环节

层门外召唤控制梯形图如图 12-7 所示。它实现层门外召唤指令的登记及消除。它的编程形式与轿厢内指令环节基本相似，其功能如下所述。

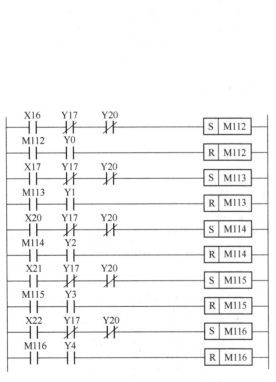

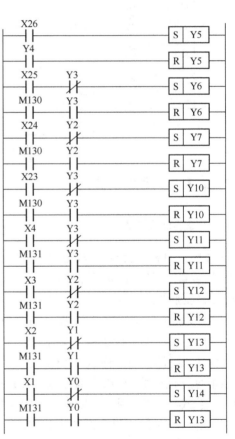

图 12-6　轿厢内指令信号控制梯形图　　　　图 12-7　层门外召唤控制梯形图

假设电梯在 1 层，2 层和 4 层层门外乘客要乘梯上行，故分别按下 2ASZ、4ASZ，同时 2 层还有乘客要下行，按下 2AXZ。于是图 12-7 中 X23 为 ON，X4 为 ON，输出继电器 Y6 为 ON，Y10 为 ON，分别使呼梯信号灯 2SZD、4SZD、2XZD 亮。司机接到指示信号后，操作电梯上行，故 M130 为 ON。当电梯到达 2 层停靠时 Y3 为 ON，故 Y6 为 OFF，2SZD 灯熄灭。由于 4 层上召唤信号 Y10 仍然处于登记状态，故上行控制信号 M130 此时并不释放（具体在选向环节中分析）。因此，电梯虽然目前在 2 层，但该层下行召唤信号 Y11 仍然不能清除，灯 2XZD 仍然亮。只有当电梯执行完全部上行任务再返回到 2 层时，由于 M131 为 ON、Y3 为 OFF，下召唤信号 Y11 才被清除。这就实现了只清除与电梯运动方向一致的召唤信号这一控制要求。

4. 自动选向控制

选向就是电梯根据司机下达的轿厢内指令自动地选择合理的运行方向。自动选向控制梯形图如图 12-8 所示。图中内部继电器 M130、M131 分别称为上、下方向控制中间继电器，它们直接决定着方向输出继电器 Y17、Y20 的"ON"或"OFF"状态，从而控制继电器 SC、XC，即决定着电梯的运行方向，下面分析其选向原理。

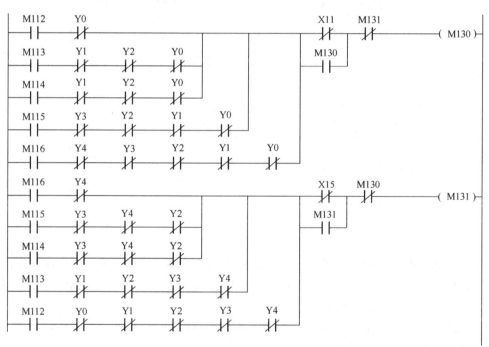

图 12-8　自动选向控制梯形图

假设电梯位于 1 层，轿厢内乘客要前往 3 层和 5 层，故司机按下 3AN、5AN，X20 为 ON、X16 为 ON，由轿厢内指令环节知 M114 为 ON、M112 为 ON。又因为电梯位于 1 层，由楼层信号环节知 Y4 为 ON，图 12-8 中其动断触点打开，于是已闭合的 M114 和 M112 只能使上行控制继电器 M130 为 ON，而不会使 M131 回路接通，即电梯自动选择了上行方向。

接着电梯上行到 3 层停下来，Y2 为 ON，轿厢内指令 M114 为 OFF，但 M112 仍然登记。这时 M130 保持 ON 状态，即仍然维持着上行方向。只有电梯达到 5 层，Y0 为 ON，才使 M130 为 OFF，这时电梯已执行完全部上行命令。

5. 起动换速控制

电梯起动时快速绕组接通，通过串入和切除电抗器改善起动舒适感。

电梯运行到达目的层站的换速点时，应将高速绕组断开，同时接通低速绕组，使电梯慢速运行。换速点就是楼层感应干簧管所安置的位置。

起动控制梯形图如图 12-9 所示，换速控制梯形图如图 12-10 所示。

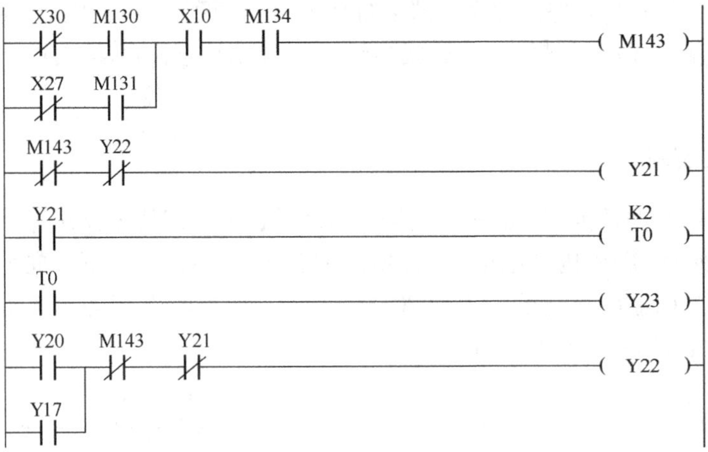

图 12-9 起动控制梯形图

图 12-10 换速控制梯形图

在图 12-9 和图 12-10 中，当电梯选择运行方向后，M130（或 M131）为 ON，Y17（或 Y20）为 ON，司机操纵使轿门、层门关闭，若各层门和轿门均关好，则 X10 为 ON，于是运行中间继电器 M143 为 ON，发生下述过程。

M143 为 ON→Y21 为 ON（KC 接通快速绕组）→T0 开始计时，T0 为 ON→Y23 为 ON（KJC 动作，切除起动电抗器 XQ）。

显然，在 T0 延时的过程中，电动机是串入 XQ 进行降压起动的。

当电梯运行到有轿厢内指令的那一层换速点时，由图 12-11 可知，换速中间继电器 M134 为 ON，发出换速信号。例如，有 3 层轿厢内指令登记，Y2 为 ON，只有当电梯运行到 3 层时，M114 为 ON，这时 M134 为 ON，发出换速命令，于是发生下述换速过程。

M134 为 ON→M143 为 OFF→Y21 为 OFF（快速绕组回路断开）

Y22 为 ON（MC 动作，使慢速绕组回路接通）→T1 开始定时，T1 为 ON→Y24 为 ON（1MJC 动作，切除电阻 R）→T452 开始定时，T452 为 ON→Y25 为 ON（2MJC 动作，切除电抗器 XJ）。

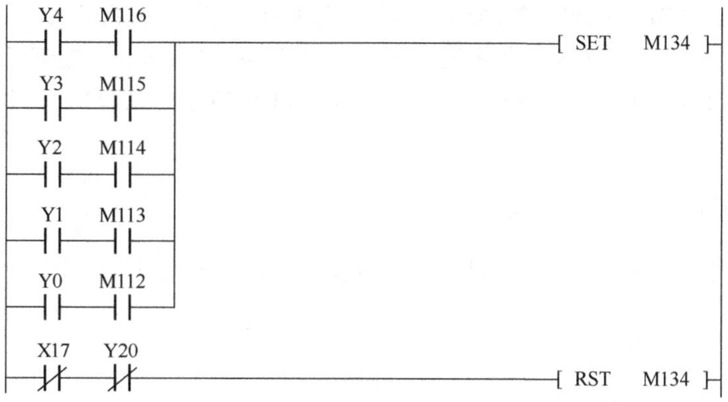

图 12-11　换速信号产生

另外，还有两种情况会使电梯强迫换速，一是端站强迫换速，如电梯上行（M130 为 ON）到最高层还没有正常换速，会碰撞上限位开关 SHK，则 X30 为 ON，于是 M143 为 OFF，电梯换速；二是电梯在运行中由于故障等原因失去方向控制信号，即 M130 为 OFF，M131 为 OFF。但由于自锁作用 T0 为 ON，T1 为 ON 时，也会因 M143 为 OFF 使电梯换速。

另外，在图 12-11 中，为了避免换速继电器 M134 在一次换速后一直为 ON，故用 X17和 Y20 动作触点串联后作为 M134 的复位条件，电梯一旦停止，M134 就复位，为电梯下次运行做好准备。

6. 平层控制

平层控制梯形图如图 12-12 所示。

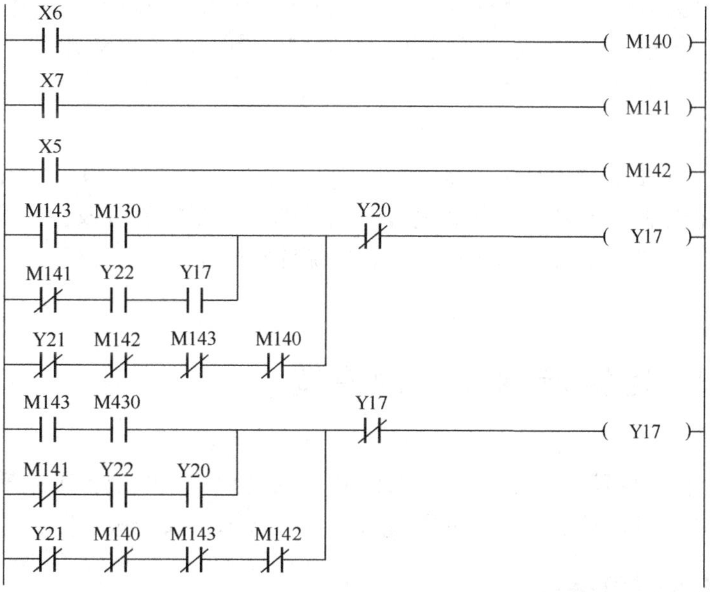

图 12-12　平层控制梯形图

其中，X5～X7 分别为上平层信号、下平层信号和门区信号。平层原理为：如果电梯换速后要在某楼层停靠时，上行超过了平层位置，则 SPG 离开隔磁钢板，使 X6 为 OFF，M140

为 OFF，则 Y20 由 Y21、M140、M143 的动断触点和 M142 常开触点接通。电梯在接触器 XC 作用下反向运动，直至隔磁钢板重新进入 SPG，使 M140 为 ON。当电梯位于平层位置时，M140、M141 和 M142 均为 ON，Y17、Y20 均变为 OFF，即电动机脱离三相电源并施以抱闸制动。

7. 开/关门控制

电梯在某层平层后自动关门，司机按下开/关门按钮应能对开/关门进行手动操纵。相应的梯形图如图 12-13 所示。

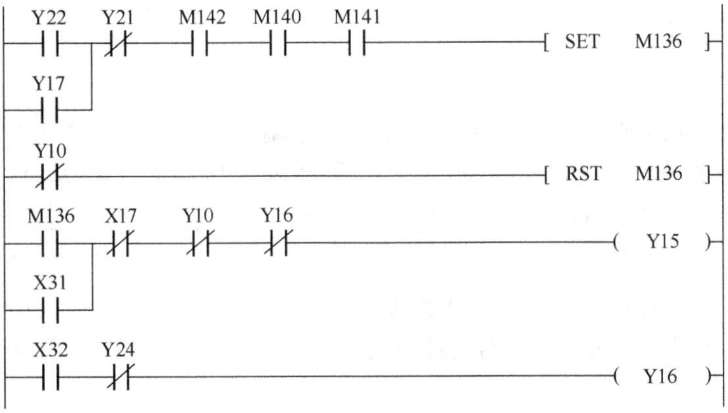

图 12-13　开/关门控制梯形图

图 12-13 中，M136 是平层信号中间继电器，当电梯完全平层时，M136 为 ON，紧接着 Y17 为 OFF、Y20 为 OFF，其动断触点复位，于是 Y15 为 ON。由图 12-4 可知 Y15 为 ON 意味着 27 号线与 1 号线接通，因此，开门继电器 KMJ 得电，电梯自动开门。X31 是开门按钮输入，用于当门关好后重新使其打开；X32 是关门按钮输入，当司机按下 AGM 时，X32 为 ON，Y16 为 ON。

以上介绍了 7 个主要功能控制的梯形图原理，将这些梯形图合并起来，就构成了电梯 PLC 控制梯形图程序的主要部分。除此之外，完整的梯形图中还应该包括检修、消防、有/无司机转换的功能。其余部分由读者根据实际情况酌情设计。

12.2　电镀流水线控制系统

中央控制全自动电镀流水线采用的是直线式电镀自动线，即把各工艺槽排成一条直线，在它的上方用带有特殊吊钩的电动桥式起重机（又称行车）来传送工件。

12.2.1　系统需求分析

1. 机械结构

电镀专用行车采用远距离控制，起吊质量 500kg 以下，起重物品是有待进行电镀或表面处理的各种产品零件。根据电镀加工工艺的要求，电镀专用行车的动作流程如图 12-14 所示。图中，从右到左依次为去油槽、清洗槽、酸洗槽、清洗槽、预镀铜槽、清洗槽、镀铜槽、清洗槽、镀镍（铬）槽、清洗槽、原位。实际生产中电镀槽的数量由电镀工艺要求决定，电镀的种类越多，槽（即工位）的数量越多。

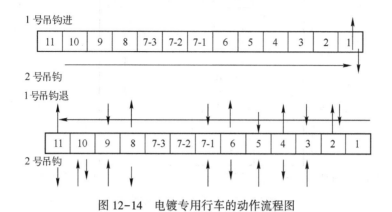

图 12-14 电镀专用行车的动作流程图

1）去油工位 含有电热升温的碱性洗涤液，用于去除工件表面的油污。工件大约需要浸泡 5min。工位安装了可控温度的加热器。

2）清洗工位 清水洗涤，清洗工件表面从上一个工位带来的残留液体。工件不需要浸泡，在此工位清洗一下即可。后续各清洗工位的情况与此相同，不再赘述。

3）酸洗工位 液体用稀硫酸调制而成，用于去除工件表面的锈迹。工件大约需要浸泡 5min。

4）清洗工位

5）预镀铜工位 盛有硫酸铜液体的工位镀槽，在该工位要对工件进行预镀铜处理，工件大约需要浸泡 5min。

6）清洗工位

7）镀铜（亮镀铜）工位 盛有硫酸铜液体的工位镀槽，具有铜极板，由电镀电源供电，电压/电流连续可调，在该工位要对工件进行亮镀铜处理。工件大约需要浸泡 15min。工位具有可调温度的加热器。由于工件在该工位时间较长（是其他工位的 3 倍），所以该工位平均分为 3 个相同的部分（7-1、7-2 和 7-3）。

8）清洗工位

9）镀镍（铬）工位 液体用稀硫酸调制而成，具有镍（铬）极板，由电镀电源供电，电压/电流连续可调，并且具有可调温度的加热器。

10）清洗工位

11）原位 用于装卸挂件。

电镀专用行车结构图如图 12-15 所示。行车电动机与吊钩电动机装在一个密封的有机玻璃盒子内，在盒子下方有 4 个小轮来支撑行车的水平运动。图中只绘制了 1 号吊钩的运动结构图，1 号吊钩在滑轮机构下方，通过一系列传动来拉动钢丝绳从而实现升降控制。2 号吊钩的运动结构图与 1 号吊钩的正好对称，其运动原理是一样的，因此略过。在行车箱一旁安装有两个铁片，用于在工位处接触行程开关，使行车停下来来完成此工位的工艺。

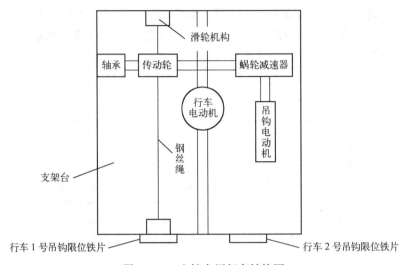

图 12-15　电镀专用行车结构图

2. 工作过程

整个过程要用变频调速器来实现起动时的平稳加速。一台行车沿导轨行走，带动 1 号、2 号两个吊钩来实现动作。有三台电动机，即行车电动机、1 号吊钩电动机、2 号吊钩电动机。

1）行车归位　按下起动按钮，无论行车在任何位置都要进行空钩动作，将两个吊钩放置最低位置，行车回到原位停止。

2）行车送件　2 号吊钩挂上挂件后，系统运行，2 号吊钩上升到达上限位，行车快速向 1 工位前进，中途不停止；当 1 号吊钩到达工位 1 时，行车停止，1 号吊钩上升，将工位 1 的工件取出；当 1 号吊钩到达上限位时，停止上升，行车继续前进。

3）2 号钩放件　当 2 号吊钩到达工位 1 时，行车停止，2 号吊钩下降，将工件放入工位 1。当 2 号吊钩到达下限位时，行车反向行走→准备单循环。

4）工位 2 清洗　当 1 号吊钩再次到达工位 2 时，行车停止，1 号吊钩下降（到达下限位）→上升（到达上限位），行车继续后退。

5）工位 3 取件　当 2 号吊钩到达工位 3 时，行车停止，2 号吊钩上升，将工件取出；当 2 号吊钩到达上限位时，行车继续后退。

6）工位 3 放件　当 1 号吊钩到达工位 3 时，行车停止，1 号吊钩下降，将工件放入工位 3。当 1 号吊钩到达下限位时，行车继续后退。

7）工位 4 清洗　当 2 号吊钩到达工位 4 时，行车停止，2 号吊钩下降，将工件放入工位 4。当 2 号吊钩到达下限位时，行车继续后退。

8）工位 4 取件　当 1 号吊钩到达工位 4 时，行车停止，1 号吊钩上升，将工件取出；当 1 号吊钩到达上限位时，行车继续后退。

9）工位 5 取件　当 2 号吊钩到达工位 5 时，行车停止，2 号吊钩上升，将工件取出；当 2 号吊钩到达上限位时，行车继续后退。

10）工位 5 放件　当 1 号吊钩到达工位 5 时，行车停止，1 号吊钩下降，将工件放入工位 5；当 1 号吊钩到达下限位时，行车继续后退。

11）工位 6 清洗　当 2 号吊钩到达工位 6 时，行车停止，2 号吊钩下降，将工件放入工位 6；当 2 号吊钩到达下降限位时，行车继续后退。

12）工位 6 取件　当 1 号吊钩到达工位 6 时，行车停止，1 号吊钩上升，将工件取出；当 1 号吊钩到达上限位时，行车继续后退。

13）工位 7 取件　当 2 号吊钩到达工位 7-1 时，行车停止，2 号吊钩上升，将工件取出；当 2 号吊钩到达上限位时，行车继续后退（下一次循环要取出工位 7-2 中的工件，再下一次循环要取出工位 7-3 中的工件，再下一次循环要取出工位 7-1 中的工件）。

14）工位 7 放件　当 1 号吊钩到达工位 7-1 时，行车停止，1 号吊钩下降，将工件放入工位 7-1；当 1 号吊钩到达下限位时，行车继续后退（下一次循环要放回工位 7-2，再下一次循环要放回工位 7-3，再下一次循环要放回工位 7-1）。

15）工位 8 清洗　当 2 号吊钩到达工位 8 时，行车停止，2 号吊钩下降，将工件放入工位 8；当 2 号吊钩到达下限位时，行车继续后退。

16）工位 8 取件　当 1 号吊钩到达工位 8 时，行车停止，1 号吊钩上升，将工件取出；当 1 号吊钩到达上限位时，行车继续后退。

17）工位 9 取件　当 2 号吊钩到达工位 9 时，行车停止，2 号吊钩上升，将工件取出；当 2 号吊钩到达上限位时，行车继续后退。

18）工位 9 放件　当 1 号吊钩到达工位 9 时，行车停止，1 号吊钩下降，将工件放入工位 9；当 1 号吊钩到达下限位时，行车继续后退。

19）工位 10 清洗　当 2 号吊钩到达工位 10 时，行车停止，2 号吊钩下降（到达下限位）→上升（到达上限位），行车继续后退。

20）工位 11 原位装卸挂件　当 2 号吊钩到达工位 11 时，行车停止，2 号吊钩下降（到达下限位），卸下成品，装上被镀品。该动作时间依据实际情况而定，一般为 30s，30s 后（或重新起动后）系统执行该项目的第 3 个步骤→进入循环。

21）停止　按下停止按钮，系统完成一次小循环回到原位。等待下一个循环，具有记忆性，接上一步骤开始。

12.2.2　系统硬件设计

1. 电动机拖动设计

行车的前后运动由三相交流异步电动机拖动，根据电镀行车的起吊质量，选用一台电动机进行拖动，用变频调速器来实现起动时的平稳加速。

主电路拖动控制系统如图 12-16 所示。其中，行车的前进和后退用与变频器连接的电动机 M_1 来控制，两个吊钩的上升和下降控制分别通过两台电动机 M_2 和 M_3 的正、反转来控制。

用变频器直接控制电动机 M_1 来实现行车的平稳前进和后退，以及平稳的起动和停止；接触器 KM_1 和 KM_2 控制 1 号吊钩电动机 M_2 的正、反转，实现吊钩的上升与下降；接触器 KM_3 和 KM_4 控制 2 号吊钩电动机 M_3 的正、反转，实现吊钩的上升和下降。

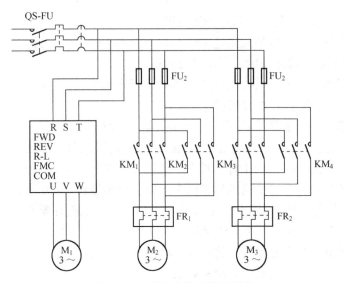

图 12-16 主电路拖动控制系统

2. 恒温电路

在全自动电镀流水线中，电镀与去油工位都需要在特定的温度下实现工位所要完成的工艺，这就需要一个恒温电路来控制这些工位完成特定工艺所需要的条件。需要加热的工位主要有 3 个：去油工位，需要加热到 60℃；镀铜工位，盛有硫酸铜液体的工位镀槽，具有铜极板，由电镀电源供电，电压/电流连续可调，在该工位要对工件进行亮镀铜处理；镀镍（铬）工位，即盛有稀硫酸的工位镀槽，具有镍（铬）极板，要求供电电压/电流连续可调，在该工位对工件进行镀镍处理。

在恒温电镀中，根据温度控制的要求，在实现恒温的要求上，用 3 个可调温度的加热器来实现加热温度的控制与调节。恒温电路图如图 12-17 所示。

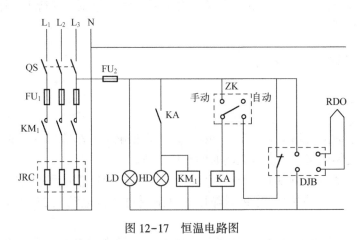

图 12-17 恒温电路图

图 12-17 中，RDO 为热电阻感温元件，JRC 为电加热槽，ZK 为转换开关，DJB 为温度调节器。

3. 速度跟踪电路

在本实例中，全自动电镀流水线中的主要运行设备就是行车，通过行车的进、退来实现电镀工艺。所以，这里的速度跟踪电路主要对行车的速度进行跟踪。为了实现此功能，在行车电动机的输出轮端装有磁阻式转速传感器，经过测量转换电路，将输出量转换为电量信号，再通过反馈控制系统将此电量反馈到执行机构上，从而完成对行车电动机的速度跟踪。跟踪电路控制系统原理框图如图 12-18 所示。

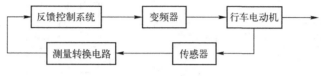

图 12-18　跟踪电路控制系统原理框图

4. PLC 选型及地址分配

在本实例中，要求 PLC 控制系统具有可靠性好、安全性高、可控性好、性价比高等特点，机型的选择需在功能上满足系统的要求。

根据该专用行车的控制要求，其 I/O 及控制信号共有 27 个，其中输入信号有 21 个，输出信号有 6 个。实际使用时，系统的输入都为开关控制量，加上 10%～15% 的裕量就可以了，要求 I/O 点为 40~48 点。因为要实现的功能多，程序的步骤也会有所增加，这就要求系统有较短的响应速度，并无其他特殊控制模块的需要，拟采用三菱公司 FX2N-40MR 型 PLC。

【输入设备】2 个控制开关，19 个接近开关。

【输出设备】4 个交流接触器，2 个变频器方向控制信号。

由此得到 I/O 分配表，见表 12-2。

得到系统接线原理图，如图 12-19 所示。

表 12-2　电镀流水线 I/O 分配表

动　作	输入设备	输入点编号
起动按钮	SB1	X0
停止/复位按钮	SB2	X1
工位 1 接近开关	SJ1	X3
工位 2 接近开关	SJ2	X4
工位 3 接近开关	SJ3	X5
工位 4 接近开关	SJ4	X6
工位 5 接近开关	SJ5	X7
工位 6 接近开关	SJ6	X10
工位 7-1 接近开关	SJ7	X11
工位 7-2 接近开关	SJ8	X12
工位 7-3 接近开关	SJ9	X13

续表

动　作	输入设备	输入点编号
工位 8 接近开关	SJ10	X14
工位 9 接近开关	SJ11	X15
工位 10 接近开关	SJ12	X16
工位 11 接近开关	SJ13	X17
1 号吊钩上限位接近开关	SJ14	X20
1 号吊钩下限位接近开关	SJ15	X21
2 号吊钩上限位接近开关	SJ16	X22
2 号吊钩下限位接近开关	SJ17	X23
行车后退限位接近开关	SJ18	X24
行车前进限位接近开关	SJ19	X25
1 号吊钩电动机正转（工件上）	KM1	Y0
1 号吊钩电动机反转（工件下）	KM2	Y1
2 号吊钩电动机正转（工件上）	KM3	Y2
2 号吊钩电动机反转（工件下）	KM4	Y3
接变频器行车电动机正转（行车前进）	UFWD	Y6
接变频器行车电动机反转（行车后退）	UREV	Y5

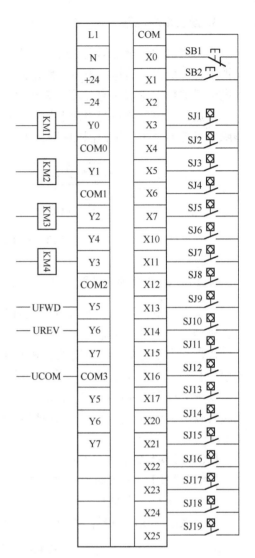

图 12-19　电镀流水线系统接线原理图

12.2.3　系统软件设计

电镀流水线采用专用行车，行车架上装有可升降的吊钩，行车和吊钩各由一台电动机拖动，行车的进/退和吊钩的升/降均由相应的限位开关 SJ 定位，编制程序如下。

（1）行车在停止状态下，将工件放在原位（工位 11）处，按下起动按钮 SB1，X0 闭合，中间继电器 M6 得电，使 Y6 得电，从而行车前进。

（2）当行车前进到工位 11 时，X17 常闭触点断开，常开触点闭合，T2 清零，行车停止前进，Y2 得电，2 号吊钩上升，上升到上限位时，接近开关 X22 动作，上升停止，计数器 C1 得电，行车继续前进。

（3）当行车前进到右限位时，X25 动作，计数器 C1 清零，C0、C29～C31 得电，行车前进停止，Y5 动作，行车开始后退，同时 C0 动作，M0 得电动作，其中 C29～C31 分别控制吊钩在工位 7-1、工位 7-2、工位 7-3 时的升降动作。

（4）当行车 1 号吊钩后退到工位 1 时，接近开关 X3 动作，M30 得电动作，行车停止后退；同时 C0 清零，Y0 得电动作，1 号吊钩上升，上升到上限位时，接近开关 X20 动作，上升停止，M2 得电动作，Y5 得电，行车继续后退。

（5）当行车 2 号吊钩后退到工位 1 时，C2 动作，M4 动作，M31 得电动作，行车停止后退，同时 Y3 得电动作，2 号吊钩下降，将工件放到工位 1，下降到下限位时，X23 动作，M31 失电，行车继续后退。

（6）当行车 1 号吊钩后退到工位 2 时，接近开关 X4 动作，M30 得电动作，行车停止后退，C2 清零，Y1 得电动作，1 号吊钩下降，将工件放到清水槽中，下降到下限位 X21 动作时，T0 得电，1s 后 Y0 得电动作，1 号吊钩上升，将工件取出，上升到上限位时，X20 动作，同时 M2 得电，M30 失电，行车继续后退。

（7）当行车 1 号吊钩后退到工位 3 时，接近开关 X5 动作，M30 得电动作，行车停止后退；T0 清零，计数器 C3 清零，同时 Y1 得电动作，1 号吊钩下降，将工件放到酸洗槽中，下降到下限位时，X21 动作，停止下降；M3 得电动作，M30 失电，行车继续后退。

（8）当行车 2 号吊钩后退到工位 3 时，计数器 C4 动作，M31 得电动作，行车停止后退；同时 Y2 得电动作，2 号吊钩上升，将工件取出，上升到上限位时，X22 动作，停止上升；M5 得电动作，M31 失电，行车继续后退。

（9）当行车 1 号吊钩后退到工位 4 时，接近开关 X6 动作，M30 得电动作，行车停止后退；计数器 C4 清零，同时 Y0 得电动作，1 号吊钩上升，将工件取出，上升到上限位时，X20 动作，停止上升；M2 得电动作，M30 失电，行车继续后退。

（10）当行车 2 号吊钩后退到工位 4 时，计数器 C5 动作，M31 得电动作，行车停止后退；同时 Y3 得电动作，2 号吊钩下降，将工件放到清水槽，下降到下限位时，X23 动作，停止下降；M4 得电动作，M31 失电，行车继续后退。

（11）当行车 1 号吊钩后退到工位 5 时，接近开关 X7 动作，M30 得电动作，行车停止后退；计数器 C5 清零，同时 Y1 得电动作，1 号吊钩下降，将工件放到预镀铜槽中，下降到下限位时，X21 动作，停止下降；M3 得电动作，M30 失电，行车继续后退。

（12）当行车 2 号吊钩后退到工位 5 时，计数器 C6 动作，M31 得电动作，行车停止后退；同时 Y2 得电动作，2 号吊钩上升，将工件取出，上升到上限位时，X22 动作，停止上升；M5 得电动作，M31 失电，行车继续后退。

（13）当行车 1 号吊钩后退到工位 6 时，接近开关 X10 动作，M30 得电动作，行车停止后退；计数器 C6 清零，同时 Y0 得电动作，1 号吊钩上升，将工件取出，上升到上限位时，X20 动作，停止上升；M2 得电动作，M30 失电，行车继续后退。

（14）当行车 2 号吊钩后退到工位 6 时，计数器 C7 动作，M31 得电动作，行车停止后退；同时 Y3 得电动作，2 号吊钩下降，将工件放到清水槽，下降到下限位时，X23 动作，停止下降；M4 得电动作，M31 失电，行车继续后退。

（15）当 C29 得电动作，行车 1 号吊钩后退到工位 7-1 时，接近开关 X11 动作，M30 得电动作，行车停止后退；计数器 C7 清零，同时 Y1 得电动作，1 号吊钩下降，将工件放到镀铜槽中，下降到下限位时，X21 动作，停止下降；M3 得电动作，M30 失电，行车继续后退。

（16）当行车 2 号吊钩后退到工位 7-1 时，计数器 C8 动作，M31 得电动作，行车停止后退；同时 Y2 得电动作，2 号吊钩上升，将工件取出，上升到上限位时，X22 动作，停止上升；M5 得电动作，M31 失电，行车继续后退。

（17）当行车 1 号吊钩后退到工位 8 时，接近开关 X14 动作，M30 得电动作，行车停止后退；计数器 C8 清零，同时 Y0 得电动作，1 号吊钩上升，将工件取出，上升到上限位时，X20 动作，停止上升；M2 得电动作，M30 失电，行车继续后退。

（18）当行车 2 号吊钩后退到工位 8 时，计数器 C11 动作，M31 得电动作，行车停止后退；同时 Y3 得电动作，2 号吊钩下降，将工件放到清水槽，下降到下限位时，X23 动作，停止下降；M4 得电动作，M31 失电，行车继续后退。

（19）当行车 1 号吊钩后退到工位 9 时，接近开关 X15 动作，M30 得电动作，行车停止后退；计数器 C11 清零，同时 Y1 得电动作，1 号吊钩下降，将工件放到镀镍（铬）槽中，下降到下限位时，X21 动作，停止下降；M3 得电动作，M30 失电，行车继续后退。

（20）当行车 2 号吊钩后退到工位 9 时，计数器 C12 动作，M31 得电动作，行车停止后退；同时 Y2 得电动作，2 号吊钩上升，将工件取出，上升到上限位时，X22 动作，停止上升；M5 得电动作，M31 失电，行车继续后退。

（21）当行车 2 号吊钩后退到工位 10 时，接近开关 X16 动作，直到计数器 C13 动作，M31 得电动作，行车停止后退；Y3 得电动作，2 号吊钩下降，将工件放到清水槽中，下降到下限位时，X23 动作，停止下降；T1 得电，1s 后 T1 得电动作，Y2 得电动作，2 号吊钩上升，将工件取出，上升到上限位时，X22 动作，停止上升；同时，M5 得电动作，M33 得电动作，M31 失电，行车继续后退。

（22）当行车 2 号吊钩后退到工位 11 时，T1 清零，C13 清零，计数器 C14 动作，M31 得电动作，行车停止后退；同时 Y3 得电动作，2 号吊钩下降，将工件放入清水槽中，下降到下限位时，X23 动作，停止下降；M4 得电动作，M31 失电，行车继续后退。

（23）当行车后退到左限位处，接近开关 X24 动作，Y5 失电，行车停止后退，C14 和 C1 清零，M0 失电，T2 得电开始计时，将已经加工好的工件取出来，再将需要加工的工件再次放到原位槽，20s 后 T2 通电，Y6 得电，行车继续前进，开始循环。

（24）按下停止/复位按钮，M1 得电动作，行车停止前进，当行车没有碰到任何接近开关时，行车继续后退，直到碰到任何一个接近开关时，1 号吊钩和 2 号吊钩都下降，然后行车后退到左限位处，后退停止，一切都停止。直到按下起动按钮 X0，设备才能再次运行。

电镀流水线控制梯形图如图 12-20 所示。

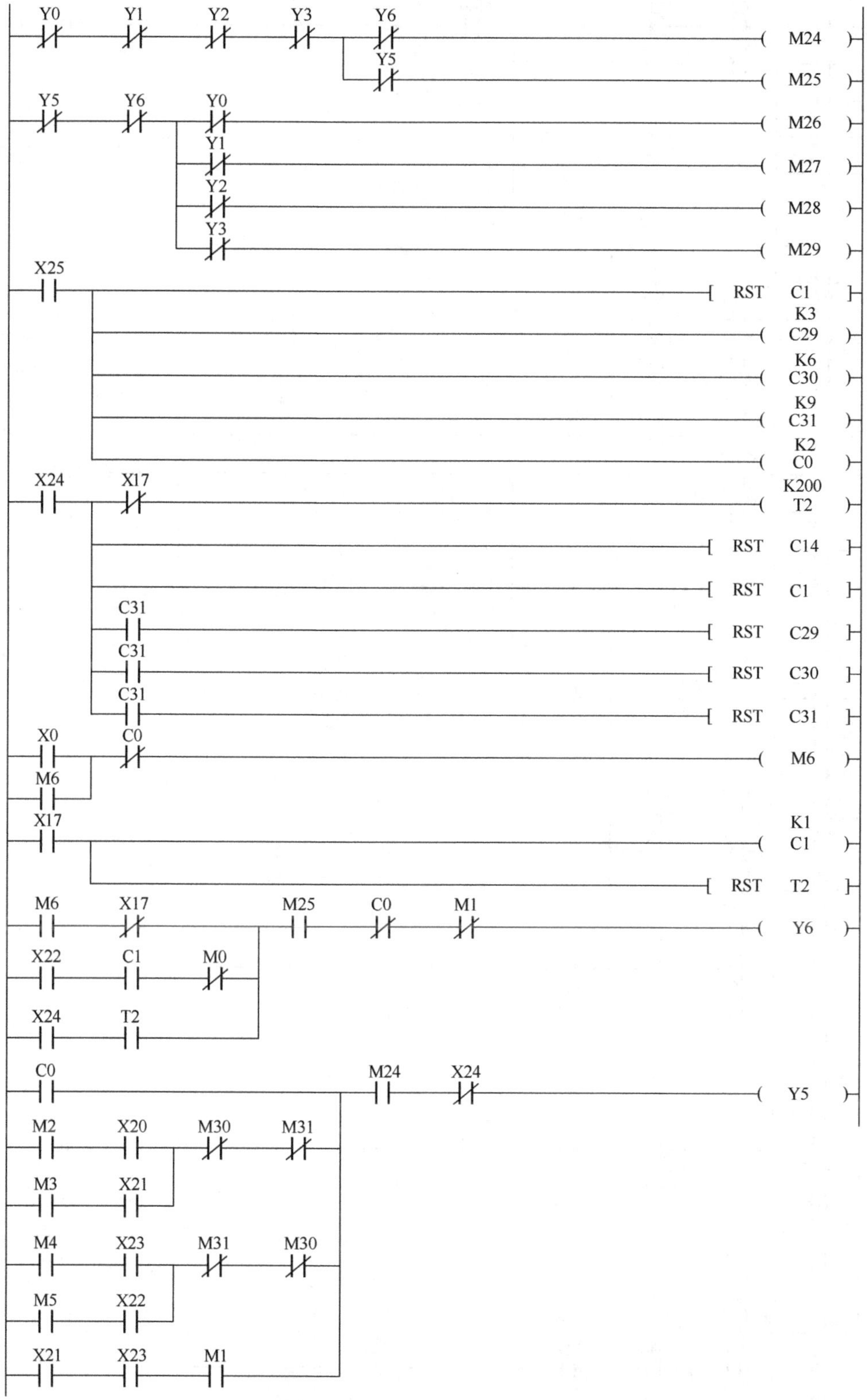

图 12-20　电镀流水线控制梯形图

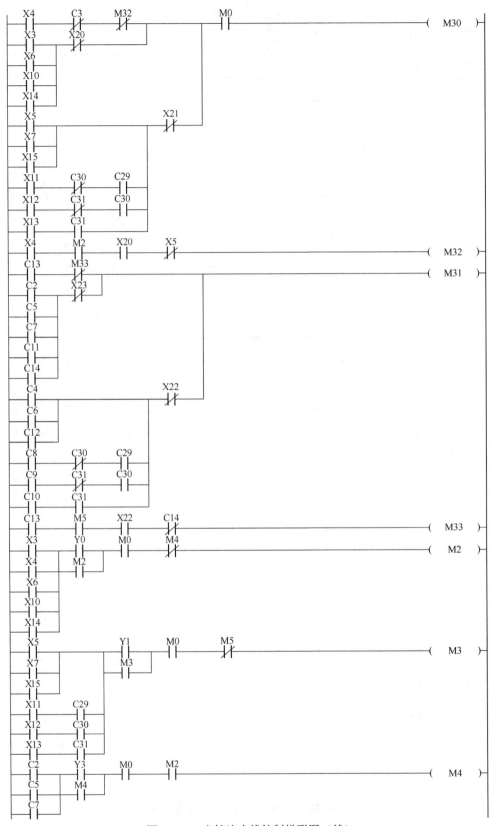

图 12-20 电镀流水线控制梯形图（续）

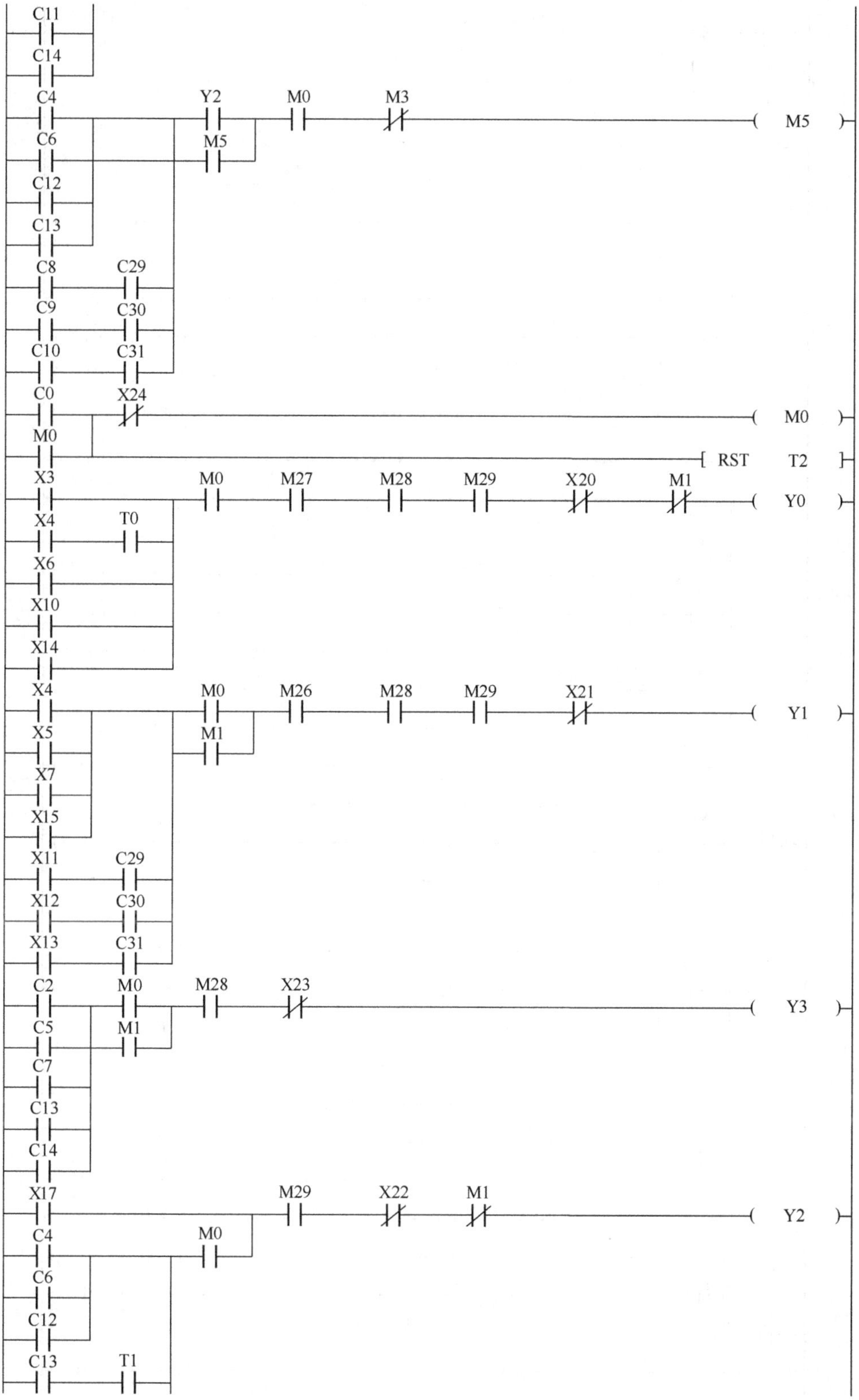

图 12-20　电镀流水线控制梯形图（续）

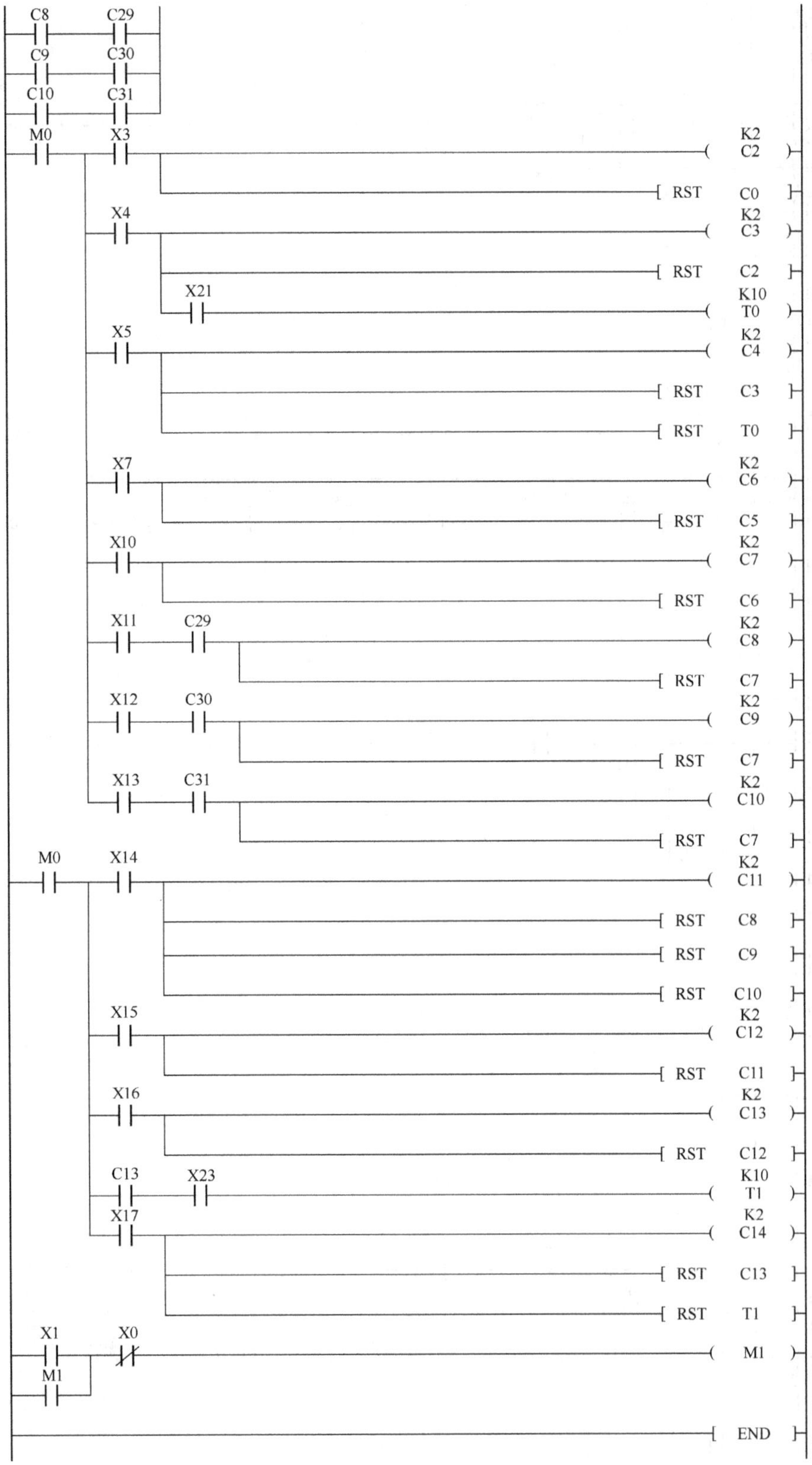

图 12-20　电镀流水线控制梯形图（续）

12.3 搅拌冷却设备控制系统

某黄酒厂搅拌冷却设备运动示意图如图 12-21 所示，冷却罐半径为 1246mm，参照机床 X-Y 工作台的运动方式设置了 0~29 共计 30 个坐标点，利用两台步进电动机分别控制 X-Y 工作台的运动，从而使搅拌冷却器按照预设的轨迹运动。

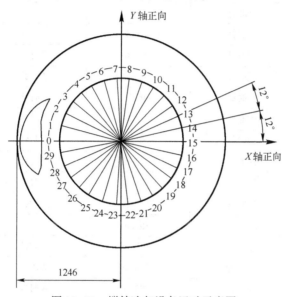

图 12-21　搅拌冷却设备运动示意图

丝杠为右旋，当电动机顺时针转动时，冷却管沿着坐标轴正向移动。因此，安装电动机时，电动机与丝杠移动的方向就是沿着坐标的正向方向。

按照增量的编程方法确定轨迹。所谓增量的编程方法，就是根据前一个点的位置来确定下一个点的位置，以此确定步进电动机旋转方向及旋转的角度。这种方式有累计误差，所以设计时每个循环回到零位时，设置有 X、Y 轴的复位开关，也就是说，最后一步是按照复位开关的位置来确定步进电动机的工作状态。由此得到步进电动机运动轨迹表，见表 12-3。

表 12-3　步进电动机运动轨迹表

序　　号	X 向步进电动机		Y 向步进电动机	
	转向	增量 ΔX/mm	转向	增量 ΔY/mm
0-1	顺时针	15.84	顺时针	150.74
1-2	顺时针	46.84	顺时针	144.15
2-3	顺时针	75.78	顺时针	131.26
3-4	顺时针	101.42	顺时针	112.64
4-5	顺时针	122.62	顺时针	89.09
5-6	顺时针	138.46	顺时针	61.65
6-7	顺时针	148.25	顺时针	31.52
7-8	顺时针	151.57	停止	0

序　号	X 向步进电动机		Y 向步进电动机	
	转向	增量 $\Delta X/\text{mm}$	转向	增量 $\Delta Y/\text{mm}$
8-9	顺时针	148.25°	逆时针	-31.52
9-10	顺时针	138.46	逆时针	-61.65
10-11	顺时针	122.62	逆时针	-89.09
11-12	顺时针	101.42	逆时针	-112.64
12-13	顺时针	75.78	逆时针	-131.26
13-14	顺时针	46.84	逆时针	-144.15
14-15	顺时针	15.84	逆时针	-150.74
15-16	逆时针	-15.84	逆时针	-150.74
16-17	逆时针	-46.84	逆时针	-144.15
17-18	逆时针	-75.78	逆时针	-131.26
18-19	逆时针	-101.42	逆时针	-112.64
19-20	逆时针	-122.62	逆时针	-89.09
20-21	逆时针	-138.46	逆时针	-61.65
21-22	逆时针	-148.25	逆时针	-31.52
22-23	逆时针	-151.57	停止	0
23-24	逆时针	-148.25	顺时针	31.52
24-25	逆时针	-138.46	顺时针	61.65
25-26	逆时针	-122.62	顺时针	89.09
26-27	逆时针	-101.42	顺时针	112.64
27-28	逆时针	-75.78	顺时针	131.26
28-29	逆时针	-46.84	顺时针	144.15
29-0	逆时针	-15.84	顺时针	150.74

运动轨迹线顺序为：0→1→2→3→4→5→6→7→8→9→10→11→12→13→14→15→16→17→18→19→20→21→22→23→24→25→26→27→28→29→0→15→15→0，依次循环。考虑到步进电动机会出现丢步的问题，在程序里对 29-0 这一步的设定值（D578、D658）大于表 12-3 中的数值，依靠零点限位控制运动步长。

丝杠的螺距为 5mm，步进电动机步距角为 0.72°，因此可以计算出步进电动机每运动一步，丝杠运动 0.01mm。步进电动机运动参数放置在数据寄存器 D520～D672 中。

考虑到实际工作中需要手动调节搅拌器的位置，特设置了 4 个按钮分别手动调整 X、Y 轴的运动。

由此得到 I/O 分配表，见表 12-4。

表 12-4　搅拌冷却设备程序 I/O 分配表

X0	起动	Y0	X 轴脉冲
X1	停止	Y1	Y 轴脉冲
X2	手动调整允许（自锁按钮）	Y2	X 轴方向（OFF 反转）

X4	手动 X 轴+	Y3	Y 轴方向（OFF 反转）
X5	手动 X 轴−		
X6	手动 Y 轴+		
X7	手动 Y 轴−		
X10	X 轴零点		
X11	Y 轴零点		

搅拌冷却设备控制程序如图 12-22~图 12-24 所示。

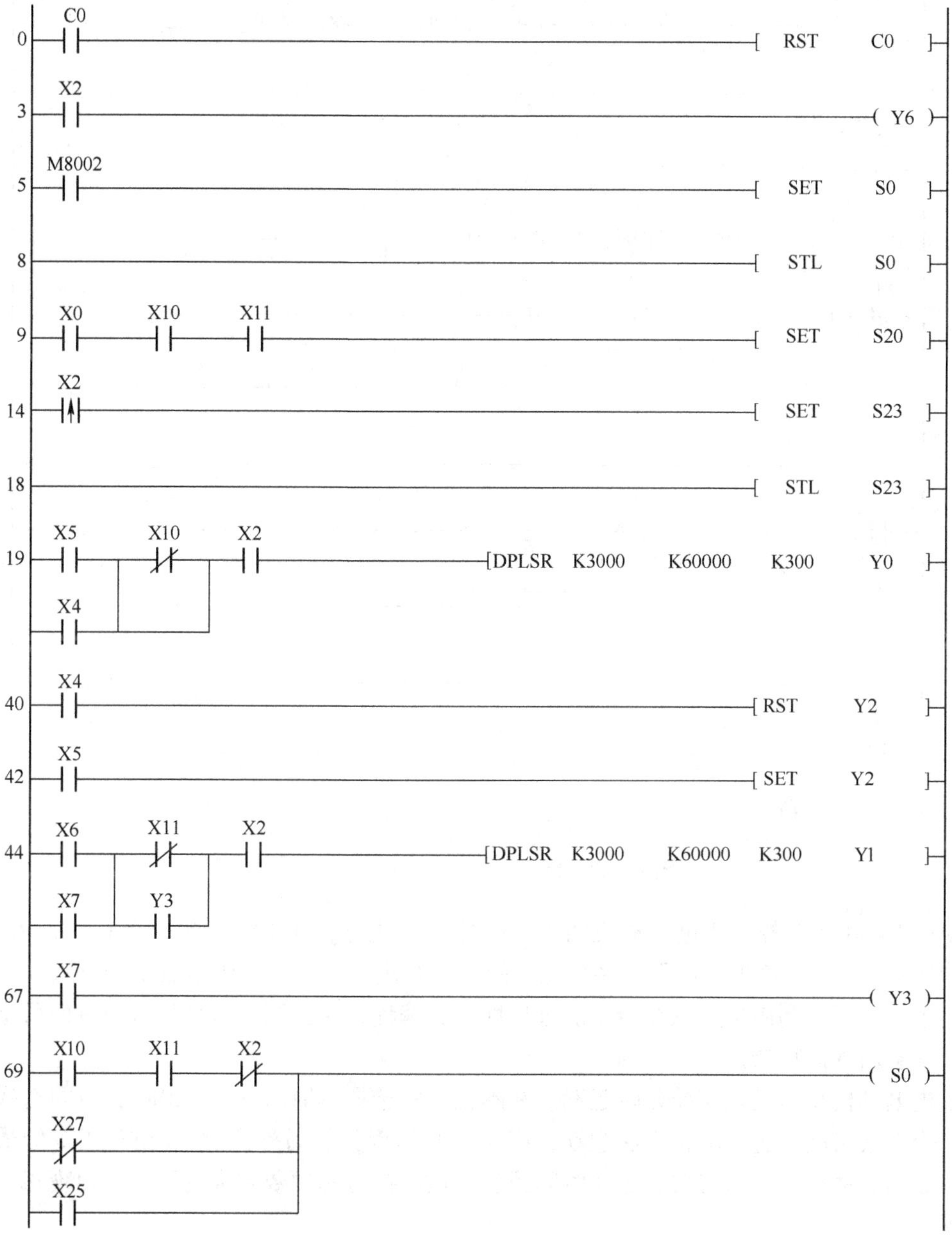

图 12-22　搅拌冷却设备控制程序（1）

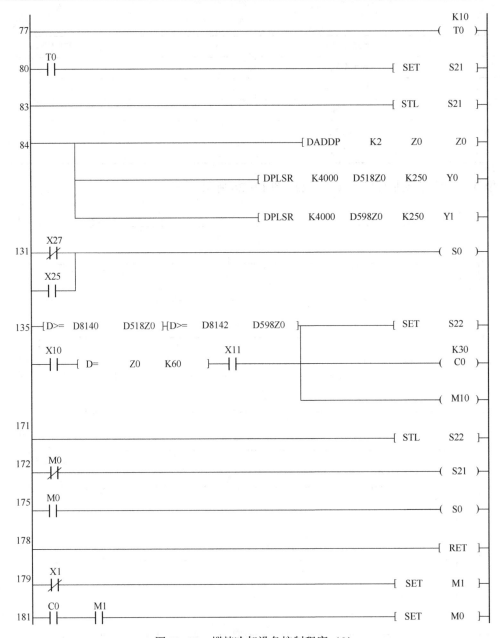

图 12-23　搅拌冷却设备控制程序（2）

　　使用 PLSR 指令控制步进电动机的工作脉冲时应注意，在 FX2N 系列 PLC 中，PLSR 指令只能针对 Y0、Y1 输出，而且最多只能有两条同时执行，而本程序中需要用到自动、手动共 4 条指令，因此利用步进顺控指令的选择性分支编程，保证同一时刻最多只有两条指令执行，否则会出现运算错误。

　　步进电动机高速起动需要延时起动，在本程序中选择延时时间为 300ms，时间选择不宜太短，否则会引起步进电动机无法起动，产生啸叫的现象。另外注意，PLSR 指令的最小执行脉冲数和起动延时时间有关，延时时间越长，最小执行脉冲数越大，否则会出现指令不输出的现象。

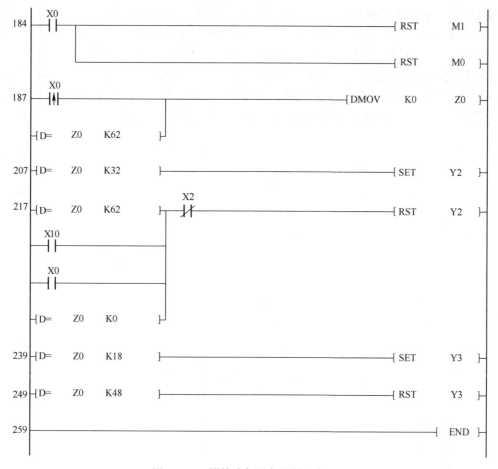

图 12-24 搅拌冷却设备控制程序（3）

步进电动机不宜应用在高频场合，一般建议运行速度低于 600rad/min，否则极易出现丢步的问题。

D8140～D8143 分别存放了两条 PLSR 指令输出的脉冲数。由于步进电动机响应速度低于 PLC 的运行速度，因此可能会出现实际工作时步进电动机多转数个脉冲的现象。

 思考与练习

（1）试设计一个送料系统控制程序。

功能要求：按下起动按钮后，给出 YS1（加工工件到位准备进入工位）信号；传送带起动。检测各工位，到工位 1 时，停 1 秒，传送带 1 起动；到工位 2 时，停 1 秒，传送带 2 起动；到工位 3 时，停 1 秒，传送带 3 起动；待料满后结束程序。

（2）试设计一个空瓶检测程序。

功能要求：按下起动按钮后，起动传送带，检测包装瓶，发现空瓶，传送带停止运转，机械手动作，拿走空瓶。

（3）试设计一个冲压控制程序。

功能要求：按下起动按钮，进料传送带电动机转动，工件到达工位 1 后进料电动机停止；进料吸盘吸住工件；进料机械手把工件送入工作台，直到工件到达工位 2 后停止；吸料盘放下工件；进料机械手退出加工台；进料机械手后退到位后，冲压模具下降，完成冲压后上升；出料机械手进入工作台；出料吸盘吸住工件；出料机械手退出加工台，直到工件到达工位 3 停止；出料吸盘放下工件；出料传送带电动机转动，运走工件；进料传送带电动机转动，运来下一个工件，直到工件到达工位 1 后停止，开始下一个循环。

第13章　过程控制工程实例

13.1　输煤系统

输煤系统是火力发电厂生产过程中一个必不可少的环节。我国以火力发电为主，大量的火力发电厂存在设备老化、运行稳定性差、故障频发等诸多问题。因此，需要更新设备，改造系统，减少故障，提高系统的安全可靠性，以应对日益紧张的电力供应局面。本节利用三菱公司的 FX 系列 PLC 对原有输煤系统进行改造，改造后的系统提高了安全可靠性，增强了事件追忆能力，改善了计量精度，减少了煤的浪费。

13.1.1　系统需求分析

输煤系统的主要功能就是根据发电功率的要求来调整燃烧所需要的煤量。输煤系统主要由电动机和传送带组成，从煤仓振动筛落至传送带上的煤通过传送带输送至下一环节，再至炉中。系统关键之处在于准确地测量出单位时间的给煤量，从而判断是否需要进行调整。

输煤系统原理图如图 13-1 所示。系统将两路称重传感器测得的重量信号转化为实际煤量，通过比较两路重量信号大小判断称重传感器是否失效，如果未失效，实际重量即两路之和；如果失效，则报警，此时实际重量等于密度与容积之积，为经验值。实际重量与传送带速度的乘积即实际给煤率，然后根据请求给煤率和实际给煤率的偏差，采用常规 PID 控制调节输煤系统电动机转速，并粗调振动筛振动速度，实现系统给煤量的调节，也实现了发电功率的调节。

给煤机控制系统主要由 PLC、GOT、变频器、重量检测机构、给煤机电动机、转速检测机构及各种执行机构等组成，其组成结构图如图 13-2 所示。

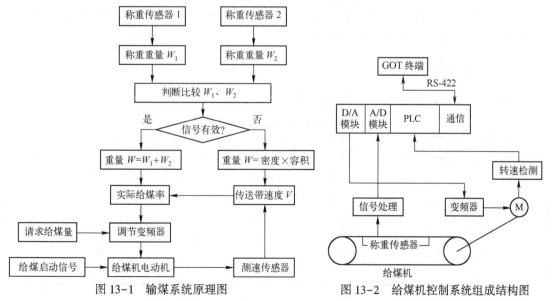

图 13-1　输煤系统原理图　　　　　　图 13-2　给煤机控制系统组成结构图

系统的工作方式有以下 3 种：

【流量 PID 调节方式】 根据请求给煤量与实际给煤量的偏差进行 PID 调节。

【速度 PID 调节方式】 根据设定速度与实际测量速度的偏差进行 PID 调节。该方式作为校验系统转速变频控制功能是否正常的一种方式。

【校验方式】 在触摸屏或控制板上按"停止"按钮，给煤机停止工作，在此方式下进行皮带秤的校验工作。检验分为静态校验和动态校验两种。动态校验时，传送带以低速恒速运转。

13.1.2　系统硬件设计

给煤机的流量 PID 调节方式是根据实际给煤量和请求给煤量的偏差进行 PID 调节的。实际给煤量的计算精度将直接影响到给煤机控制系统的调节精度，系统称重传感器的称重有效范围是两托辊之间的距离 100cm，如果不加处理就进行累加，必然会出现重复累加。所以必须先把 100cm 长度内的质量转化为单位长度的质量，然后再乘以实际传送带速度，即得到实际给煤率（kg/min），再与请求给煤率相减进行 PID 调节。

其中存在的问题是，称重传感器测得的信号要经过变换成 4～20mA 的标准电流信号，才能被模拟量输入模块 FX2N-4AD 所接受并进行 A/D 转换，这就存在两个量程变换问题，一个是称重量 0～150kg 变换为 4～20mA 电流，另一个是 4～20mA 电流转化为 0～1000 的数字值。由于 4～20mA 是个中间量，所以这个过程可以看作一个量程变换，并且作为线性关系来处理，即 0～150kg 转化为 0～1000 的数字值，可见分辨率为 0.15kg，两个称重传感器型号相同，采用相同的线性变换，所以其数值可以直接相加。

PLC 和变频器均有 PID 调节功能，通过上述说明可以看出，在进行 PID 调节前，还要经过一系列的数值处理，如两个称重传感器要进行称重比较，以便判断传感器失效与否，还要进行数值相加、量程变换等；速度传感器也有脉冲与转速的变换问题，特别是电动机与牵引滚筒之间加了减速器后更要进行换算，并且这两个量（质量和速度）还要进行相乘，以便得到实际给煤率。所有这些前期的准备运算是变频器所不能完成的。另外，本系统有两种 PID 调节模式，即流量 PID 调节和速度 PID 调节。前者需要称重测量信号和速度测量信号，而后者只需要速度测量信号，且两者的参数不同，这一点也是变频器的 PID 调节功能无法实现的，所以本系统采用 PLC 的 PID 功能。

1. PID 参数的确定

PID 采用自整定模式，其参数设置见表 13-1。

表 13-1　PID 参数表

参　　数		触摸屏设置
采样时间	S3	2000ms
输入滤波	S3+2	70%
微分增益	S3+5	0%
输出值上限	S3+22	4000
输出值下限	S3+23	0
	S1	现场设置

在本设计中：将流量 PID 调节参数中的 S3 设为 D210，目标值 S1 是 D200；将速度 PID 调节参数中的 S3 设为 D250，目标值 S1 是 D300；将输出数据寄存器（D）均设为 D50。由于程序采用模块化结构，PID 指令在子程序中使用，所以在使用前，应先使用 MOV 指令给 S3+7 寄存器单元清零。

2. 称重传感器

称重传感器采用蚌埠金诺传感器仪表厂的 JHBL—I 型悬臂式系列荷重传感器。该传感器采用箔式应变片（贴在合金钢制作的弹性体上），具有精度高、密封好的特点，可用于电子皮带秤、计算机配料系统等。该厂生产的 QBS—10 型变送器输出形式有 0~5V、0~10V、4~20mA、0~10mA 等。其技术参数见表 13-2。

表 13-2　称重传感器技术参数

参　　数	取　　值
量程/kg	5、10、20、30、50、100、200、500
灵敏度/(mV/V)	2±0.1
综合精度（线性、滞后、重复性）	±0.02%FS
蠕变	±0.05%FS /30min
零点温度系数	±0.02%FS/10℃
输出温度系数	±0.02%FS/10℃
输入阻抗/Ω	385±10
绝缘电阻/MΩ	≥5000
供电电压	10V DC
工作温度范围/℃	−20~+70
允许过负荷	150%FS
密封等级	IP67

选用的称重传感器量程是 100kg，变送器输出为 4~20mA 电流。

3. 转速传感器

转速传感器利用钢铁材料（或其他导磁材料）制作的齿轮转动产生磁通量的变化，通过固态磁性传感元件获得信号，进而测量齿轮的转动，其特点如下所述。

　☺ 分辨率高，频响宽，可靠性高；

　☺ 内置放大整形电路，输出为幅度稳定的方波信号，能实现远距离传输；

　☺ 测量转速范围宽（0.3Hz~10kHz），优于霍尔传感器；

　☺ 测量间距大（0.2~2.5mm）；抗振性能强。

本系统采用的是深圳商斯达实业公司的 S20 型齿轮转速传感器，其技术参数见表 13-3。

表 13-3　S20 型齿轮转速传感器技术参数

参　数	取　值	参　数	取　值
供电电压	+5V、+12V、+24V	使用温度/℃	−40~+150（军品） −20~+80（民品）
输出信号	高电平：≥4V（供电电压+5V）；≥10V（供电电压+12V）；≥10V（供电电压+24V）； 低电平：<0.3V，方波	响应频率	0.3Hz~10kHz 转速（r/min）= 60×频率

续表

参　数	取　值	参　数	取　值
分辨膜数	>0.5	使用湿度	<95%RH
输出电流	<30mA	保护形式	有限性和短路保护
触发形式	钢铁齿轮，或其他软磁材料	绝缘电阻	>50MΩ
输出方式	NPN	外壳材料	金属镀镍
应用距离	0.2~2.5mm		

4. 电源部分

系统中的齿轮脉冲传感器采用 24V 电源，可以借用 PLC 上的 24V 电源，而称重传感器采用 10V 的工作电压，所以要制作一个 10V 直流电源，如图 13-3 所示。

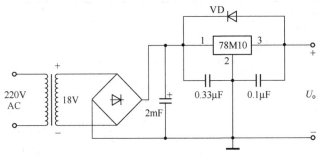

图 13-3　电源电路原理图

三端整流稳压器 78M10 的最大输出电流是 500mA，完全能满足要求。图 13-3 中的二极管 VD 的作用是为了保护 78M10 的输出极，防止在输入端断电后容性负载向输出端放电。两个小电容起滤波作用，改善输出电压的波纹特性。

5. PLC 选择

本系统选用三菱 FX2N-16MR-001 基本模块（I/O 点数均为 8 点，继电器输出方式），外加 FX2N-2DA（12 位 2 通道，电压输出：0~10V 或 0~5V，电流输出：+4~20mA）模拟量输出模块，FX2N-4AD 模拟量输入模块（12 位 4 通道，电压输入：直流±10V；电流输入：直流-20~+20mA 或 4~20mA）。变频器采用三菱 FR-E540-5.5k-CH，其输入电压为三相 380~415V、50/60Hz，允许频率变动范围为 5%，输出电压为 380V、50/60Hz，额定容量为 9.1kVA，额定电流为 12A。额定过载电流为 150%/60s，200%/0.5s。要求电源设备功率为 12kVA 以上。该变频器采用强制风冷方式。

本系统采用一台变频器带动两台电动机，一台为传送带牵引电动机，另一台为振动筛用电动机。传送带牵引电动机采用六极三相异步电动机，功率是 3kW，额定转速是 960r/min，通过两级减速将转矩传给牵引滚筒，减速器的总传动比为 15。振动筛电动机采用四极三相异步电动机，额定功率为 2.2kW，额定转速是 1420r/min，通过减速器的变速，实现振动落煤量的粗调，调节传送带的速度约为 30m/min，此时变频器输出频率约为 35Hz。

6. PLC I/O 口分配表

PLC I/O 口分配表见表 13-4。

表 13-4　系统 I/O 口分配表

输　入　点		输　出　点	
X0	测速传感器输出端	Y0	变频器的起动信号 STF
X1	外部停止按钮	Y1	振动筛电动机接触器 KM1
X2	传送带电动机的热继电器 FR1	Y2	传送带电动机过载报警灯 HL1
X3	振动筛电动机的热继电器 FR2	Y3	振动筛电动机过载报警灯 HL2
		Y4	其他报警灯 HL3

因为本系统采用一台变频器控制两台电动机，所以变频器的过电流保护功能不能起到应有的作用，要另加热继电器来保护电动机及变频器。另外，也因为上述原因，当选择不同的工作方式时会出现问题，如动态校验模式时，不能落煤，即振动筛电动机不转，只有传送带电动机以恒低速度运转，这就要求加入一个接触器（KM1）来切断变频器与振动筛电动机间的主电路。考虑到切换时的电弧和某种原因造成的振荡，引起高电压或漏电流而损坏变频器，在程序中可以通过设置延时来加以避免。

7. PLC 的内部数据寄存器和部分辅助继电器的分配

PLC 的内部数据寄存器和部分辅助继电器的分配表见表 13-5。

表 13-5　PLC 的内部数据寄存器和部分辅助继电器的分配表

寄存器编号	功　能	寄存器编号	功　能	寄存器编号	功　能
D10	存储计数脉冲	D25	总质量（kg）	D2	重叠画面序号 2
D11	当前值	D26		D3	存储画面序号
D12	剩余时间	D27	kg/cm	D4	存储 D3 画面序号
D13		D28		D5	存储重叠画面序号
D14	P/min（脉冲/分钟）	D29	kg/min	D6	数据文件指定
D15		D30	kg/min（整）	D7	完成部件的 ID 号
D16	r/min	D40	cm/min（整）		
D17		D50	PID 输出值		
D18	cm/min	D200	流量 PID 目标值		
D20	称重信号 1	D300	速度 PID 目标值		
D21	称重信号 2	D210~D235	流量 PID 参数		
D22	两个质量之差值	D250~D275	速度 PID 参数		
D23	两个质量之和值	D0	当前显示画面序号		
D24	总质量（kg）	D1	重叠画面序号 1		

另外应注意，GOT 控制元素中的位元素占用 PLC 的辅助继电器（M）的 7 个点。默认初始设置为 M0~M6，所以在程序中要避免使用这 7 个点。这 7 个点的功能见表 13-6。

表 13-6　M0~M6 功能说明

辅助继电器	控　制　内　容
M0	位元素 OFF→ON 后，清除报警记录
M1	报警记录分配的元素置 ON 时置 ON
M2	指定时间到后 ON，显示画面的背景灯熄灭

续表

辅助继电器	控 制 内 容
M3	位元素 OFF→ON 后，清除采样状态下采样的数据
M4	在采样状态下采样时置 ON
M5	作为数据设定完成的标志置 ON
M6	GOT 电池电量不足时置 ON

8. 变频器设置

变频器参数设置见表 13-7。

表 13-7　变频器参数设置

参 数 号	设 定 值	设 置 说 明
Pr. 1	50	输出最高频率为 50Hz
Pr. 2	0	输出频率的下限为 0Hz
Pr. 7	3s	加速时间为 3s
Pr. 8	3s	减速时间为 3s
Pr. 9	12A	定子过电流保护为 12A
Pr. 38	50	频率设定电压增益频率为 50Hz（输入 10V 时频率为 50Hz）
Pr. 73	1	频率设定为 0~10V
Pr. 78	1	反转禁止
Pr. 79	2	外部操作模式

　　其余参数均保持出厂设置，输入信号也保持为漏型逻辑。PLC 与变频器接线原理图如图 13-4 所示。

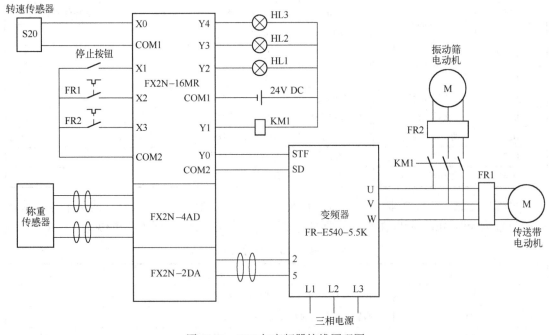

图 13-4　PLC 与变频器接线原理图

13.1.3　系统软件设计

给煤机控制方式有流量 PID 调节、转速 PID 调节、给煤机皮带秤校验等 3 种方式。根据生产工艺要求，考虑到操作便利度及安全可靠性，系统软件采用模块化程序设计，程序设计流程图如图 13-5 所示。

开始
系统初始化
方式 1
工作方式选择
方式 2
停止
流量 PID 调节
校验否?
否
转速 PID 调节
是
校验
结束

图 13-5　程序设计流程图

1. 特殊模块程序

特殊模块程序如图 13-6 所示。开机后先进行特殊模块的识别，FX2N-4AD 的识别码是 2010。如果出错，则程序停止执行，并且报警灯 HL3 亮，触摸屏弹出报警画面 7，画面中显示“AD 模块识别错误!!!”信息。如果识别正常，则设置 A/D 模块的通道模式及采样平均次数。H3311 说明通道 1 和 2 输入模式为 4~20mA 电流输入；通道 3 和 4 关闭，采样 4 次取平均数。程序中的 M204 用于触摸屏的报警输出显示。

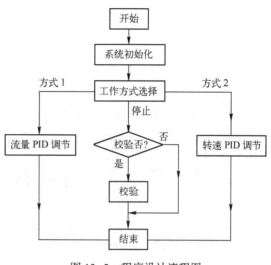

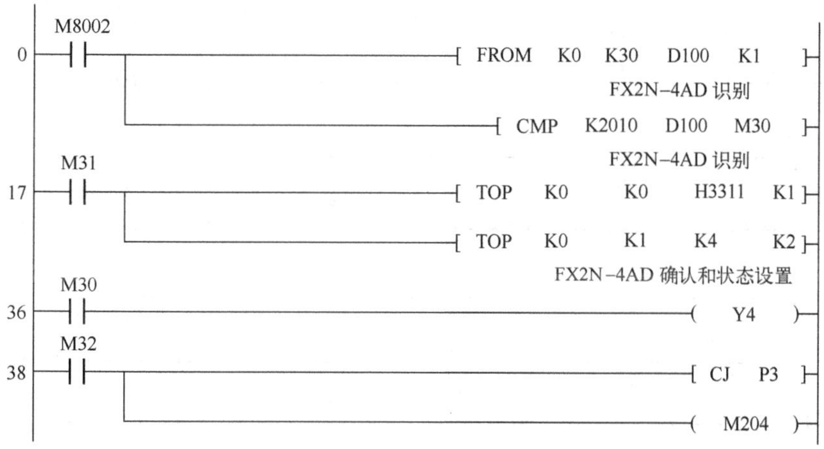

M8002
0
FROM　K0　K30　D100　K1
FX2N-4AD 识别
CMP　K2010　D100　M30
FX2N-4AD 识别
M31
17
TOP　K0　K0　H3311　K1
TOP　K0　K1　K4　K2
FX2N-4AD 确认和状态设置
M30
36
Y4
M32
38
CJ　P3
M204

图 13-6　特殊模块程序

2. 主程序

用 SPD 指令计转速脉冲数，通过计算得到传送带的线速度（牵引滚筒的直径是 20cm，减速器高低两级齿数比分别是 77/22，81/18，转速传感器安装在高速级的大齿轮上方）。最终的线速度值放到 D19 中暂存。

程序采用模块化设计，分为主程序和 3 个子程序，程序指针分别为 P0、P1 和 P2。调用程序的触摸键分别是 M10、M11 和 M12。另外，急停按键也可以调用校验子程序（见程序步 105~112）。子程序调用完毕后，用 SRET 指令返回主程序，如果 X2、X3、M200、M201 置 1，则有对应的报警灯点亮，触摸屏显示报警信息，其中 M202、M203 用于触摸屏报警显示。主程序如图 13-7 所示。

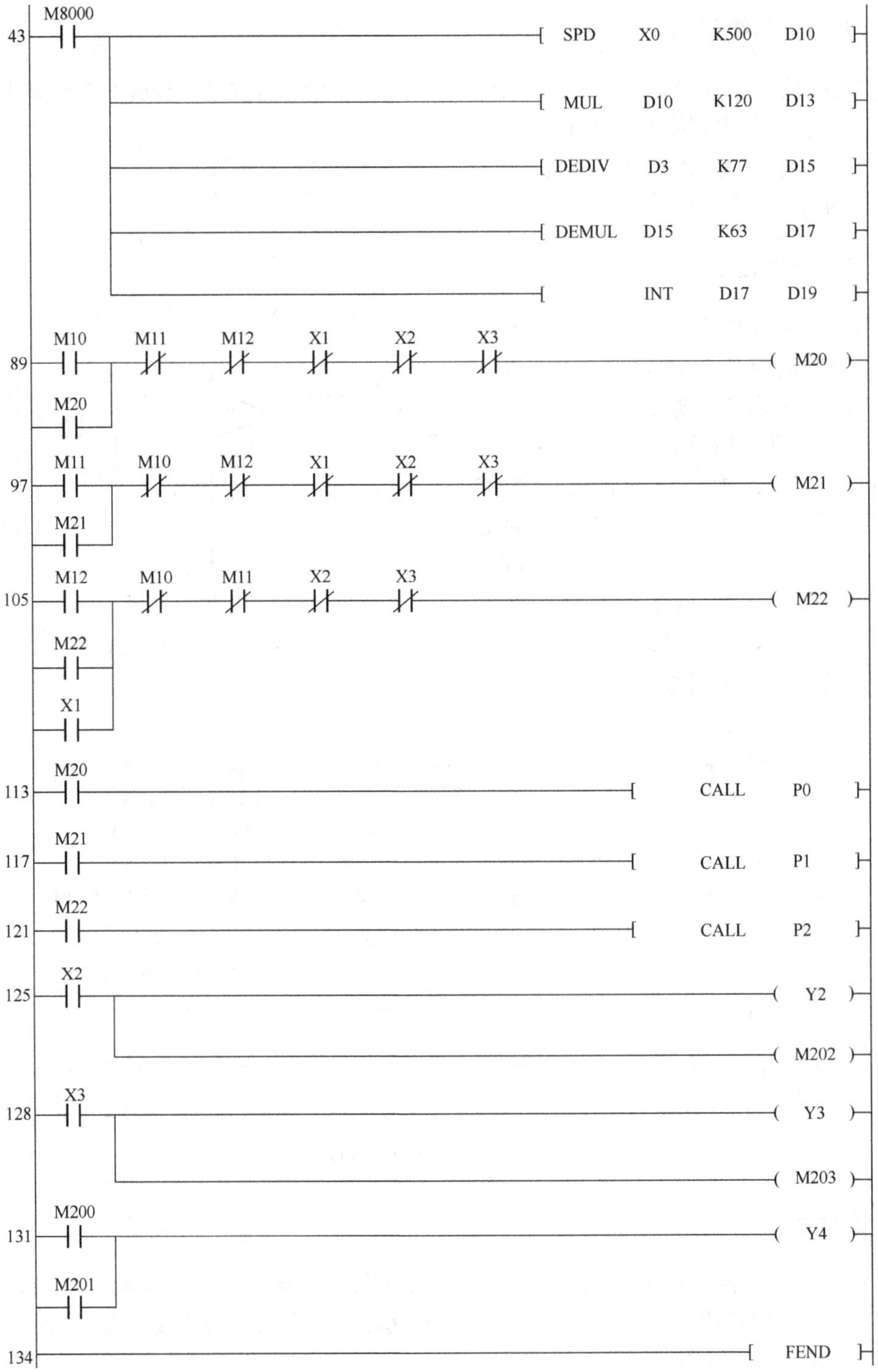

图 13-7　主程序

3. 调用流量 PID 模式程序

流量 PID 调节子程序指针为 P0。因为称重传感器的失效与否是通过两个传感器数值的比较来判断的，即如果两传感器称重数值相差较大，说明有一个失效。为了避免在开机运行之初，由于落煤不均匀（偏重于一边）造成两个称重传感器的数值相差很大，导致 PLC 误判称重传感器失效。所以在运行刚开始时有 5s 的延时，在 5s 内，变频器以约 5Hz 的频率输出，传送带电动机和振动筛电动机均以低速运转，5s 后，才取两个称重传感器的数值。在程序中设置为两数相差 100（量程的 1/10＝10kg）以上时，就认为传感器失效。此时，如果实际情况不允许停机检修，则要用经验值来估算质量。由于本实例采用一个变频器控制两台电动机，落煤仓采用振动筛振动落煤方式，所以振动频率的高低会对落煤量有较大影响（虽然不是线性关系），程序中采用了与振动频率有关的估算值，共分 6 个范围。在实际应用中可以根据经验来设置，并且分类越细，越接近实际值。如果称重传感器工作正常，则实际煤重为两称重传感器检测结果之和，再与传送带线速度相乘，即可得到每分钟的给煤量。此给煤率与设定值进行比较，通过 PID 运算处理输出一个数值到 D/A 模块，转化为 0～10V 的模拟量，给变频器频率设定端子 2 和 5，实现自动跟踪调节。注意，PID 参数的输入要在使用 PID 功能前完成，程序中使用了 D210～D234 共 25 个数据寄存器。其中指令 MOV H30 D211 是将参数中的 S3+1 的第 4 位设定为 1（自整定开始），第 5 位设定为 1（输出上下限设定有效）。程序中的 D51 也是为了触摸屏的显示之用，触摸屏用一个数值显示元件读取 D51 的数值来显示此时变频器的输出频率。调用流量 PID 模式程序如图 13-8 所示。

4. 速度 PID 调节子程序

速度 PID 调节子程序的指针号是 P1。这种 PID 功能只是为了校验变频器的转速控制功能，不需要称重信号，不需要落煤。所以在此工作模式下，必须切断振动筛电动机的电源。并且系统的响应特性也会发生改变，PID 参数要另外设置，程序中使用了 D250～D274 共 25 个数据寄存器来放置参数。指令 MOV H30 D251 的功能同上面的 MOV H30 D211。PID 输出寄存器仍然使用了 D50 和 D51。在此模式下，触摸屏显示画面 3 "速度监控"，在画面中触摸键可以设定速度，PLC 根据设定速度值与实际测量的速度值之差，通过 PID 处理输出到 D50 中，并将 D50 的数值送到模拟量输出模块，转化为 0～10V 的模拟量，给变频器频率设定端子 2 和 5，实现速度的自动跟踪调节。

两个 PID 调节的目标值都是存放在断电保持数据寄存器中（D200 和 D300）。参数的设定也存放在断电保持数据寄存器中（D200 及以后的数据寄存器均为断电保持型的）。速度 PID 调节程序如图 13-9 所示。

5. 校验模式子程序

校验模式子程序的指针号是 P2。在此工作状态下，用户可以选择两种校验模式，即静态校验和动态校验，也可以选择不校验而直接停机。这种选择是通过触摸屏上的 3 个触摸键（即对应程序中的 M40、M41、M42）来完成的。

当按下触摸键 3（M40）时，程序直接跳转到子程序结束，画面也相应切换到画面 1，并且在画面 1 中显示 "现在处于停止状态"。静态校验是在传送带不动的情况下，用标准挂码来校验称重传感器的准确度。动态校验是在传送带电动机以恒低速运转时，用链码来模拟煤的输送，通过程序的运算和触摸屏的显示，来调节和校准传送带的送煤精度。链码是通过专用装置进行收/发的。

```
135  M20                                                      K50
P0   ┤├─────────────────────────────────────────────────( T0  )
     │                                                    ( Y0  )
     │                                                    ( Y1  )
     │   T0
     │   ┤/├──────────────────────────────[ MOV   K400   D50   ]
     │                                     [ DIV   D50    K80   D51 ]
     │                                     [ MOV   D50    K4M100 ]
     │                         [ TO   K1   K16   K2M100   K1 ]
     │                         [ TO   K1   K17   H4       K1 ]
     │                         [ TO   K1   K17   H0       K1 ]
     │                         [ TO   K1   K16   K1M108   K1 ]
     │                         [ TO   K1   K17   H2       K1 ]
     │                         [ TO   K1   K17   H0       K1 ]
215  T0
     ┤├──────────────────────[ FROM   K0   K29   K4M120   K1 ]
225  M120  M130
     ┤├────┤├─────────────────────────────────────────────( M200 )
228  M200
     ┤/├──────────────────────[ FROM   K0   K5   D20   K2 ]
     │                         [ SUB    D20   D21   D22 ]
     │   [ >  D22  K100 ]──────────────────────────────( M201 )
     │   [ >  D22  K-100 ]
263  M201
     ┤├──[<= D100  K4400 ]─[ > D100  K10   ]─[ MOV  K100   D23 ]
     │   [<= D10   K4400 ]─[ > D10   K4400 ]─[ MOV  K250   D23 ]
     │   [<= D10   K13200]─[ > D10   K8800 ]─[ MOV  K500   D23 ]
     │   [<= D10   K17600]─[ > D10   K13200]─[ MOV  K1000  D23 ]
     │   [<= D10   K19800]─[ > D10   K17600]─[ MOV  K1400  D23 ]
     │   [<= D10   K22000]─[ > D10   K19800]─[ MOV  K1750  D23 ]
360  M201
     ┤/├──────────────────────[ ADD    D20   D21   D23 ]
368  M200
     ┤/├──────────────────────[ DIV    D23   K10   D24 ]
     │                         [ DEMUL  D24   D17   D26 ]
     │                         [ DEDIV  D26   K100  D28 ]
     │                         [ INT    D28   D30 ]
     │   T0
     │   ┤├────────────────────[ MOVP   K2000  D210 ]
     │                         [ MOVP   H30    D211 ]
     │                         [ MOVP   K0     D215 ]
     │                         [ MOVP   K0     D217 ]
     │                         [ MOVP   K4000  D232 ]
     │                         [ MOVP   K0     D233 ]
443  ─────────────────────────────────────────────[ SRET ]
```

图 13-8 调节流量 PID 模式程序

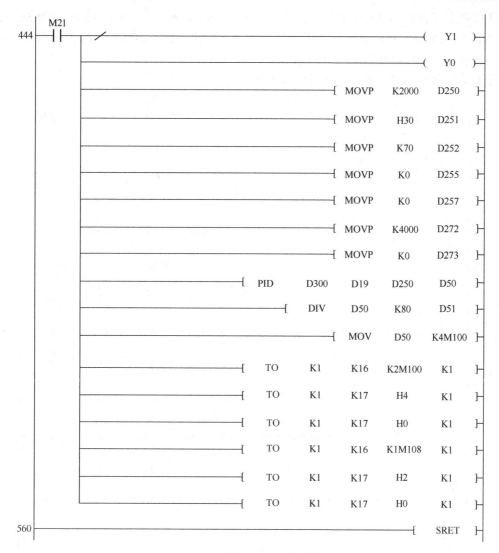

图 13-9　速度 PID 调节子程序

送煤精度主要由称量精度、速度控制精度和运算精度来决定。称量精度的校准是通过静态校验来完成的，主要调节称重传感器及模拟量输入模块的通道增益和偏移；速度控制精度的校准是由速度 PID 调节模式来完成的，过程中需要调节模拟量输出模块的通道增益和偏移，以及变频器的参数 Pr.902（频率设定电压偏移）和 Pr.903（频率设定电压增益）；而运算精度则主要由前面所介绍的累加方法和数值的保留精度来保证。

为什么电动机要以低速运转来校验呢？这是基于传送带速度越低时，传送带秤的称量过程越接近于静态；传送带速度低，传送带张力比较小，而传送带张力是称重过程的主要干扰因素，干扰因而减少；传送带速度低，同样输送量情况下物料层厚度加大，则单位长度传送带上的负荷（kg/m）增加，因为加在秤架上的称重托辊及传送带的一部分重量是固定的，所以传送带秤称重过程中负荷与总重比值增大。

程序中的 MOV K5 D0 和 MOV K6 D0 的作用是保证在静态校验或动态校验时将相应画面显示出来。

为了减少程序步数，该子程序采用了分支汇总的编程模式，模拟量 I/O 模块的读取和写入均安排在静态校验和动态校验指令后进行。程序中的 D44～D47 与流量 PID 调节模式中的 D24～D28 的功能是一样的，都用于暂存数据的处理结果。D51 的功能也同上，用于触摸屏显示。校验模式子程序如图 13-10 所示。

由此可以得到完整的程序。触摸屏程序略。

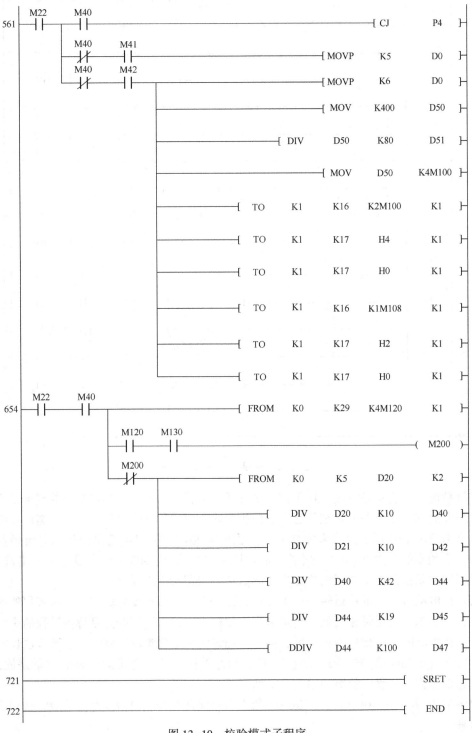

图 13-10　校验模式子程序

13.2 滚砂机控制系统

在铸造生产过程中，高温铁水注入砂型后，经过一定时间的冷却，随后的工序便是落砂清理。中型及大型铸件多用落砂机进行落砂，其动力源多是交流电动机。交流电动机带负载起动性能不好，而滚砂机设备是一台要求满负载起动的设备。随着现代高科技的发展，交流电动机的调速控制很容易用变频调速控制来实现。

13.2.1 系统需求分析

本系统控制的重点是变频加速起动与市电运行的切换控制系统。滚砂机采用变频调速设备，起动要求从零平稳加速到额定转速的时间约为 30s，然后在额定转速下持续旋转 1200s 后停止，等待下一次起动。考虑到铸造工作的生产周期，变频加速器只有很短的时间在工作，而其他时间闲置，一台电动机用一台变频器来控制太浪费。可以进一步优化控制系统，集中管理，利用 PLC 编程来实现一台变频器轮流切换负责 10 台设备的起动工作，使系统经济、可靠。

利用变频器的自身信号控制实现起动时，从 0Hz 开始，用一段时间加速到 50Hz。当频率到达 50Hz 并延时一段时间后，再将该电动机改接在市电供电电源上。变频器停止对此电动机的控制，等待下一个用户。变频器的切换、10 台设备的等待排序等功能用 PLC 来实现，所以可以节约能源。

13.2.2 系统硬件设计

1. 电动机的选择

由于滚砂机的工作环境非常恶劣，而且需要采用变频调速控制，根据实际情况，选用结构简单、性能可靠的三相笼型异步电动机。

一般情况下，电动机的同步转速越高，磁极对数越少，外轮廓尺寸越小，价格越低。当工作机转速高时，选用高速电动机比较经济，但若工作机转速较低也选用高速电动机，则这时总传动比增大，会导致传动装置的结构复杂，造价也高。所以在确定电动机转速时，应全面分析，权衡选用。在本实例中，根据滚砂机的需求，再考虑到所要清理的铸件的机械性能等要求，同步速选择为 1500r/min，功率选择为 55kW。

2. 变频器选择

滚砂机系统的特点是惯性大，起动困难，要求变频加速，从 0Hz 加速到 50Hz 停止，采用基频以下调速，属于恒转矩调速。

在选择变频器时，一定要考虑变频器所控制的电动机的负载特性。鉴于恒转矩要求，选择变频器有两种情况：一是采用普通功能型变频器，为实现恒转矩调速，常采用加大电动机和变频器容量的办法，以提高低速转矩；二是采用具有转矩控制功能的高功能型变频器，以实现恒转矩负载下的调速运行。第二种方式变频器低速转矩大，静态机械特性硬度大，不怕冲击负载。但从性价比的角度来看，第一种方式更经济，本实例选择第一种调速方式，选用三菱 A-540 变频器。

3. PLC 选择

根据系统工作原理，得到 PLC I/O 分配表，见表 13-8。

表 13-8　滚砂机控制系统 PLC I/O 分配表

输　入　端		输　出　端	
停止按钮 SB11	X0	滚砂机 1 起动	Y1
起动按钮 SB12	X1	滚砂机 1 运行	Y2
停止按钮 SB21	X2	滚砂机 2 起动	Y3
起动按钮 SB22	X3	滚砂机 2 运行	Y4
停止按钮 SB31	X4	滚砂机 3 起动	Y5
起动按钮 SB32	X5	滚砂机 3 运行	Y6
停止按钮 SB41	X6	滚砂机 4 起动	Y7
起动按钮 SB42	X7	滚砂机 4 运行	Y10
停止按钮 SB51	X10	滚砂机 5 起动	Y11
起动按钮 SB52	X11	滚砂机 5 运行	Y12
停止按钮 SB61	X12	滚砂机 6 起动	Y13
起动按钮 SB62	X13	滚砂机 6 运行	Y14
停止按钮 SB71	X14	滚砂机 7 起动	Y15
起动按钮 SB72	X15	滚砂机 7 运行	Y16
停止按钮 SB81	X16	滚砂机 8 起动	Y17
起动按钮 SB82	X17	滚砂机 8 运行	Y20
停止按钮 SB91	X20	滚砂机 9 起动	Y21
起动按钮 SB92	X21	滚砂机 9 运行	Y22
停止按钮 SBA1	X22	滚砂机 10 起动	Y23
起动按钮 SBA2	X23	滚砂机 10 运行	Y24
急停按钮 SB0	X24	正转运行	Y0
按钮 SB2	X25		
变频器 RUN	X26		
变频器 SU	X27		

输入端 X1 为第一台滚砂机要求升速起动的信号，X0 为第一台滚砂机的停止信号；依此类推，X3、X5、X7、X11、X13、X15、X17、X21、X23 分别为第 2~10 台滚砂机要求升速起动的信号；X2、X4、X6、X10、X12、X14、X16、X20、X22 分别为第 2~10 台滚砂机的停止信号；当变频器输出频率为起动频率以上时，变频器的 RUN 端子有信号输出，因此 X24 为变频器正在使用的信号。

变频器 SU 端子是变频器的输出信号，其输出条件是输出频率达到设定频率的 10% 时，有信号输出。将设定频率定为 50Hz，利用 X25 信号作为变频升速起动与市电全速运行的切换信号。

输出端 Y0 接到变频器的正转起动信号输入端 STF,因此 Y0 作为变频器的正转输出的控制信号;Y1、Y3、Y5、Y7、Y11、Y13、Y15、Y17、Y21、Y23 分别接交流接触器 KM1A~KM10A,而交流接触器 KM1A~KM10A 控制的是电动机与变频器的接通与分断,因此 PLC 输出点 Y1、Y3、Y5、Y7、Y11、Y13、Y15、Y17、Y21、Y23 为变频升速起动的控制,Y 端子有输出,升速起动开始;Y 端子无输出,升速起动停止。同理,Y2、Y4、Y6、Y10、Y12、Y14、Y16、Y20、Y22、Y24 为市电全速运行的控制。

由此可以得到 PLC 接线原理图,如图 13-11 所示。

图 13-11 PLC 接线原理图

13.2.3 系统软件设计

设计要求是,实现交流电动机的变频器驱动,在一定时间内其转速从零平稳加速到额定转速,然后自动切断变频器,交流电动机切换到市电运行。软件设计注意事项如下所述。

1. 变频器的输出端不能接入市电

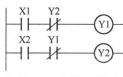

图 13-12 注意事项 (1)

这就要求 Y1 与 Y2、Y3 与 Y4、Y5 与 Y6、Y7 与 Y10、Y11 与 Y12、Y13 与 Y14、Y15 与 Y16、Y17 与 Y20、Y21 与 Y22、Y23 与 Y24 不能同时有输出,它们之间必须有电气互锁。这可以在梯形图中串入对方的常闭触点来实现,如图 13-12 所示。

2. 顺序动作

先接变频器的输出,等加速完毕后切断,才能接市电。梯形图中应顺序起动,但不能同时动作,需要辅助继电器 M 来实现,M 只保持一个周期,如图 13-13 所示。

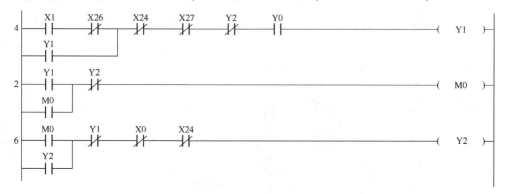

图 13-13 注意事项 (2)

完整的滚砂机控制梯形图如图 13-14 所示。

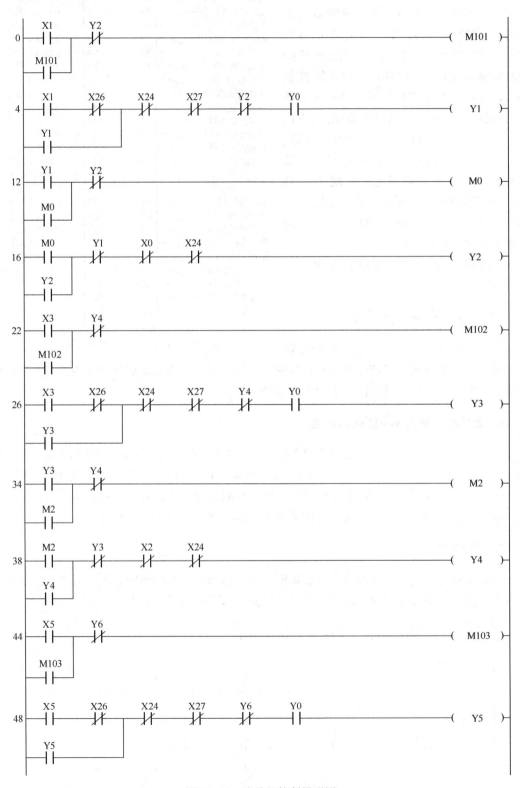

图 13-14　滚砂机控制梯形图

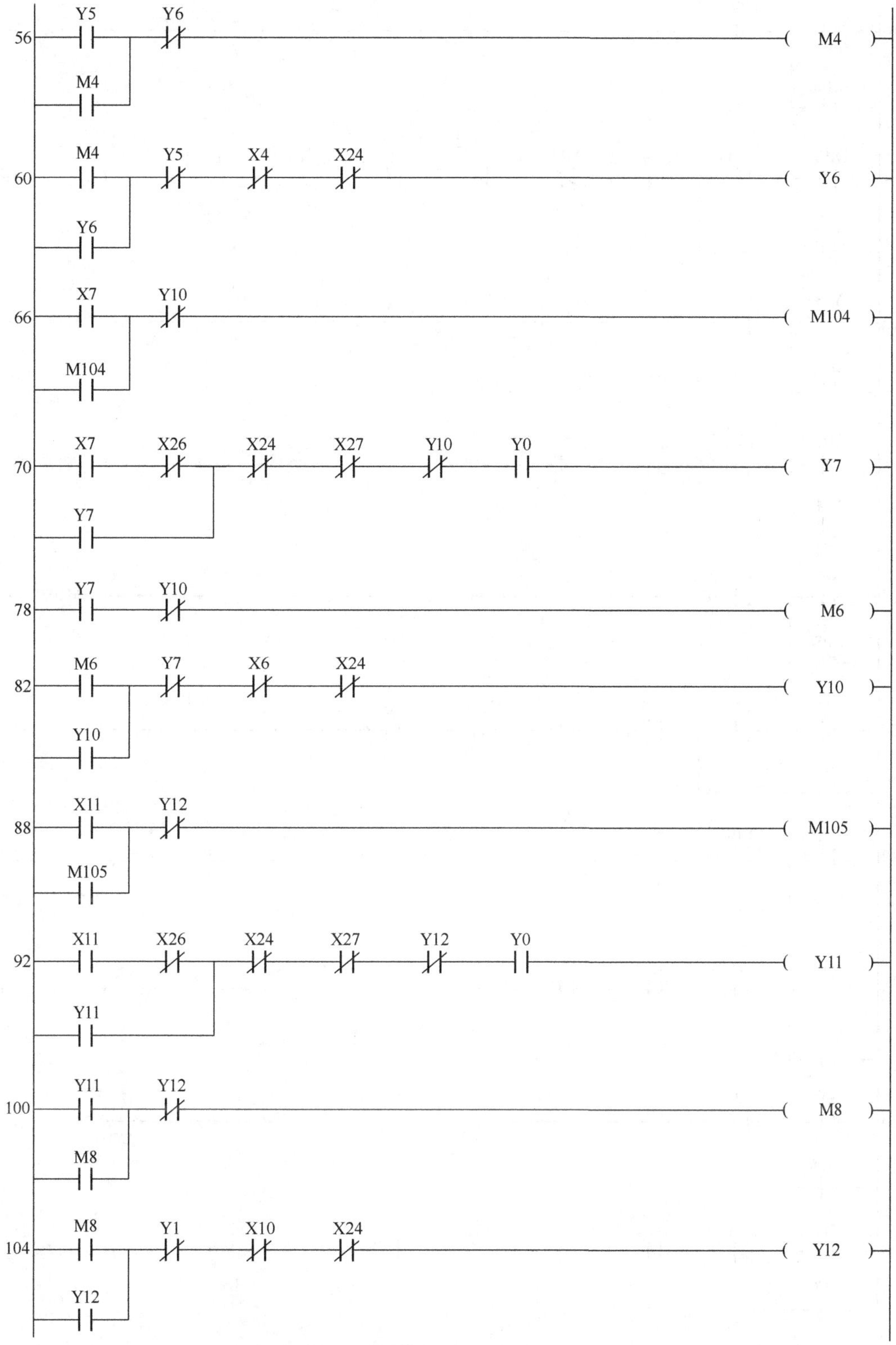

图 13-14　滚砂机控制梯形图（续）

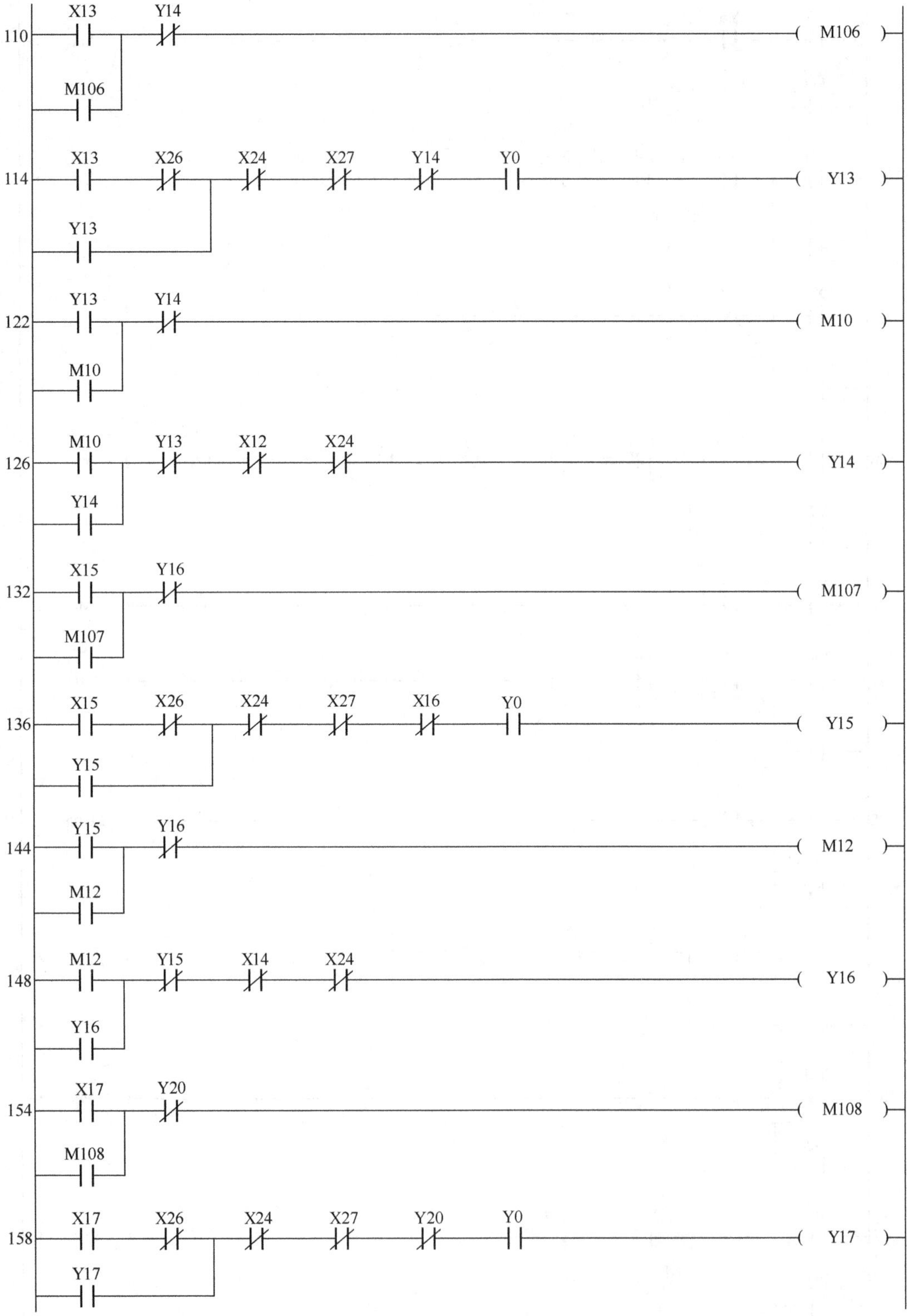

图 13-14 滚砂机控制梯形图（续）

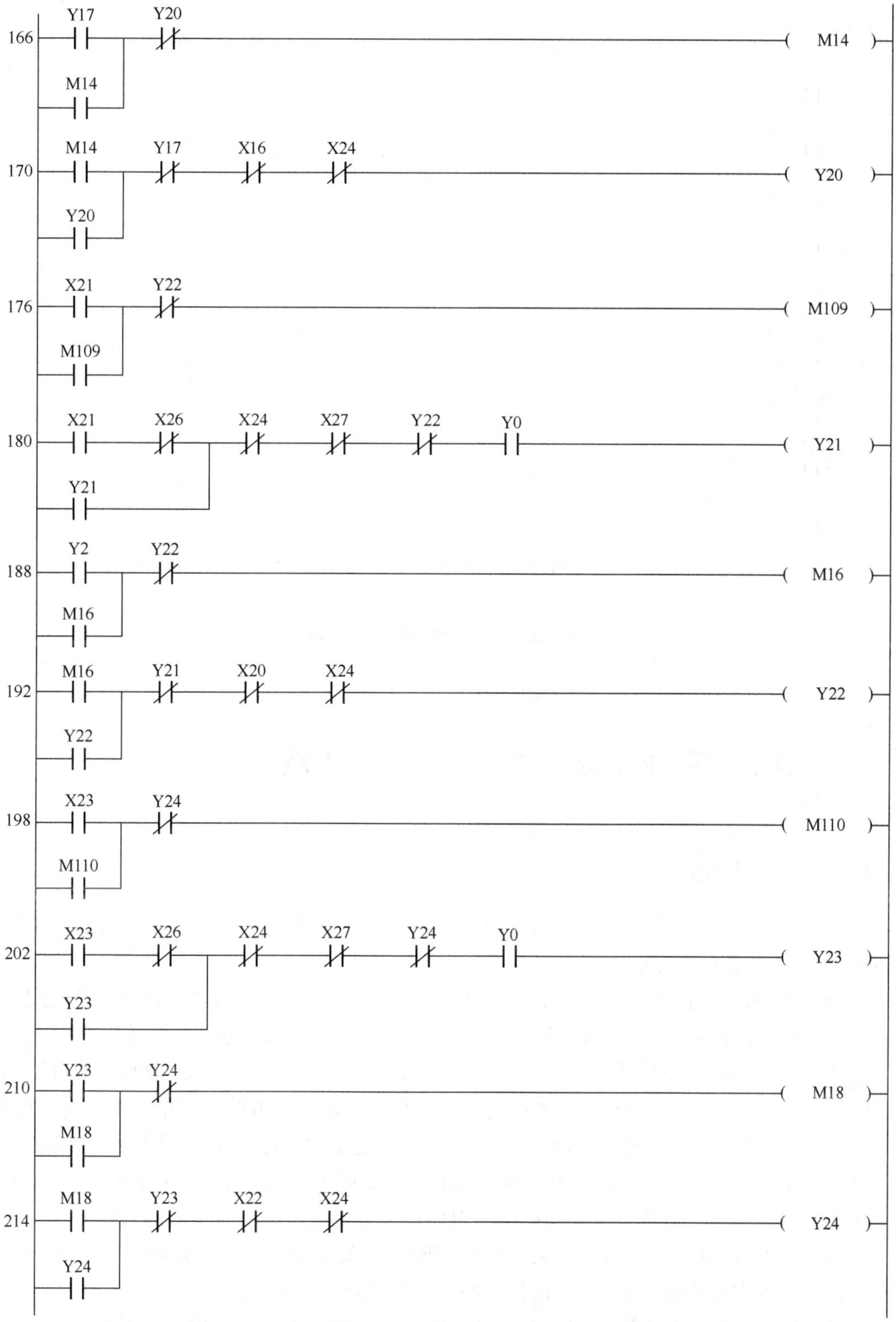

图 13-14 滚砂机控制梯形图（续）

220　M101 ─┤├─────────────────────────────────(Y0)

　　　M102 ─┤├─

　　　M103 ─┤├─

　　　M104 ─┤├─

　　　M105 ─┤├─

　　　M106 ─┤├─

　　　M107 ─┤├─

　　　M108 ─┤├─

　　　M109 ─┤├─

　　　M110 ─┤├─

231 ─────────────────────────────────────[END]

图 13-14　滚砂机控制梯形图（续）

13.3　实践拓展：如何节省 I/O 点

1. 节省输入点数的方法

一般认为输入点数是按系统输入信号的数量来确定的。但在实际应用中，通过以下措施可达到节省 PLC 输入点数的目的。

1）分组输入　如图 13-15 所示，系统有手动和自动两种工作方式。用 X0 来识别使用自动还是手动操作信号，手动时的输入信号为 SB0~SB3，自动时的输入信号为 S0~S3，如果按正常的设计思路，那么需要 X0~X7 一共 8 个输入点，若按图 13-15 中所示的方法来设计，则只需 X1~X4 共 4 个输入点。图中的二极管用于切断寄生电路。如果图中没有二极管，系统处于自动状态，SB0、SB1、S0 闭合，S1 断开，这时电流从 COM 端子流出，经 SB0、SB1、S0 形成寄生回路流入 X0 端子，使输入位 X2 错误地变为 ON。各开关串联了二极管后，切断了寄生回路，避免了错误的产生。但使用该方法应考虑输入信号的强弱问题。

2）输入触点的合并　也就是将某些功能相同的开关量输入设备合并输入（常闭触点串联输入、常开触点并联输入）。一些保护电路和报警电路常常采用此法。

如果外部某些输入信号总是以某种"与或非"组合的整体形式出现在梯形图中，可以将它们对应的某些触点在 PLC 外部串并联后作为一个整体输入 PLC，只占 PLC 的一个输入点。

例如，某负载可在多处起动和停止，可以将多个起动信号并联，将多个停止信号串联，分别送给 PLC 的两个输入点，如图 13-16 所示。与每一个起动信号和停止信号占用一个输入点的方法相比，不仅节约了输入点，还简化了梯形图电路。

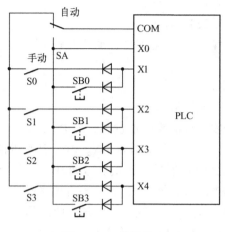

图 13-15　分组输入

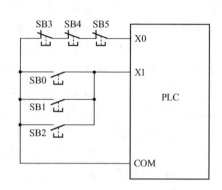

图 13-16　输入触点的合并

2. 节省输出点数的方法

1）分组输出　如图 13-17 所示，当两组负载不同时工作时，可通过外部转换开关或受 PLC 控制的电气触点进行切换，使 PLC 的一个输出点可以控制两个不同时工作的负载。

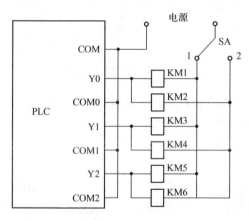

图 13-17　分组输出

2）并联输出　通断状态完全相同的负载，可以并联后共用 PLC 的一个输出点（要考虑 PLC 输出点的负载驱动能力）。例如，PLC 控制的交通信号灯，对应方向（东与西对应、南与北对应）灯的通/断规律完全相同，将对应的灯并联后可以节省 50% 的输出点。

 思考与练习

（1）车库门控制设计：设计一个汽车库自动门控制系统。具体的控制要求是，当汽车到达车库门前时，超声波开关接收到车来的信号，开门上升；当升到顶点碰到上限开关时，门停止上升；当汽车驶入车库后，光电开关发出信号，门电动机反转，门下降，当下降碰到下限开关后，门电动机停止。试绘制 PLC 接线原理图，设计出梯形图程序，并加以调试。

（2）自动售汽水机控制：设计要求如下所述。

☺ 此售货机可投入 1 元或 2 元硬币，投币口为 LS1、LS2；

☺ 当投入的硬币总值大于等于 6 元时，汽水指示灯 L1 亮，此时按下汽水按钮 SB，则汽水口 L2 出汽水，12s 后自动停止。

☺ 不找钱，不结余，下次投币又重新开始。

试绘制出 PLC 接线原理图，并绘制状态转换图或梯形图。

（3）物流检测系统：图 13-18 所示的是一个物流检测系统示意图。图中，3 个光电传感器为 BL1、BL2 和 BL3。BL1 检测有无次品到来，有次品到来则置 ON。BL2 检测凸轮的突起，凸轮每转一圈，则发一个移位脉冲（因为物品的间隔是一定的，故每转一圈就有一个物品的到来，所以 BL2 实际上是一个检测物品到来的传感器）。BL3 检测有无次品落下。手动复位按钮 SB1 在图中未画出。当次品移到第 4 位时，电磁阀 YV 打开，使次品落到次品箱。若无次品，则正品移到正品箱。于是完成了正品和次品分开的任务。试设计控制程序。

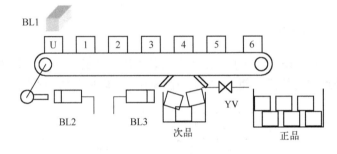

图 13-18　物流检测系统示意图

（4）自动钻床控制系统的控制要求如下所述。

① 按下"起动"按钮，系统进入起动状态。

② 当光电传感器检测到有工件时，工作台开始旋转，此时由计数器控制其旋转角度（计数器计满 2 个数）。

③ 工作台旋转到位后，夹紧装置开始夹工件，一直到夹紧限位开关闭合为止。

④ 工件夹紧后，主轴电动机开始向下运动，一直运动到工作位置（由下限位开关控制）。

⑤ 主轴电动机到位后，开始进行加工，此时用定时 5s 来描述。

⑥ 5s 后，主轴电动机回退，夹紧电动机后退（分别由后限位开关和上限位开关来控制）。

⑦ 工作台继续旋转，由计数器控制其旋转角度（计数器计满 2 个）。

⑧ 旋转电动机到位后，开始卸工件，由计数器控制（计数器计满 5 个）。

⑨ 卸工件装置回到初始位置。

⑩ 若再有工件到来，实现上述过程。

⑪ 按下"停车"按钮，系统立即停车。

试设计程序完成上述控制要求。